全国BIM技术应用
校企合作系列规划教材

BIM结构模型创建与设计

土木工程相关专业适用

总主编　金永超

主　　编　王　茹

副主编　姜　立　张德海　欧宝平

主　　审　李云贵

U0282214

西安交通大学出版社
XI'AN JIAOTONG UNIVERSITY PRESS

内容简介

本书共 11 章,分为基础入门篇(第 1~4 章)、专业实践篇(第 5~10 章)、综合实训篇(第 11 章)三个部分。全书在对目前 BIM 应用相关软件全面分析和比较的基础上,对于建立 BIM 结构模型的部分,采用目前应用较为广泛的 Revit 软件进行操作方法的讲解,对于 BIM 结构模型的分析计算,则采用中国建筑科学研究院的 PKPM—BIM 设计系统,这也是本书学习的亮点之一。

本书根据 BIM 工程应用实际,以土木工程专业为出发点,结合 BIM 技术与工程实践,从墙板柱等基本构件的建模方法、结构钢筋设置绘制及属性,到结构分析计算、结构构件统计明细表作了详细、系统的描述,以期为土木工程专业有志进行 BIM 技术学习研究的读者提供系统的指导和帮助。为增加读者对 BIM 技术应用的实操性、系统性认识,本书最后一章,提供了完整的工程案例,供读者学习实践,以期达到更好的学习效果。

本书可作为本科院校及高职院校土木工程类专业 BIM 结构模型创建和设计方面的课程教材,也可作为建筑行业的管理人员和技术人员学习参考用书,以及 BIM 相关培训用书。

图书在版编目(CIP)数据

BIM 结构模型创建与设计/王茹主编. —西安:西安交通大学出版社,2017.1

全国 BIM 技术应用校企合作系列规划教材

ISBN 978 - 7 - 5605 - 9322 - 7

Ⅰ.①B… Ⅱ.①王… Ⅲ.①建筑结构-结构模型-设计-教材 Ⅳ.①TU318

中国版本图书馆 CIP 数据核字(2016)第 324212 号

书　　名	BIM 结构模型创建与设计
主　　编	王　茹
责任编辑	史菲菲　祝翠华
出版发行	西安交通大学出版社
	(西安市兴庆南路 10 号　邮政编码 710049)
网　　址	http://www.xjtupress.com
电　　话	(029)82668357　82667874(发行中心)
	(029)82668315(总编办)
传　　真	(029)82668280
印　　刷	西安东江印务有限公司
开　　本	787mm×1092mm　1/16　印张 19　字数 452千字
版次印次	2017 年 5 月第 1 版　2017 年 5 月第 1 次印刷
书　　号	ISBN 978 - 7 - 5605 - 9322 - 7
定　　价	49.50元

"全国 BIM 技术应用校企合作系列规划教材"
编写委员会

顾问专家 许溶烈

审定专家（按姓氏笔画排序）

尹贻林　王其明　王林春　刘铮　向书兰　张建平　张建荣　时思　李云贵　李慧民
陈宇军　倪伟桥　梁华　蔡嘉明　薛永武

编委会主任 金永超

编委会副主任（按姓氏笔画排序）

王茹　王婷　冯弥　冯志江　刘占省　许蓁　张江波　武乾　韩风毅　薛菁

执行副主任 姜珊　童科大　王剑锋　王毅（王翊骅）

编委会成员（按姓氏笔画排序）

丁江　丁恒军　于江利　马爽　毛霞　王一飞　王文杰　王生　王欢欢　王齐兴
王社奇　王伶俐　王志浩　王杰　王建乔　王健　王娟　王益　王雅兰　王楚濛
王霞　邓大鹏　田卫　付立彬　史建隆　申屠海滨　白雪海　农小毅　刘中明　刘文俊
刘长飞　刘东　刘立明　刘扬　刘岩　刘明佳　刘涛　刘谦　刘磐　匡兴
向敏　孙恩剑　安先强　安宗礼　师伟凯　曲惠华　曲翠萃　汤荣发　许利峰　许峻
过俊　邢忠桂　邬劲松　何亚萍　何杰　吴永强　吴铁成　吴福城　张士彩　张方
张芸　张勇　张婷　张强强　张斌　张然然　张静　张德海　李刚　李娜
李春月　李美华　李隽萱　李硕　杨立峰　杨宝昆　杨靖　肖莉萍　邹斌　陈大伟
陈文斌　孟柯　林永清　欧宝平　金尚臻　侯冰洋　姜子国　姜立　柏文杰　段海宁
贲腾　赵永斌　赵丽红　赵昂　赵钦　赵艳文　赵雪锋　赵瑞　赵麒　钟文武
饶志强　倪青　徐志宏　徐强　桂垣　桑海　耿成波　聂磊　莫永红　郭宇杰
郭青　郭淑婷　高路　崔喜莹　崔瑞宏　曹闵　梁少宁　黄立新　黄杨彬　黄宗黔
黄秉英　彭飞　彭铸　曾开发　董皓　蒋俊　谢云飞　韩春华　路小娟　翟超
蔡梦娜　暴仁杰　樊技飞

指导单位 住房和城乡建设部科技发展中心

支持单位（排名不分先后）

中国建设教育协会

全国高等学校建筑学学科建筑数字技术教学工作委员会

中国建筑学会建筑施工分会 BIM 应用专业委员会

北京绿色建筑产业联盟

陕西省土木建筑学会

陕西省建筑业协会

陕西省绿色建筑产业技术创新战略联盟

陕西省 BIM 发展联盟

云南省勘察设计质量协会

云南省图学学会

天津建筑学会

"全国 BIM 技术应用校企合作系列规划教材"
编审单位

P总 序
reface

当前,中国建筑业正处于转型升级和创新发展的重要历史时期,以数字信息技术为基本特征的全球新一轮科技革命和产业变革开启了中国建筑业数字化、网络化、精益化、智慧化发展的新阶段。BIM 则是划时代的一项重大新技术,它引导人们由二维思维向三维思维甚至是虚拟的多维思维的转变,并以此广泛应用于建设开发、规划设计、工程施工、建筑运维各阶段,最终走向建筑全寿命周期状态和性能的实时显示与把控。第四次工业革命已经悄然来临,BIM 技术在推动和发展建筑工业化、模块化、数字化、智能化产品设计和服务模式方面起到了独特的作用,特别是它可以实时反映和管控规划、设计和建造甚至运行使用中建筑物产品的节能、减排效应的状况。因此,BIM 在建筑产业中的推广应用,已经成为当今时代的必然选择。

随着国家和地方相关行业政策和技术标准的相继出台,更是助推了 BIM 深入发展和广泛应用。

在迎接日益广泛推广应用 BIM 和进一步研发 BIM 的当下,以及在今后相当长的一段时间里,都必须积极采取措施,强化培养从事 BIM 实操应用和研究开发的专业人才。相关高等和专科学校,应当根据不同学科和专业的需要,开设适当层级的 BIM 课程(选修课和必修课)。同时,有效地开展不同形式的 BIM 培训班和专门学校,也是必要的可行的,以应现实之所需。

有鉴于此,以金永超教授为首的几位教授、专家和西安交通大学出版社,于去年夏天,联合邀约从事 BIM 教学工作的教授老师和在企业负责担任 BIM 实操领导工作的专家里手一起,经过多次会商研讨后,共推金永超教授为总主编,在他统筹策划和主持下,"全国 BIM 技术应用校企合作系列规划教材"应运而生,内容分别为适用于建筑学相关专业、土木工程相关专业、机电工程相关专业、项目管理相关专业、工程造价相关专业、工程管理相关专业、风景园林相关专业和建筑装饰相关专业的教材一套共八本,其浩繁而艰巨的编写、编辑、出版工作就积极紧张地开始了。在不到一年的时间里,本人有幸在近日收到了其中的四本样书。如此高效顺利付梓出版,令我分外高兴和不胜钦佩之至,对此人们不能不看到作者们和编辑出版同仁们所付出的艰辛功劳,当然它也是校企与出版社密切合作的结果成果。我从所见到的这四本样书来看,这套教材总体编辑思路是清楚的,内容选取和次序安排符合人们的一般思维逻辑和认知规律。而本套教材的每一本书均针对一种特定的相关专业,各本书均按照基础入门篇、专业实践篇和综合实训篇三部分内容和顺序开展叙述和讲解。这是一项具有一定新意的尝试,以尽力符合本套教材针对落地实操的基本需求。

至于 BIM 多维度概念、全寿命周期理念,以及其具体实操的程序和方法,则是尚需我们努力开发的目标和任务,同时在产业体制、机制上,也需要作相应的改革和变化,为适应和满足真正开通实施全寿命周期管理创造基本条件和铺平道路。我们期望人们在学习这套教材的同时，或是学习这套教材之后，对 BIM 的认知思维必定有所升华，即能从二维度思维、立体思维扩大至多维度思维，经过大家的不懈努力，则我们追求的"全生命周期管理"目标定当有望矣！其实本人后面这些话语，乃是我本人对中国 BIM 技术发展的遐想和对学习 BIM 课程学子们的殷切期望。

这套系列教材实是校企双方在 BIM 技术教学和实操应用过程中交流合作，联合取得的重要成果，是提供给广大院校培养 BIM 人才富含新意内容的教材。同时，它也是广大工程专业人员学习 BIM 技术的良师益友。参与编著出版者对这套规划系列教材所付出的不懈努力和他们的敬业精神，令人印象十分深刻，为此本人谨表敬意，同时本人衷心期望，这套规划系列教材能一如既往地抓紧抓好，不忘初心方得始终地圆满完成任务。这套作为普及性的 BIM 教材，内容简练并具有一定的特色，但全书内容浩繁，估计全书不足之处在所难免，本人鼓励各方人士积极提出批评意见，以期再版时，得到进一步改进和充实。

特欣然为之序！

住建部原总工程师
瑞典皇家工程科学院院士
2017 年 4 月 1 日于北京

建筑业信息化是建筑业发展的一大趋势,建筑信息模型(Building Information Modeling,BIM)作为其中的新兴理念和技术支撑,正引领建筑业产生着革命性的变化。时至今日,BIM 已经成为工程建设行业的一个热词,BIM 应用落地是当前业界讨论的主要话题。人才匮乏是新技术进步与发展的重大瓶颈,当前 BIM 人才缺乏制约了 BIM 的应用与普及,学校是人才培养的重要基地,只有源源不断的具备 BIM 能力的毕业生进入工程行业就业,方能破解当前企业想做 BIM 而无可用之人的困境,BIM 的普及应用才有可能。然而,现在学校的 BIM 教育并没有真正地动起来,做得早的学校先期进行了一些探索,总结了一些经验,但在面上还没能形成气候。究其原因有很多,其中教师队伍和教材建设是主要原因。从当前 BIM 应用的实际,我们的企业走在前头,有了很多 BIM 应用的经验和案例,起步早的企业已有了自己的 BIM 应用体系,故此在住建部、教育部相关领导的关心指导下,在西安交通大学出版社和筑龙网的大力支持下,我们联合了目前学校研究 BIM 和开展 BIM 教学的资深老师和实践 BIM 的知名企业于 2016 年 8 月 13 日启动了这套丛书的编制,以期推动学校 BIM 教育落地,培养企业可用的 BIM 人才,力争为国家层面 2020 年 BIM 应用落地作点贡献!

本套教材定位为应用型本科院校和高等职业院校使用教材,按学科专业和行业应用规划了 8 个分册,其中《BIM 建筑模型创建与设计》《BIM 结构模型创建与设计》《BIM 水、暖、电模型创建与设计》注重 BIM 模型建立,《BIM 模型集成应用》《BIM 模型算量应用》《BIM 模型施工应用》则注重 BIM 技术应用。结合当前 BIM 应用落地的要求,培养实用性技术人才是当前的迫切任务,因此本套教材在目前理论研究成果下重视实践技能培养。基于当前学校教学资源实际,制定了统一的教育教学标准,因材施教。系列教材第一版分基础入门篇、专业实践篇、综合实训篇三个部分开展教授和学习,内容基本涵盖当前 BIM 应用实际。课程建议每专业安排 3 学分 48 学时,分两学期或一学期使用,各学校根据自身实际情况和软硬件条件开展教学活动。

教法:基础入门篇为通识部分,是所有专业都应该正确理解掌握的部分,通过探究 BIM 起缘,AEC 行业的发展和社会文明的进步,教学生认识到 BIM 的本质和内涵;通过对 BIM 工具的认识形成正确的工具观;对政策标准的学习可以把脉行业趋势使技术路线不偏离大的方向。学习 Revit 基础建模是为了使学生更好地理解 BIM 理念,形成 BIM 态度,通过实操练习得到成就感以激发兴趣、促进专业应用教学。BIM 应用离不开专业支撑,专业实践部分力求体现现阶段成熟应用,不求全但求能开展教学并使学生学有所获。综合实训是对课时不足的有益补充,案例多数取材实际应用项目,可布置学生在课外时间完成或作为课程设计使用,以提高学生实战能力。

学法:学生须勤动手、多用脑,跟上教学节奏,学会举一反三,不断探究研习并积极参与工程实践方能得到 BIM 真谛。把书中知识变成自己的能力,从老师要我学,变成我要学,用 BIM 思维武装自己的头脑,成长为对社会有益的建设人才。

BIM 是一个新生的事物,本身还在不断发展,寄希望一套教材解决当前 BIM 应用和教育的所有问题显然不合适。教育不能一蹴而就,BIM 教育也不例外,需要遵循教育教学规律循序而进。本系列教材为积极推进校企合作以及应用型人才培养工程而生,充分发挥高校、企业在人才培养中的各自优势,推动 BIM 技术在高校的落地推广,培养企业需要的专业应用人才,为企业和高校搭建优质、广阔的合作平台,促进校企合作深度融合,是组织编写这套教材的初衷。考虑到目前大多数高校没有开展 BIM 课程的实际,本套教材尽量浅显易教易学,并附有教学参考大纲,体现 BIM 教育 1.0 特征,随着 BIM 教育逐渐落地,我们还会组织编写 BIM 教育 2.0、3.0 教材。我们全体编写人员和主审专家希望能为 BIM 教育尽绵薄之力,期待更多更好的作品问世。感谢我们全体策划人员和支持单位的全力配合,也感谢出版社领导的重视和编辑们的执着努力,教材才能在短时间内出版并向全国发行。特别感谢住建部前总工程师许溶烈先生对教材的殷殷期望。

本套教材为开展 BIM 课程的相关院校服务,既可满足 BIM 专业应用学习的需要又可为学校开展 BIM 认证培训提供支持,一举两得;同时也可作为建设企业内训和社会培训的参考用书。

最后需要强调:BIM,是技术工具,是管理方法,更是思维模式。中国的 BIM 必须本土化,必须与生产实践相结合,必须与政府政策相适应,必须与民生需要相统一。我们应站在这样的角度去看待 BIM,才能真正做到传道授业解惑。

金永超

2017 年 4 月于昆明

F 前 言
orword

以 BIM 为核心的最新信息技术,已经成为支撑建设行业技术升级、生产方式变革、管理模式革新的核心技术。住建部 2015 年 6 月发布的《关于推进建筑信息模型的指导意见》中指出:到 2020 年末,建筑行业甲级勘察、设计单位以及特级、一级房屋建筑工程施工企业应掌握并实现 BIM 与企业管理系统和其他信息技术的一体化集成应用。到 2020 年末,以下新立项项目勘察设计、施工、运营维护中,集成应用 BIM 的项目比率达到 90%:以国有资金投资为主的大中型建筑;申报绿色建筑的公共建筑和绿色生态示范小区。因此,随着企业和工程项目对 BIM 的快速推进,BIM 应用人才的培养也变得非常急迫。

《BIM 结构模型创建与设计》根据 BIM 工程应用实际,以土木工程专业为出发点,结合 BIM 技术与工程实践,从墙板柱等基本构件的建模方法、结构钢筋设置绘制及属性,到结构分析计算、结构构件统计明细表作了详细、系统的描述,以期为土木工程专业有志进行 BIM 技术学习研究的读者提供系统的指导和帮助。为增加读者对 BIM 技术应用的实操性、系统性认识,本书最后一章,提供了完整的工程案例,供读者学习实践,达到更好的学习效果。

基于 BIM 的结构深化设计,不仅需要建立良好的 BIM 结构模型,还需要进行结构荷载倒算、构件内力配筋设计及验算、生成结构计算书等,因此,本教材在对目前 BIM 应用相关软件全面分析和比较的基础上,对于建立 BIM 结构模型的部分,采用目前应用较为广泛的 Revit 软件进行操作方法的讲解;对于 BIM 结构模型的分析计算,则采用中国建筑科学研究院的 PKPM-BIM 设计系统,该系统采用自主 BIM 平台,支持建筑工程项目从规划、设计、施工和运维的全生命期 BIM 应用,除自带全专业设计软件外,还可方便实现与 Revit 软件的交互。在实现 BIM 结构模型建模的同时,实现结构分析计算、配筋及施工图。这也是本书学习的亮点之一。

全书共 11 章,分为基础入门篇、专业实践篇、综合实训篇三个部分。基础入门篇(第 1~4 章):前 4 章为 BIM 概论及 Revit 软件操作基础。专业实践篇(第 5~10 章):第 5 章讲解了创建结构模型和深化设计的基本方法;第 6 章承上启下,介绍了从 Revit 结构专业模型到 PKPM 结构设计模型的过程;第 7 章对前面章节生成的结构专业 BIM 模型,通过实例,介绍结构设计参数、结构分析计算内容及计算结果的表达,使读者对结构的分析计算过程建立起初步的概念;第 8 章以钢筋建模为主,通过讲述详细的操作步骤,来深入认识 Revit 对钢筋的定义及操作方法;第 9 章详细讲解了 Revit 中明细表/数量、关键字明细表、材质提取明细表等明细表创建和输出方法;第 10 章详细介绍了结构模型与其他专业的协同关系,使读者在学习结构 BIM 模型的同时,理解各专业及软件间的协同关系。综合实训篇(第 11 章):第 11 章通过综合实例,将 Revit 软件生成的建筑模型导入到 PKPM-BIM 设计系统,并完成结构分析计算、配筋及施工图,结构专业在设计过程中如何与建筑和机电专业协同,相互参照,避免冲突。

全书由王茹主编并统稿,姜立、张德海、欧宝平担任副主编。编写工作由基础内容编写团队(负责第1~4章编写)和专业内容编写团队(负责第5~11章编写)完成。基础内容的编写前期由上海悉云建筑科技有限公司过俊主持编写,具体参与的还有上海悉云建筑科技有限公司王健、李硕、金尚臻,河南科技大学何杰,上海城建职业学院倪青,清华大学建筑设计研究院有限公司蔡梦娜、刘涛;后期的统稿和修改完善由南昌航空大学王婷主持,南昌航空大学肖莉萍配合做了大量工作;最后编写团队提供初稿,各分册主编结合教学需要进行了修改和调整并最终确定了前四章内容。参加专业内容编写的人员及分工具体如下:西安建筑科技大学王茹主持编写第5、10章;中国建筑科学研究院北京构力科技有限公司姜立主持编写第7、11章;沈阳建筑大学张德海主持编写第8、9章;北京住总集团欧宝平主持编写第6章;中国建筑科学研究院北京构力科技有限公司黄立新编写第7章;长安大学徐强、西安理工大学赵钦编写第5章;广东工程职业技术学院王文杰编写第8章。全书主要由中国建筑科学研究院北京构力科技有限公司提供了案例素材。

衷心感谢中国建筑股份有限公司李云贵主任对本书进行的严谨、细致审阅,并提出了宝贵的意见和建议。衷心感谢本系列教材的总主编金永超教授在本书编写过程中给予的支持和鼓励。最后,我们也衷心感谢西安交通大学出版社及祝翠华主任的大力支持,使我们能够完成本书的出版。

BIM这项新的技术在我国的应用还处在不断发展的初级阶段,本书中一定会有很多不尽完善的内容,我们衷心希望得到广大读者的批评和指正,促进建设行业 BIM 应用水平的不断提高。

编　者

2017 年 2 月于西安

C目 录
Contents

专业实践篇

综合实训篇

"BIM 技术结构工程应用"[①]教学大纲

Teaching Syllabus for BIM Technology Application on Structure Engineering

课程性质:学科基础课/专业必修课/专业选修课(具体参看相关专业人才培养方案确定)

适用专业:结构工程、土木工程、土木工程建造与管理

先行与后续课程情况:

先行课程:计算机基础、建筑制图、房屋建筑学、结构力学、混凝土结构等(具体课程名称以相关专业人才培养方案为准)

后续课程:多专业联合毕业设计及综合训练

学时学分:48 学时 3 学分

一、课程性质及任务

BIM 是建筑信息模型(Building Information Modeling)的简称。当前,BIM 技术正在推动着建筑工程设计、建造、运维管理等多方面的变革。BIM 技术作为一种新的技术,有着越来越大的社会需求。为应对行业趋势和社会需求,将建筑信息模型创建与设计引入教学计划十分必要和迫切,有助于提高人才素质,为建筑业新技术储备人才并引领行业进步。

本课程是工程类本科生基础学习的前沿性课程。该课程以 BIM 理论为指导,以基本理论知识、基本操作技能、实际应用策略和跨专业间的项目协同为主要内容,并集多种教学模式和教学手段为一体的教学体系,旨在培养学生具有较强的 BIM 理论能力和 BIM 实践能力。

二、课程基本要求

1. 接触和了解目前建筑行业最先进的理念和技术;
2. 正确理解 BIM 内涵及其对行业产生的深刻影响;
3. 掌握主流 BIM 软件在结构工程应用的操作技能;
4. 结合专业提升 BIM 能力,增加就业含金量。

三、课程教学内容

第 1 章　BIM 概论

BIM 概念;BIM 发展与应用;BIM 技术相关标准。

第 2 章　BIM 工具与相关技术

BIM 工具概述;BIM 相关技术。

第 3 章　Revit 应用基础

Revit 操作基础;Revit 基本操作。

第 4 章　Revit 模型的创建

BIM 建模流程;创建标高;创建轴网;创建墙体;创建门窗;创建楼板;幕墙设计;创

---

① 参考课程名。教学大纲具体内容根据各学校情况调整。

建屋顶;创建扶手、楼梯;创建柱、梁;创建其他构件。

第5章　创建结构模型

创建墙、洞口;创建梁、柱;创建板、楼梯、悬挑、斜撑;创建钢结构、节点。

第6章　结构分析BIM模型与数据转换

Revit荷载信息录入方式;Revit结构模型转换到PKPM结构设计模型。

第7章　结构分析计算

结构设计模型准备;结构模型整体分析计算;构件内力配筋设计及验算;结构计算书生成。

第8章　结构钢筋

钢筋设置;钢筋限制条件和保护层;放置钢筋;编辑钢筋;绘制钢筋;钢筋弯钩;指定钢筋明细表标记;钢筋属性。

第9章　统计明细表

创建明细表/数量;创建关键字明细表;创建图形柱明细表;材质提取明细表;导出明细表。

第10章　结构分析模型与其他专业的协同

基于BIM的IPD交付模式;从BIM设计模型到结构模型;从BIM结构模型到施工应用。

第11章　实训案例

项目成果展示;实训目标要求;提交成果要求;实训准备;实训步骤和方法;实训总结。

重点难点:

第5、8、9章为重点内容,第6、7章为教学难点。

四、课程实践环节

通过实践环节来加深对BIM技术的理解,巩固所学专业理论,为形成相应的设计和应用奠定基础。课程采用边讲边练的方法,以有利于学生快速消化吸收并形成技能。主要内容如下:

1. Revit操作基础国;

2. 创建建筑模型;

3. 创建结构模型;

4. 结构分析计算。

五、课程学时分配

课程学时分配表(本科适用)

序号	教　学　内　容	讲授	练习	小计	备注
1	BIM概论	2		2	
2	BIM工具与相关技术	2		2	基础通识
3	Revit应用基础	2	2	4	
4	Revit模型的创建	4	4	8	

续表

序号	教　学　内　容	讲授	练习	小计	备注
5	创建结构模型	4	10	14	专业应用
6	结构分析 BIM 模型与数据转换	2	2	4	
7	结构分析计算＊	(2)	(4)	(6)	
8	结构钢筋	2	4	6	
9	统计明细表	2	6	8	
10	结构分析模型与其他专业的协同＊	(2)	(2)	(4)	
11	实训案例＊	(8)	(8)	(16)	综合实训
	合计	20(12)	28(14)	48(26)	

注：＊部分为拓展内容，多学时可选。

课程学时分配表(高职院校适用)

序号	教　学　内　容	讲授	练习	小计	备注
1	BIM 概论	2		2	基础通识
2	BIM 工具与相关技术	2		2	
3	Revit 应用基础	4	4	8	
4	Revit 模型的创建	6	6	12	
5	创建结构模型	4	4	8	专业应用
6	结构分析 BIM 模型与数据转换	2	2	4	
7	结构分析计算＊	(2)	(4)	(6)	
8	结构钢筋	2	2	4	
9	统计明细表	2	2	4	
10	结构分析模型与其他专业的协同	2	2	4	
11	实训案例	(4)	(4)	(8)	综合实训
	合计	26(6)	22(8)	48(14)	

注：＊部分为拓展内容，多学时可选。

六、课程成绩考核

根据对学生学习成绩认定的多样化的原则，该课程以过程考核方式对学生成绩和学习能力进行评价。

期末成绩＝课堂测试(30％)＋模型应用(60％)＋平时成绩(10％)

七、教材及主要教学参考书目

1.王茹.BIM 结构模型创建与设计[M].西安:西安交通大学出版社,2017.

2.金永超,张宇凡等.BIM 与建模[M].成都:西南交通大学出版社,2016.

3.叶雄进,金永超等.BIM 建模应用技术[M].北京:中国建筑工业出版社,2016.

4.黄亚斌,金永超等.Autodesk Revit 2016 官方标准教程[M].北京:电子工业出版

3

社,2016.

5. 何关培. BIM 总论[M]. 北京:中国建筑工业出版社,2011.

6. 王君峰. Revit2013/2014 建筑设计火星课堂[M]. 北京:人民邮电出版社,2013.

7. 中国勘察设计协会. 实用的 BIM 实施框架[M]. 北京:中国建筑工业出版社,2010.

8. 工程建设质量管理分会. 施工企业 BIM 应用研究[M]. 北京:中国建筑工业出版社,2013.

八、教学大纲编制说明

本教材大纲编写,力求体做到内容全面、重点突出、文字简洁,以便为教师教授、学生学习和复习提供帮助。该大纲适用于结构工程、土木工程建造与管理等专业。

基础入门篇

第 1 章　BIM 概论

教学导入

建筑信息模型(Building Information Modeling)是以建筑工程项目的各项相关信息数据作为模型的基础,进行建筑模型的建立,通过数字信息仿真模拟建筑物所具有的真实信息。本章在介绍 BIM 起源、定义的基础上,介绍了 BIM 的特点及主要应用价值,并展望了 BIM 良好的应用前景。

学习要点

- BIM 的基本概念
- BIM 的发展与应用
- BIM 技术相关标准

1.1　BIM 的基本概念

1.1.1　BIM 的来源与定义

1975 年,"BIM 之父"——乔治亚理工大学的 Chunk Eastman(查理·伊斯特曼)教授(见图 1-1)创建了 BIM 理念。至今,BIM 技术的研究经历了三大阶段:萌芽阶段、产生阶段和发展阶段。BIM 理念的启蒙,受到了 1973 年全球石油危机的影响,美国全行业需要考虑提高行业效益的问题,1975 年"BIM 之父"伊斯特曼教授在其研究的课题"Building Description System"中提出"a computer-based description of-a building",以便于实现建筑工程的可视化和量化分析,提高工程建设效率。

图 1-1　Chunk Eastman 教授

当前社会发展正朝集约经济转变,建设行业需要精益建造的时代已经来临。当前,BIM 已成为工程建设行业的一个热点,在政府部门相关政策指引和行业的大力推广下迅速普及。

BIM 是英文"Building Information Modeling"的缩写,国内比较统一的翻译是:建筑信息模型。BIM 是以建筑工程项目的各项相关信息数据作为模型的基础,进行建筑模型的建立,通过数字信息仿真模拟建筑物所具有的真实信息。BIM 在建筑的全生命周期内(见图 1-2),通过参数化建模来进行建筑模型的数字化和信息化管理,从而实现各个专业在设计、建造、运营维护阶段的协同工作。

国际智慧建造组织(building SMART International,简称 bSI)对 BIM 的定义包括以下三个层次:

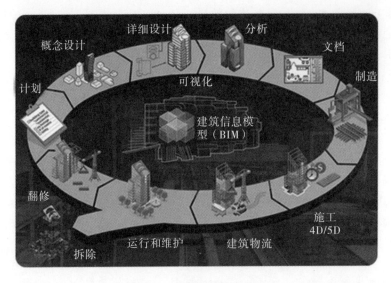

图 1-2　建筑全生命周期

（1）第一个层次是"Building Information Model"，中文可称之为"建筑信息模型"，bSI 对这一层次的解释为：建筑信息模型是一个工程项目物理特征和功能特性的数字化表达，可以作为该项目相关信息的共享知识资源，为项目全生命周期内的所有决策提供可靠的信息支持。

（2）第二个层次是"Building Information Modeling"，中文可称之为"建筑信息模型应用"，bSI 对这一层次的解释为：建筑信息模型应用是创建和利用项目数据在其全生命周期内进行设计、施工和运营的业务过程，允许所有项目相关方通过不同技术平台之间的数据互用在同一时间利用相同的信息。

（3）第三个层次是"Building Information Management"，中文可称之为"建筑信息管理"，bSI 对这一层次的解释为：建筑信息管理是指通过使用建筑信息模型内的信息支持项目全生命周期信息共享的业务流程组织和控制过程，建筑信息管理的效益包括集中和可视化沟通、更早进行多方案比较、可持续分析、高效设计、多专业集成、施工现场控制、竣工资料记录等。

不难理解，上述三个层次的含义互相之间是有递进关系的，也就是说，首先要有建筑信息模型，然后才能把模型应用到工程项目建设和运维过程中去，有了前面的模型和模型应用，建筑信息管理才会成为有源之水、有本之木。

1.1.2　BIM 的特点

BIM 具有可视化、协调性、模拟性、优化性和可出图性五大特点。

（1）可视化。可视化即"所见所得"的形式，对于建筑行业来说，可视化的真正运用在建筑业的作用是非常大的，例如经常拿到的施工图纸，只是各个构件的信息在图纸上采用线条的绘制表达，但是其真正的构造形式就需要建筑业参与人员去自行想象了。对于一般简单的东西来说，这种想象也未尝不可，但是近几年建筑业的建筑形式各异，复杂造型在不断推出，那么这种光靠人脑去想象的东西就未免有点不太现实了。所以 BIM 提供了可视化的思路，让人们将以往的线条式的构件形成一种三维的立体实物图形展示在人们的面前。建筑业也有设计方出效果图的事情,但是这种效果图是分包给专业的效果图制作团队进行识读设计制作出的线条式信息,并不是通过构件的信息自动生成的,缺少了同构件之间的互动性和反馈性,然而 BIM 提到的可视化是一种能够同构件之间形成互动性和反馈性的可视,在 BIM 建筑信息模型中,由于整个过程都是可视化的,所以可视化的结果不仅可以用于效果图的展示及报表的生成,更重要的是,项目设计、建造、运营过程中的沟通、讨论、决策都在可视化的状态下进行。

(2)协调性。协调性是建筑业中的重点内容,不管是施工单位还是业主及设计单位,无不在做着协调及相配合的工作。一旦项目在实施过程中遇到了问题,就要将各有关人士组织起来开协调会,找出问题发生的原因及解决办法,然后作出变更,或采取相应补救措施等,从而使问题得到解决。那么这个问题的协调真的就只能在问题出现后再进行协调吗? 在设计时,往往由于各专业设计师之间的沟通不到位,而出现各种专业之间的碰撞问题,例如暖通等专业中的管道在进行布置时,由于施工图纸是各自绘制在各自的施工图纸上的,真正施工过程中,可能在布置管线时正好在此处有结构设计的梁等构件在此妨碍着管线的布置,这种问题就是施工中常遇到的。像这样的碰撞问题的协调解决就只能在问题出现之后再进行解决吗? BIM 的协调性服务就可以帮助处理这种问题,也就是说 BIM 可在建筑物建造前期对各专业的碰撞问题进行协调,生成协调数据,提供出来。当然 BIM 的协调作用也并不是只能解决各专业间的碰撞问题,它还可以解决如电梯井布置与其他设计布置及净空要求的协调、防火分区与其他设计布置的协调、地下排水布置与其他设计布置的协调等。

(3)模拟性。模拟性并不是只能模拟设计出建筑物模型,还可以模拟不能够在真实世界中进行操作的事物。在设计阶段,BIM 可以对设计上需要进行模拟的一些东西进行模拟实验,例如:节能模拟、紧急疏散模拟、日照模拟、热能传导模拟等;在招投标和施工阶段可以进行 4D 模拟(三维模型加项目的发展时间),也就是根据施工的组织设计模拟实际施工,从而来确定合理的施工方案来指导施工。同时还可以进行 5D 模拟(基于 3D 模型的造价控制),从而来实现成本控制;后期运营阶段可以模拟日常紧急情况的处理方式,例如地震发生时人员逃生模拟及火警时消防人员疏散模拟等。

(4)优化性。事实上整个设计、施工、运营的过程就是一个不断优化的过程,当然优化和 BIM 也不存在实质性的必然联系,但在 BIM 的基础上可以做更好的优化、更好地做优化。优化受三样东西的制约:信息、复杂程度和时间。没有准确的信息做不出合理的优化结果,BIM 模型提供了建筑物的实际存在的信息,包括几何信息、物理信息、规则信息,还提供了建筑物变化以后的实际状况。复杂程度高到一定程度,参与人员本身的能力无法掌握所有的信息,必须借助一定的科学技术和设备的帮助。现代建筑物的复杂程度大多超过参与人员本身的能力极限,BIM 及与其配套的各种优化工具提供了对复杂项目进行优化的可能。基于 BIM 的优化可以做下面的工作:

①项目方案优化:把项目设计和投资回报分析结合起来,设计变化对投资回报的影响可以实时计算出来;这样业主对设计方案的选择就不会主要停留在对形状的评价上,而更多的可以使得业主知道哪种项目设计方案更有利于自身的需求。

②特殊项目的设计优化:例如裙楼、幕墙、屋顶、大空间到处可以看到异型设计,这些内容看起来占整个建筑的比例不大,但是占投资和工作量的比例和前者相比却往往要大得多,而且通常也是施工难度比较大和施工问题比较多的地方,对这些内容的设计施工方案进行

优化,可以带来显著的工期和造价改进。

(5)可出图性。运用 BIM 技术,可以进行建筑各专业平、立、剖、详图及一些构件加工的图纸输出。但 BIM 并不是为了出大家日常多见的设计院所出的这些设计图纸,而是通过对建筑物进行可视化展示、协调、模拟、优化以后,可以帮助建设方出如下图纸:综合管线图(经过碰撞检查和设计修改,消除了相应错误以后);综合结构留洞图(预埋套管图);碰撞检查侦错报告和建议改进方案。

1.1.3 BIM 技术的优势

BIM 所追求的是根据业主的需求,在建筑全生命周期之内,以最少的成本、最有效的方式得到性能最好的建筑。因此,在成本管理、进度控制及建筑质量优化方面,相比于传统建筑工程方式,BIM 技术有着非常明显的优势。

1. 成本

美国麦格劳—希尔建筑信息公司(McGraw-Hill Construction)指出,2013 年最有代表性的国家中,约有 75% 的承建商表示他们对 BIM 项目投资有正面回报率。可以说 BIM 对建筑行业带来的最直接的利益就是成本的减少。

不同于传统工程项目,BIM 项目需要项目各参与方从设计阶段开始紧密合作,并通过多方位的检查及性能模拟不断改善并优化建筑设计。同时,由于 BIM 本身具有的信息互联特性,可以在改善设计过程中确保数据的完整性与准确性。因此,可以大大减少施工阶段因图纸错误而需要设计变更的问题。47% 的 BIM 团队认为施工阶段图纸错误与遗漏的减少是最直接影响高投资回报的原因。

此外,BIM 技术对造价管理方面有着先天性优势。众所周知,价格是随经济市场的变动而变化的,价格的真实性取决于对市场信息的掌握。而 BIM 可以通过与互联网的连接,再根据模型所具有的几何特性,实时计算出工程造价。同时,由于所有计算都是由计算机自动完成,可以避免手动计算时所带来的失误。因此,项目参与方所获得的预算量非常贴近实际工程,控制成本更为方便。

对于全生命周期费用,因为 BIM 项目大部分决策是在项目前期由各方共同进行的,前期所需费用会比传统建筑工程有所增加。但是,在项目经过某一临界点之后,前期所做的努力会给整个项目带来巨大的利益,并且将持续到最后。

2. 进度

传统进度管理主要依靠人工操作来完成,项目参与方向进度管理人员提供、索取相关数据,并由进度管理员负责更新并发布后续信息。这种管理方式缺乏及时性与准确性,对于工期影响较大。

对于 BIM 项目,由于各参与方是在同一平台,利用同一模型完成项目,因此可以非常迅速地查询到项目进度,并制定后续工作。特别是在施工阶段,施工方可以通过 BIM 对施工进度进行模拟,以此优化施工组织方案,从而减少施工误差和返工,缩短施工工期。

3. 质量

建筑物的质量可以说是一切目标的前提,不能因为赶进度而忽视。建筑质量的保障不仅可以给业主及使用者带来舒适环境,还可以大幅降低运营费用、提高建筑使用效率,最终贡献于可持续发展。BIM 的信息化与协调化都是以最终建筑的高质量为首要目标,即通过最优化的设计、施工及运营方案展现出与设计理念相同的实际建筑。

设计阶段,设计师与工程师可通过 BIM 进行建筑仿真模拟,并根据结果提高建筑物性能。施工阶段的施工组织模拟,可以为施工方在实际施工前提出注意点,以防止出现缺陷。

当然,建得再好的建筑物,如果没有后期维护将很难保持其初期质量。运维阶段,通过 BIM 与物联网的合作,可以实时监控建筑物运行状态,以此为依据在最短时间内定位故障位置并进行维修。

4. 安全

BIM 与安全的结合使得项目安全管控上升一个新高度。在重大项目方案编制阶段已经运用 BIM 技术进行模拟施工,可以直观地了解到重大危险源的具体施工时间、进度、施工方式以及存在的安全隐患,有针对性地制定安全预防控制措施,确保重大危险源施工安全。同时在日常安全管理中,应用 BIM 模型可以全面地排查现场四口五临边的位置及大小,对照模型检查现场防止缺漏保障防护安全。同时依据 BIM 中的施工时间可以及时安排防护设备的进场和搭设等,确保防护及时到位。

5. 环保

BIM 在实现绿色设计、可持续设计方面有着天然的技术优势,BIM 可用于分析包括影响绿色条件的采光、能源效率和可持续性材料等建筑性能的方方面面;可分析、实现最低的能耗,并借助通风、采光、气流组织以及视觉对人心理感受的控制等,实现节能环保;采用BIM 理念,还可在项目方案完成的同时计算日照、模拟风环境,为建筑设计的"绿色探索"注入高科技力量。

1.2 BIM 的发展与应用

1.2.1 AEC 行业的发展历程

AEC 为"Architecture Engineering and Construction"的缩略词,即建筑、工程与施工。从人类开始建造房屋起到现在,随着技术发展与管理需求,AEC 行业迎来了多次翻天覆地的变化。与根据时代背景而频繁出现不同建筑思想与建筑技术相反,建筑流程只有过三种不同形式。

在古代社会,建筑设计与施工的分化并不像现在如此明确,两项均由一名建筑师或工匠所负责。建筑师会根据自己所在地区自然条件与生活习惯等进行设计与施工。即便项目非常复杂,建筑相关所有信息均出自建筑师一人的头脑。因科技水平的限制,建筑师或工匠较少采用设计图纸,大多数情况下设计与施工是在现场同步实施的。

第一次重要变化出现在文艺复兴时期。这期间设计与施工逐渐分离,建筑师脱离现场手工制作,专门从事建筑艺术创作,而后期施工则由专门工匠负责。在这个分离过程中,建筑过程及建筑工具都发生了根本性改变。建筑师需要把自己的设计概念完整地灌输到工匠脑中,因此设计图纸变得尤为重要,并且成为了最重要的施工依据。同时随着造纸技术的发展,图纸在整个建筑业运用的非常频繁。而这也衍生出了除设计与施工以外的交付过程。之后随着科技的发展,建筑运用了大量的机电设备,同时也分化出多个专业,如暖通、给排水、电气等。可是对于建筑过程的变化则少之又少。这时还是以手绘图纸为基础,设计师进行设计并交到施工方手中进行施工。

直到 1980 年以后,个人计算机的普及对 AEC 行业带来了又一波巨大的冲击,其主要以

CAD(Computer Aided Design,计算机辅助设计)为主。第一台电子计算机早在1946年就被制造成功,而CAD也诞生于20世纪60年代。可是由于当时硬件设施昂贵,只有一些从事汽车、航空等领域的公司自行开发使用。之后随着计算机价格的降低,CAD得以迅速发展,AEC行业也开始经历信息化浪潮。计算机代替手工作业带来的不仅是设计工具的升级,细节与效率上的提升同样非常显著。比如利用CAD修改设计不再容易出现错误,对图作业也不需要传统对图方式,传递设计文件更加方便。虽然此次改变对建筑工具带来根本性改变,可是对于整个建筑过程,与之前形式相差无几。建筑师设计方案敲定之后由多专业工程师依次进行后续设计,最后交付到施工团队。由于各团队间协调配合工作不够完善,在后期施工期间,依然有大量问题出现。

在这种背景下,随着项目复杂度的提升,对于整个工程项目全程协调与管理的重要性也同样逐渐提高。1975年,查理·伊斯特曼博士在《AIA杂志》上发表一个叫建筑描述系统(Building Description System)的工作原型,被认为是最早提及BIM概念的一份文献。在随后的30年时间中,BIM概念一再被提起并由许多专家进行研究,但由于技术所限还是只停留于概念与方法论研究层面上。直到21世纪初,在计算机与IT技术长足发展的前提下,应AEC市场需求,欧特克(Autodesk)在2002年将"Building Information Modeling"这个术语展现到世人面前并推广。而BIM的出现,也正逐渐带来第三次建筑流程改变。

1.2.2 BIM在国外的发展路径与相关政策

1. 美国

美国作为最早启动BIM研究的国家之一,其技术与应用都走在世界前列。与世界其他国家相比,美国从政府到公立大学,不同级别的国营机关都在积极推动BIM的应用并制定了各自目标及计划。

早在2003年,美国总务管理局(General Services Administration,GSA)通过其下属的公共建筑服务部(Public Building Service,PBS)设计管理处(Office of Chief Architect,OCA)创立并推进3D-4D-BIM计划,致力于将此计划提升为美国BIM应用政策。从创立到现在,GSA在美国各地已经协助200个以上项目实施BIM,项目总费用高达120亿美元。以下为3D-4D-BIM计划具体细节:

①制订3D-4D-BIM计划;

②向实施3D-4D-BIM计划的项目提供专家支持与评价;

③制定对使用3D-4D-BIM计划的项目补贴政策;

④开发对应3D-4D-BIM计划的招标语言(供GSA内部使用);

⑤与BIM公司、BIM协会、开放性标准团体及学术/研究机关合作;

⑥制定美国总务管理局BIM工具包;

⑦制作BIM门户网站与BIM论坛。

2006年,美国陆军工程师兵团(United States Army Corps of Engineers,USACE)发布为期15年的BIM发展规划(A Road Map for Implementation to Support MILCON Transformation and Civil Works Projects within the United States Army Corps of Engineers),声明在BIM领域成为一个领导者,并制定六项BIM应用的具体目标。之后在2012年,声明对USACE所承担的军用建筑项目强制使用BIM。此外,他们向一所开发CAD与BIM技术的研究中心提供资金帮助,并在美国国防部(United States Department of Defense,DoD)内部

进行 BIM 培训。同时美国退伍军人部也发表声明称,从 2009 年开始,其所承担的所有新建与改造项目全部将采用 BIM。

美国建筑科学研究所(National Institute of Building Sciences,NIBS)建立 NBIMS-USTM 项目委员会,以开发国家 BIM 标准,并研究大学课程添加 BIM 的可行性。2014 年初,NIBS 在新成立的建筑科学在线教育上发布了第一个 BIM 课程,取名为 COBie 简介(The Introduction to COBie)。

除上述国家政府机构以外,各州政府机构与国立大学也相继建立 BIM 应用计划。例如,2009 年 7 月,威斯康星州对设计公司要求 500 万美元以上的项目与 250 万美元以上的新建项目一律使用 BIM。

2. 英国

英国是由政府主导,与英国政府建设局(UK Government Construction Client Group)在 2011 年 3 月共同发布推行 BIM 战略报告书(Building Information Modeling Working Party Strategy Paper),同时在 2011 年 5 月由英国内阁办公室发布的政府建设战略(Government Construction Strategy)中正式包含 BIM 的推行。此政策分为 Push 与 Pull,由建筑业(Industry Push)与政府(Client Pull)为主导发展。

Push 的主要内容为:由建筑业主导建立 BIM 文化、技术与流程;通过实际项目建立 BIM 数据库;加大 BIM 培训机会。

Pull 的主要内容为:政府站在客户的立场,为使用 BIM 的业主及项目提供资金上的补助;当项目使用 BIM 时,鼓励将重点放在收集可以持续沿用的 BIM 情报,以促进 BIM 的推行。

英国政府表明从 2011 年开始,对所有公共建筑项目强制性使用 BIM。同时为了实现上述目标,英国政府专门成立 BIM 任务小组(BIM Task Group)主导一系列 BIM 简介会,并且为了提供 BIM 培训项目初期情报,发布 BIM 学习构架。2013 年末,BIM 任务小组发布一份关于 COBie 要求的报告,以处理基础设施项目信息交换问题。

3. 芬兰

对于 BIM 的采用,全世界没有其他国家可以赶得上芬兰。作为芬兰财务部(The Finnish Ministry of Finance)旗下最大的国有企业,国有地产服务公司(Senate Properties)早在 2007 年就要求在自己的项目中使用 IFC/BIM。

4. 挪威

挪威政府在 2010 年发布声明将致力发展 BIM。随后众多公共机关开始着手实施 BIM。例如,挪威国防产业部(The Norwegian Defense Estates Agency)开始实施三个 BIM 试点项目。作为公共管理公司和挪威政府主要顾问,Statsbygg 要求所有新建建筑使用可以兼容 IFC 标准的 BIM。为了推广 BIM 的采用,Statsbygg 主要对建筑效率、室内导航、基于地理的模拟与能耗计算等 BIM 应用展开研发项目。

5. 丹麦

丹麦政府为了向政府项目提供 BIM 情报通信技术,在 2007 年着手实施数字化建设项目(the Digital Construction Project)。通过此项目开发出的 BIM 要求事项在随后由政府客户,如皇家地产公司(the Palaces & Properties Agency)、国防建设服务公司(the Defense Construction Service),相继使用。

6. 瑞典

虽然 BIM 在瑞典国内建筑业已被采用多年,可是瑞典政府直到 2013 年才由瑞典交通部(Swedish Transportation Administration)发表声明使用 BIM 之后开始推行。瑞典交通部同时声明从 2015 年开始,对所有投资项目强制使用 BIM。

7. 澳大利亚

2012 年澳大利亚政府通过发布国家 BIM 行动方案(National BIM Initiative)报告制定多项 BIM 应用目标。这份报告由澳大利亚 building SMART 协会主导并由建筑环境创新委员会(Built Environment Industry Innovation Council,BEIIC)授权发布。此方案主要提出如下观点:2016 年 7 月 1 日起,所有的政府采购项目强制性使用全三维协同 BIM 技术;鼓励澳大利亚州及地区政府采用全三维协同 Open BIM 技术;实施国家 BIM 行动方案。

澳大利亚本地建筑业协会同样积极参与 BIM 推广。例如,机电承包协会(Air Conditioning & Mechanical Contractors' Association,AMCA)发布 BIM - MEP 行动方案,促进推广澳大利亚建筑设备领域应用 BIM 与整合式项目交付(Integrated Project Delivery,IPD)技术。

8. 新加坡

早在 1995 年,新加坡启动房地产建造网络(Construction Real Estate NETwork,CORENET)以推广及要求 AEC 行业 IT 与 BIM 的应用。之后,建设局(Building and Construction Authority,BCA)等新加坡政府机构开始使用以 BIM 与 IFC 为基础的网络提交系统(e-submission system)。在 2010 年,新加坡建设局发布 BIM 发展策略,要求在 2015 年建筑面积大于五千平方米的新建建筑项目中,BIM 和网络提交系统使用率达到 80%。同时,新加坡政府希望在后 10 年内,利用 BIM 技术为建筑业的生产力带来 25% 的性能提升。2010 年,新加坡建设局建立建设 IT 中心(Center for Construction IT,CCIT)以帮助顾问及建设公司开始使用 BIM,并在 2011 年开发多个试点项目。同时,建设局建立 BIM 基金以鼓励更多的公司将 BIM 应用到实际项目上,并多次在全球或全国范围内举办 BIM 竞赛大会以鼓励 BIM 创新。

9. 日本

2010 年,日本国土交通省声明对政府新建与改造项目的 BIM 试点计划,此为日本政府首次公布采用 BIM 技术。

除开日本政府机构,一些行业协会也开始将注意力放到 BIM 应用。2010 年,日本建设业联合会(Japan Federation of Construction Contractors,JFCC)在其建筑施工委员会(Building Construction Committee)旗下建立了 BIM 专业组,通过标准化 BIM 的规范与使用方法提高施工阶段 BIM 所带来的利益。

10. 韩国

2012 年 1 月,韩国国土海洋部(Korean Ministry of Land,Transport & Maritime Affairs,MLTM)发布 BIM 应用发展策略,表明 2012 年到 2015 年间对重要项目实施四维 BIM 应用并从 2016 年起对所有公共建筑项目使用 BIM。另一个国家机构韩国公共采购服务中心(Public Procurement Service,PPS)在 2011 年发布 BIM 计划,并计划在 2013 年到 2015 年间对总承包费用大于 5000 万美元的项目使用 BIM,并从 2016 年起对所有政府项目强制性应用 BIM 技术。

在韩国,以国土海洋部为首的许多政府机构参与 BIM 研发项目。从 2009 年起,国土海洋部就持续向多个研发项目进行资金补助,包括名为 SEUMTER 的建筑许可系统以及一些基于 Open BIM 的研发项目,如超高层建筑项目的 Open BIM 信息环境技术(Open BIM Information Environment Technology for the Super-tall Buildings Project)、建立可提高设计生产力的基于 Open BIM 的建筑设计环境(Establishment of Open BIM based Building Design Environment for Improving Design Productivity)。同样,韩国公共采购服务中心在 2011 年对造价管理咨询(Cost Management Consulting)研发项目提供资金支持。

1.2.3　BIM 在国内的发展路径与相关政策

2011 年,中华人民共和国住房城乡建设部发布《2011—2015 年建筑业信息化发展纲要》,声明在"十二五"期间,基本实现建筑企业信息系统的普及应用,加快建筑信息模型、基于网络的协同工作等新技术在工程中的应用,推动信息化标准建设,促进具有自主知识产权软件的产业化,形成一批信息技术应用达到国际先进水平的建筑企业。这一年被业界普遍认为是中国的 BIM 元年。

2016 年,中华人民共和国住房城乡建设部发布《2016—2020 年建筑业信息化发展纲要》,声明全面提高建筑业信息化水平,着力增强 BIM、大数据、智能化、移动通信、云计算、物联网等信息技术集成应用能力,建筑业数字化、网络化、智能化取得突破性进展,初步建成一体化行业监管和服务平台,数据资源利用水平和信息服务能力明显提升,形成一批具有较强信息技术创新能力和信息化应用达到国际先进水平的建筑企业及具有关键自主知识产权的建筑业信息技术企业。

此外,中华人民共和国住房城乡建设部在 2013 年到 2016 年期间,先后发布若干 BIM 相关指导意见:

①2016 年以前政府投资的 2 万平方米以上大型公共建筑以及省报绿色建筑项目的设计、施工采用 BIM 技术。

②截至 2020 年,完善 BIM 技术应用标准、实施指南,形成 BIM 技术应用标准和政策体系;在有关奖项,如全国优秀工程勘察设计奖、鲁班奖(国际优质工程奖)及各行业、各地区勘察设计奖和工程质量最高的评审中,设计应用 BIM 技术的条件。

③推进建筑信息模型(BIM)等信息技术在工程设计、施工和运行维护全过程的应用,提高综合效益,推广建筑工程减隔震技术,探索开展白图代替蓝图、数字化审图等工作。

④到 2020 年末,建筑行业甲级勘察、设计单位以及特级、一级房屋建筑工程施工企业应掌握并实现 BIM 与企业管理系统和其他信息技术的一体化集成应用。

⑤到 2020 年末,以下新立项项目勘察设计、施工、运营维护中,集成应用 BIM 的项目比率达到 90%:以国有资金投资为主的大中型建筑;申报绿色建筑的公共建筑和绿色生态示范小区。

同时,随着 BIM 发展进步,各地方政府按照国家规划指导意见也陆续发布地方 BIM 相关政策,鼓励当地工程建设企业全面学习并使用 BIM 技术,促进企业、行业转型升级,以适应社会发展的需要。

1.2.4　BIM 的应用

BIM 发展至今,已经从单点和局部的应用发展到集成应用,同时也从阶段性应用发展到了项目全生命周期应用。

1. 规划阶段 BIM 应用

（1）模拟复杂场地分析。随着城市建筑用地的日益紧张，城市周边山体用地将日益成为今后建筑项目、旅游项目等开发的主要资源，而山体地形的复杂性，又势必给开发商们带来选址难、规划难、设计难、施工难等问题。但如能通过计算机，直观地再现及分析地形的三维数据，则将节省大量时间和费用。借助 BIM 技术，通过原始地形等高线数据，建立起三维地形模型，并加以高程分析、坡度分析、放坡填挖方处理，从而为后续规划设计工作奠定基础。比如，通过软件分析得到地形的坡度数据，以不同跨度分析地形每一处的坡度，并以不同颜色区分，则可直观看出哪些地方比较平坦，哪些地方陡峭。进而为开发选址提供有力依据，也避免过度填挖土方，造成无端浪费。

（2）进行可视化能耗分析。从 BIM 技术层面而言，可进行日照模拟、二氧化碳排放计算、自然通风和混合系统情境仿真、环境流体力学情境模拟等多项测试比对，也可将规划建设的建筑物置于现有建筑环境当中，进行分析论证，讨论在新建筑增加情况下各项环境指标的变化，从而在众多方案中优选出更节能、更绿色、更生态、更适合人居的最佳方案。

（3）进行前期规划方案比选与优化。通过 BIM 三维可视化分析，也可对于运营、交通、消防等其他各方面规划方案，进行比选、论证，从中选择最佳结果。亦即，利用直观的 BIM 三维参数模型，让业主、设计方（甚至施工方）尽早地参与项目讨论与决策，这将大大提高沟通效率，减少不同人因对图纸理解不同而造成的信息损失及沟通成本。

2. 设计阶段 BIM 应用

从 BIM 的发展可以看到，BIM 最开始的应用就是在设计阶段，然后再扩展到建筑工程的其他阶段。BIM 在方案设计、初步设计、施工图设计的各个阶段均有广泛的应用，尤其是在施工图设计阶段的冲突检测及三维管线综合以及施工图出图方面。

（1）可视化功能有效支持设计方案比选。在方案设计和初步分析阶段，利用具有三维可视化功能的 BIM 设计软件，一方面设计师可以快速通过三维几何模型的方式直接表达设计灵感，直接就外观、功能、性能等多方面进行讨论，形成多个设计方案，进行一一比选，最终确定出最优方案。另一方面，在业主进行方案确认时，协助业主针对一些设计构想、设计亮点、复杂节点等通过三维可视化手段予以直观表达或展现，以便了解技术的可行性、建成的效果，以及便于专业之间的沟通协调，及时作出方案的调整。

（2）可分析性功能有效支持设计分析和模拟。确定项目的初步设计方案后，需要进行详细的建筑性能分析和模拟，再根据分析结果进行设计调整。BIM 三维设计软件可以导出多种格式的文件与基于 BIM 技术的分析软件和模拟软件无缝对接，进行建筑性能分析。这类分析与模拟软件包括日照分析、光污染分析、噪声分析、温度分析、安全疏散模拟、垂直交通模拟等，能够对设计方案进行全性能的分析，只要简单地输入 BIM 模型，就可以提供数字化的可视分析图，对提高设计质量有很大的帮助。

（3）集成管理平台有效支持施工图的优化。BIM 技术将传统的二维设计图纸转变为三维模型并整合集成到同一个操作平台中，在该平台通过链接或者复制功能融合所有专业模型，直观地暴露各专业图纸本身问题以及相互之间的碰撞问题。使用局部三维视图、剖面视图等功能进行修改调整，提高了各专业设计师及负责人之间的沟通效率，在深化设计阶段解决大量设计不合理问题、管线碰撞问题，空间得到最优化，最大限度地提高施工图纸的质量，减少后期图纸变更数量。

（4）参数化协同功能有效支持施工图的绘制。在设计出图阶段，方案的反复修改时常发生，某一专业的设计方案发生修改，其他专业也必须考虑协调问题。基于 BIM 的设计平台所有的视图中（剖面图、三维轴测图、平面图、立面图）构件和标注都是相互关联的，设计过程中只要在某一视图进行修改，其他视图构件和标注也会跟着修改，如图 1-3 所示。不仅如此，施工图纸在 BIM 模型中也是自动生成的，这让设计人员对图纸的绘制、修改的时间大大减少。

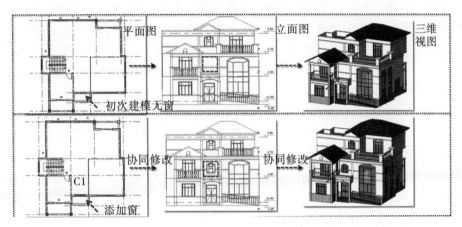

图 1-3　一处修改处处更新（关联修正）

3. 施工阶段 BIM 应用

施工阶段是项目由虚到实的过程，在此阶段施工单位关注的是在满足项目质量的前提下，运用高效的施工管理手段，对项目目标进行精确的把控，确保工程按时保质保量完成。而 BIM 在进度控制与管理、工程量的精确统计等方面均能发挥巨大的作用。

（1）BIM 为进度管理与控制提供可视化解决方法。施工计划的编制是一个动态且复杂的过程，通过将 BIM 模型与施工进度计划相关联，可以形成 BIM 4D 模型，通过在 4D 模型中输入实际进度，则可实现进度实际值与计划值的比较，提前预警可能出现的进度拖延情况，实现真正意义上的施工进度动态管理。不仅如此，在资源管理方面，以工期为媒介，可快速查看施工期间劳动力、材料的供应情况、机械运转负荷情况，提早预防资源用量高峰和资源滞留的情况发生，做到及时把控，及时调整，及时预案，从而防止出现进度拖延。

（2）BIM 为施工质量控制和管理提供技术支持。工程项目施工中对复杂节点和关键工序的控制是保证施工质量的关键，4D 模拟不但可以模拟整个项目的施工进度，还可以对复杂技术方案的施工过程和关键工艺及工序进行模拟，实现施工方案可视化交底，避免由语言文字和二维图纸交底引起的理解分歧和信息错漏等问题，提高建筑信息的交流层次并且使各参与方之间沟通方便，为施工过程各环节的质量控制提供新的技术支持。另外，通过 BIM 与物联网技术可以实现对整个施工现场的动态跟踪和数据采集，在施工过程中对物料进行全过程的跟踪管理，记录构件与设备施工的实时状态与质量检测情况，管理人员及时对质量情况进行分析和处理，BIM 为大型建设项目的质量管理开创新途径和新方法提供了有力的支持。

（3）BIM 为施工成本控制提供有效数据。对施工单位而言，具体工程实量、具体材料用量是工程预算、材料采购、下料控制、计量支付和工程结算的依据,是涉及项目成本控制的重要数据。BIM模型中构件的信息是可运算的,且每个构件具有独特的编码,通过计算机可自动识别、统计构件数量,再结合实体扣减规则,实现工程实量的计算。在施工过程中结合BIM资源管理软件,从不同时间段、不同楼层、不同分部分项工程,对工程实量进行计算和统计,根据这些数据从材料采购、下料控制、计量支付和工程结算等不同的角度对施工项目的成本进行跟踪把控,使建筑施工的成本得到有效控制。

(4)BIM为协同管理工作提供平台服务。施工过程中,不同参与方、不同专业、不同部门岗位之间需要协同工作,以保证沟通顺畅,信息传达正确,行为协调一致,避免事后扯皮和返工是非常有必要的。利用BIM模型可视化、参数化、关联化等特性,将模型信息集成到同一个软件平台,实现信息共享。施工各参与方均在BIM基础上搭建协同工作平台,以BIM模型为基础进行沟通协调,在图纸会审方面,能在施工前期解决图纸问题;在施工现场管理方面,实时跟踪现场情况;在施工组织协调方面,提高各专业间的配合度,合理组织工作。

4. 运维阶段BIM应用

运营阶段是项目投入使用的阶段,在建筑生命周期中持续时间最长。在运营阶段中,设施运营和维护方面耗费的成本不容小觑。BIM能够提供关于建筑项目协调一致和可计算的信息,该信息可以共享和重复使用。通过建立基于BIM的运维管理系统,业主和运营商可大大降低由于缺乏操作性而导致的成本损失。目前BIM在设施维护中的应用主要在设备运行管理和建筑空间管理两方面。

(1)建筑设备智能化管理。利用基于BIM的运维管理系统,能够实现在模型中快速查找设备相关信息,例如:生产厂商、使用期限、责任人联系方式、使用说明等信息,通过对设备周期的预警管理,可以有效防止事故的发生,利用终端设备、二维码和RFID技术,迅速对发生故障设备进行检修,如图1-4所示。

图1-4 设备运维系统

（2）建筑空间智能化管理。对于大型商业地产项目而言，业主可以通过 BIM 模型直观地查看每个建筑空间上的租户信息，如租户的名称、建筑面积、租金情况，还可以实现租户各种信息的提醒功能。同时还可以根据租户信息的变化，随时进行数据的调整和更新。

1.3　BIM 技术相关标准

1.3.1　BIM 标准概述

BIM 作为一个建筑工程领域全新的概念，目前被多数国家采用并推广，而各国政府在 BIM 的采用与推广过程中起到了主导性作用。各国政府先后建立 BIM 研究机构或者与其他公共机构合作，制定符合各国需求的国家 BIM 标准指南，并随着研发进度相继优化更新已出的条款。同时，各国大学与地方政府在政府大力支持下，各自研究推广地区 BIM 标准。

1.3.2　国外 BIM 标准

1. 美国

到 2015 年为止，美国各公共机构前后发布 47 份 BIM 标准与指南，其中 17 份来自政府机构，30 份来自非营利机构。其中大部分标准都包含项目实施计划（Project Execution Plan）、建模方法论（Modeling Methodology）与构件表达方式及数据组织（Component Presentation Style and Data Organization）。而最大的差异来自于细节程度（Level of Details），大约有一半的标准并未提供模型在各阶段所需要的精度指标。

47 份 BIM 标准与指南中有 24 份是由国家级组织机构主导发布。

GSA 为了支持 3D-4D-BIM 计划推广，先后发布 8 本 BIM 指南系列。分别为：

①第一册：3D-4D-BIM 简介（3D-4D-BIM Overview）。介绍 BIM 技术，尤其是 GSA 的 3D-4D-BIM 如何运用在建筑工程项目中，主要对象是 BIM 入门用户。

②第二册：检验空间规划（Spatial Program Validation）。介绍 BIM 如何用于设计并检验复核 GSA 要求的空间规划。

③第三册：三维激光扫描（3D Laser Scanning）。为三维成像与评价标准提供指南。

④第四册：四维工程计划（4D Phasing）。定义四维工程计划范围，并提供技术指南。

⑤第五册：能源效率（Energy Performance）。介绍项目各阶段能耗模拟重要性及模拟流程。

⑥第六册：人流与保安验证（Circulation and Security Validation）。介绍 BIM 如何用于设计决策，以保障满足相应要求。

⑦第七册：建筑因素（Building Element）。介绍不同构架的建筑信息，并为信息的建立、修改与维护提供指导意见。

⑧第八册：设施管理（Facility Management）。为设施管理提供 BIM 应用指南，并规定 BIM 模型需满足的最低技术要求。

美国建筑科学研究院在 2007 年与 2012 年相继发布美国 BIM 标准（National Building Information Modeling Standard）第一版与第二版，而在 2015 年末，发布此标准第三版。第三版包含从规划到设计、施工及运营的建筑全生命周期中的 BIM 标准。

美国建筑师协会（American Institute of Architects，AIA）在 2008 年发布《E202TM—2008 建筑信息模型展示协议》（E202TM-2008 Building Information Modeling Protocol Exhibit),制定五类开发等级(Levels of Development)与相应 BIM 应用要求。

2. 英国

为了实现英国政府 2016 年开始在政府项目中全面使用 BIM 的目标,建设委员会(Construction Industry Council,CIC)与 BIM 任务小组合作推出多项 BIM 标准。在 BIM 任务小组的主导与技术支持下,建设委员会在 2013 年发布两项 BIM 标准:BIM 协议(BIM Protocol V1)与使用 BIM 过程中专业赔偿保险实践指南(Best Practice Guide for Professional Indemnity Insurance When Using BIMs V1)。前者确定项目团队在所有建设合同中所需达到的 BIM 要求,后者对 BIM 项目中所能遇到的专业赔偿保险的主要风险进行了概述。

同时,许多英国本地非营利机构,如英国标准机构(British Standards Institution,BSI)与 AEC-UK 委员会(the AEC-UK Committee),也发布了各自 BIM 标准。英国标准机构 B/555 委员会(BSI B/555 Committee)从 2007 年起,为建筑业全生命周期信息的数字化定义与交换出台多项标准。例如,PAS 1192-2:2013 说明信息管理流程以支持交付阶段的二等级 BIM(BIM Level 2);PAS 1192-3:2014 则将重点放在运营阶段中的资产。AEC-UK 委员会在 2009 年与 2012 年先后发布首版 BIM 标准(BIM Standard)与第二版 BIM 协议(BIM Protocol Version 2.0)。从 2012 年开始,AEC-UK 委员会将 BIM 协议扩展到各软件平台,包括 Autodesk Revit、Bentley AECOsim Building Designer 与 Grphisoft ArchiCAD。

3. 芬兰

芬兰国有地产服务公司在建设公司、咨询公司等多家企业的协助支持下,在 2012 年发布全新 BIM 指南(The Common BIM Requirements 2012 V1.0)。这本指南包含由多家经验丰富的企业与组织提供的 13 个要求事项,因此其实用性非常高。同年芬兰混凝土协会发表制作混凝土结构物的 BIM 指南。

4. 挪威

到 2013 年为止,挪威政府与非营利机构共发布 6 项 BIM 标准。为了准确说明兼容 IFC 标准的 BIM,Statsbygg 在 2008 年到 2013 年先后发布四个版本的 BIM 标准(Statsbygg Building Information Modeling Manual)。作为政府主导开发的标准,挪威政府项目将强制性应用该标准,同时它还适用于挪威所有建筑工程项目。挪威住建协会(Norwegian Home Builders' Association)也在 2011 年与 2012 年发布第一版与第二版的 BIM 标准,主要对常用软件工具进行了介绍,并对能耗模拟、造价计算、通风与屋架等四个部分进行了详细的说明。

5. 丹麦

2007 年,国家企业建设局(the National Agency for Enterprise and Construction)发布四种 3D CAD/BIM 应用指南,分别为 3D CAD Manual 2006、3D Working Method 2006、3D CAD Project Agreement 2006 与 Layer and Object Structure 2006。

6. 瑞典

瑞典非营利机构瑞典标准协会(Swedish Standards Institute,SSI)在 2009 年发布施工与设施管理的数字化交付(Digital Deliverables for Construction and Facilities Management)。由于此标准仅为管理指南,缺乏具体方法与案例,因此 2009 年 OpenBIM 机构(OpenBIM Organization)在瑞典成立并建立当地 BIM 标准。

7. 澳大利亚

2009 年,澳大利亚合作研究中心(Cooperative Research Centre,CRC)建筑创新部发布国家信息模型指南(National Guidelines for Digital Modeling)以推广 BIM 技术在本国建筑与施工行业的应用。指南对模型的建造、开发、模拟及性能评测进行了详细的讲解。2011 年,由澳大利亚政府资助的非营利机构,建筑信息系统公司(Construction Information Systems Limited)发布 BIM 指南,并取名为 NATSPEC 国家 BIM 指南(NATSPEC National BIM Guide),指南包含 BIM 优势、建模方法论、展现方式与交付要求。一年之后,该机构再次发布一个辅助文档"BIM 项目管理计划模板"(Project BIM Management Plan Template)。

8. 新加坡

作为全球发展 BIM 最前卫的国家之一,新加坡已出台 12 项 BIM 标准。大部分标准都对建模方法论与构件表达方式及数据组织进行了详细的解释,可是有一部分标准并未提起项目规划实施计划与细节程度。唯有建设部发布的 BIM 指南(BIM Guide)含有上述四个因素。

9. 日本

相比于其他发达国家,日本在 BIM 标准开发进度上相对较慢。直到 2012 年,日本建筑师协会(Japan Institute of Architects,JIA)发布 BIM 标准指南,此标准对建筑师提供了 BIM 的流程化与交付要求。

10. 韩国

到目前为止,韩国国土海洋部、韩国公共采购服务中心、韩国建设交通技术评价机构及韩国建设技术研究院先后发布 6 个 BIM 标准。

2009 年,韩国建筑 BIM 标准(National Architectural BIM Guide)项目在国土海洋部出资主导下,由韩国 buildingSMART 协会与庆熙大学(Kyung Hee University)合作开发。此标准含三个指南:BIM 工作指南、技术指南与管理指南。

韩国公共采购服务中心从 2010 年开始也主持建立 BIM 指南,由韩国 buildingSMART 协会、庆熙大学及熙林建筑事务所(Heerim Architecture)共同开发,已推出建筑 BIM 指南(PPS Guideline V1:Architectural BIM Guide)与基于 BIM 的造价管理指南(PPS Guideline V2:BIM based Cost Management Guide)。

1.3.3 国内 BIM 标准

1. 国家级

中华人民共和国住房城乡建设部在 2011 年声明"十二五"期间大力发展 BIM 之后不久,在 2012 年批准了 5 个关于建筑工程的 BIM 国家标准编制。5 个标准为:《建筑工程信息模型应用统一标准》《建筑工程信息模型储存标准》《建筑工程信息模型分类和编码标准》《建筑工程设计信息模型交付标准》《建筑工程施工信息模型应用标准》。其中《建筑工程模型应用统一标准》(GB/T 51212—2016)正式发布,自 2017 年 7 月 1 日起实施。

2. 行业级

为规范建筑工程设计信息模型的表达方式,协调建筑工程各参与方识别建筑工程设计信息,2014 年成立了《建筑工程设计信息模型制图标准》编委会,经历了两年的行业探索与研究,在 2016 年编委会决定将《制图标准》更名为《表达标准》,贴近模型实际,更适用于建筑工程设计和建造过程中建筑工程设计信息模型的建立、传递和使用,各专业之间的协同,工程设计各参与方的协作等过程。建筑装饰行业工程建设标准已制定并颁布,《建筑装饰装修工程 BIM 实施标准》(T/CBDA-3—2016)自 2016 年 12 月 1 日起实施。

3. 地方级

各直辖市与各省政府陆续推出地方 BIM 标准供建筑工程单位使用。

(1)北京市:2014 年由北京市质量技术监督局与北京市规划委员会共同发布《民用建筑信息模型设计标准》,此标准涉及 BIM 的资源要求、模型深度要求、交付要求等 BIM 应用过程中所需的基本内容。

(2)上海市:2015 年由上海市城乡建设管理委员会发布《上海市建筑信息模型技术应用指南》。此指南在国家 BIM 标准基础上,针对上海地区建筑工程项目的特点,建立了相应技术标准,并界定各项目参与方权利与义务。上海专项行业标准也在积极制定中。

(3)深圳市:2015 年由深圳市建筑工务署发布《BIM 实施管理标准》。此标准对深圳市新建、改建、扩建项目在应用 BIM 时所需满足的职责、交付、协同等提出要求。

(4)香港特区:香港房屋委员会在 2009 年发布了香港首个 BIM 标准并推广到整个建筑工程行业,此标准包含 BIM 标准(BIM Standard)、用户指南(User Guide)、构件设计指南(Library Component Design Guide)和参考文献(Reference)。2013 年,香港建设部(Construction Industry Council,CIC)建立了一个 BIM 工作小组并指定由该组织开发 BIM 标准,最终在 2015 年初出版。

(5)浙江省:2016 年由浙江省住房和城乡建设厅发布《浙江省建筑信息模型(BIM)技术应用导则》,针对 BIM 实施的组织管理与 BIM 技术应用点提出了相应的要求。

第 2 章　BIM 工具与相关技术

教学导入

工欲善其事,必先利其器。想要认识 BIM,了解 BIM,掌握 BIM 技术的应用,离不开工具的支持。从设计到施工,从施工到运维管理,都需要建立和使用 BIM 模型,增强项目参与各方之间的沟通。因此以需求为导向,模型为基础,就需要对 BIM 工具及相关技术有一定的认识。

本章主要介绍 BIM 软硬件工具,并分析工具软件的应用方向。同时对 BIM 与其他相关技术的结合应用进行阐述与展望。

学习要点

- BIM 工具
- BIM 的相关技术

2.1　BIM 工具概述

BIM 应用离不开软硬件的支持,在项目的不同阶段或不同目标单位,需要选择不同软件并予以必要的硬件和设施设备配置。BIM 工具有软件、硬件和系统平台三种类别。硬件工具如计算机、三维扫描仪、3D 打印机、全站仪机器人、手持设备、网络设施等。系统平台是指由 BIM 软硬件支持的模型集成、技术应用和信息管理的平台体系。这里主要介绍软件工具。

BIM 软件的数量十分庞大,BIM 系统并不能靠一个软件实现,或靠一类软件实现,而是需要不同类型的软件,而且每类软件也可选择不同的产品。这里通过对目前在全球具有一定市场影响或占有率,并且在国内市场具有一定认识和应用的 BIM 软件(包括能发挥 BIM 价值的软件)进行梳理和分类,希望对 BIM 软件有个总体了解。

先对 BIM 软件的各个类型作一个归纳,如图 2-1 所示,BIM 软件分核心建模软件和用模软件。图中央为核心建模软件,围绕其周围的均为用模软件。

2.1.1　BIM 核心建模软件

这类软件英文通常叫"BIM Autho-

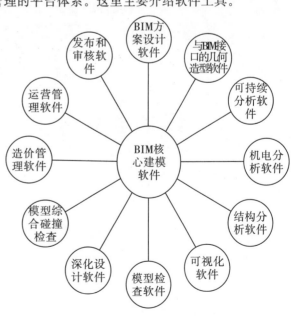

图 2-1　BIM 软件

ring Software",是 BIM 的基础,换句话说,正是因为有了这些软件才有了 BIM,也是从事 BIM 的同行要碰到的第一类 BIM 软件。因此我们称它们为"BIM 核心建模软件",简称 "BIM 建模软件"。BIM 核心建模软件分类详见图 2-2。

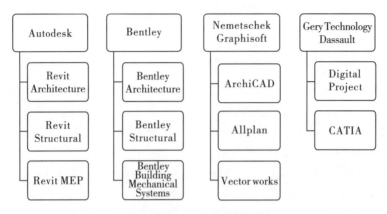

图 2-2　BIM 核心建模软件

从图 2-2 中可以了解到,BIM 核心建模软件主要有以下 4 个方向:

(1)Autodesk 公司的综合性最强,包含 Revit 建筑、结构和机电系列,在民用建筑市场借助 AutoCAD 已有的优势,有相当不错的市场表现。Revit 平台的核心是 Revit 参数化更改引擎,它可以自动协调在任何位置(例如在模型视图或图纸、明细表、剖面、平面图中)所作的更改,针对特定专业的建筑设计和文档系统,支持所有阶段的设计和施工图纸,多视口建模如图 2-3 所示。

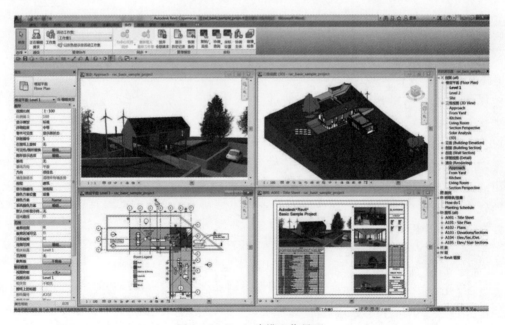

图 2-3　Revit 建模工作界面

（2）Bentley 侧重专业领域的市场耕耘，包括建筑、结构和设备系列，Bentley 产品在工厂设计（石油、化工、电力、医药等）和基础设施（道路、桥梁、市政、水利等）领域有无可争辩的优势。开发出 MicroStation TriForma 这一专业的 3D 建筑模型制作软件（由所建模型可以自动生成平面图、剖面图、立面图、透视图及各式的量化报告，如数量计算、规格与成本估计），如图 2-4 所示。

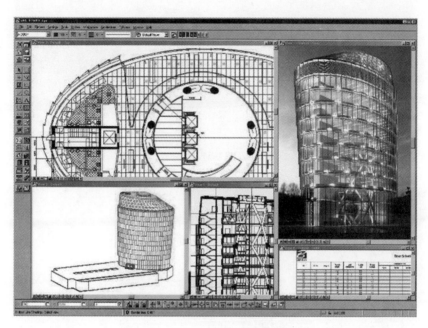

图 2-4　Bentley 建模工作界面

（3）ArchiCAD 最早普及了 BIM 的概念，自从 2007 年 Nemetschek 收购 Graphisoft 以后，ArchiCAD、Allplan、VectorWorks 三个产品就被归到同一个系列里面了，其中国内同行最熟悉的是 ArchiCAD（见图 2-5），属于一个面向全球市场的产品，应该可以说是最早的一个具有市场影响力的 BIM 核心建模软件，但是在中国由于其专业配套的功能（仅限于建筑专业）与多专业一体的设计院体制不匹配，很难实现业务突破。Nemetschek 的另外 2 个产品，Allplan 主要市场在德语区，VectorWorks 则是其在美国市场使用的产品名称。

（4）Dassault 公司的 CATIA 是全球最高端的机械设计制造软件，如图 2-6 所示，在航空、航天、汽车等领域具有接近垄断的市场地位，应用到工程建设行业无论是对复杂形体还是超大规模建筑，其建模能力、表现能力和信息管理能力都比传统的建筑类软件有明显优势，而与工程建设行业的项目特点和人员特点的对接问题则是其不足之处。Digital Project 是 Gery Technology 公司在 CATIA 基础上开发的一个面向工程建设行业的应用软件（二次开发软件），其本质还是 CATIA，就跟天正的本质是 AutoCAD 一样。

BIM 的核心建模软件除了这四大系列外，目前还有四个被广泛应用的后起之秀，它们是 Google 公司的草图大师 SketchUp、Robert McNeel 的犀牛 Rhino、FormZ 及 Tekla，SketchUp 和 Rhino 的市场更大。SketchUp 最简单易用，建模极快，最适合前期的建筑方案推敲，因为建立的为形体模型，难以用于后期的设计和施工图；Rhino 广泛应用于工业造型设计，简单快速，不受约束的自由造形 3D 和高阶曲面建模工具，在建筑曲面建模方面可大展身手；

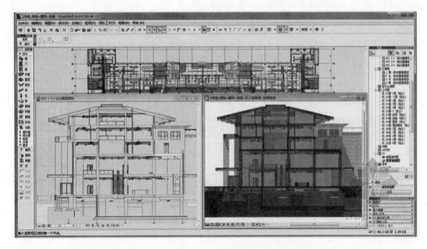

图2-5 ArchiCAD建模工作界面

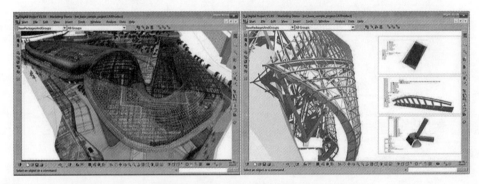

图2-6 CATIA建模工作界面

Formz类似AutoDesk的Max,也是国外3D绘图的常用设计工具;来自芬兰Tekla公司的Tekla Structure(Xsteel)用于不同材料的大型结构设计,在国外占有很大市场份额,目前在国内发展迅速,但比较复杂,不易掌握,对异形结构支持弱。

因此,对于一个项目或企业BIM核心建模软件技术路线的确定,可以考虑如下基本原则:民用建筑用Autodesk Revit;工厂设计和基础设施用Bentley;单专业建筑事务所选择ArchiCAD、Revit、Bentley都有可能成功;项目完全异形、预算比较充裕的可以选择Digital Project或CATIA。

2.1.2 BIM可持续(绿色)分析软件

可持续或者绿色分析软件如图2-7所示,可以使用BIM模型的信息对项目进行日照、风环境、热工、景观可视度、噪音等方面的分析,主要软件有国外的Echotect、Green Building Studio、IES以及国内的PKPM等。

2.1.3 BIM机电分析软件

水暖电等设备和电气分析软件,如图2-8所示。国内产品有鸿业、博超等,国外产品有Design Master、IES Virtual Environment、Trane Trace等。

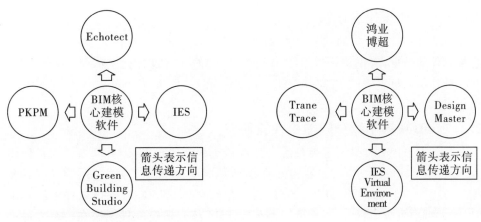

图 2-7 BIM 可持续(绿色)分析软件　　　　图 2-8 BIM 机电分析软件

2.1.4　BIM 结构分析软件

结构分析软件是目前和 BIM 核心建模软件集成度比较高的产品,基本上两者之间可以实现双向信息交换,即结构分析软件可以使用 BIM 核心建模软件的信息进行结构分析,分析结果对结构的调整又可以反馈回到 BIM 核心建模软件中去,自动更新 BIM 模型。

ETABS、STAAD、Robot 等国外软件以及 PKPM 等国内软件都可以跟 BIM 核心建模软件配合使用,如图 2-9 所示。

2.1.5　BIM 可视化软件

有了 BIM 模型以后,对可视化软件的使用至少有如下好处:

(1)可视化建模的工作量减少了;

(2)模型的精度和与设计(实物)的吻合度提高了;

(3)可以在项目的不同阶段以及各种变化情况下快速产生可视化效果。

常用的可视化软件包括 3ds Max、Artlantis、AccuRender 和 Lightscape 等,如图 2-10 所示。

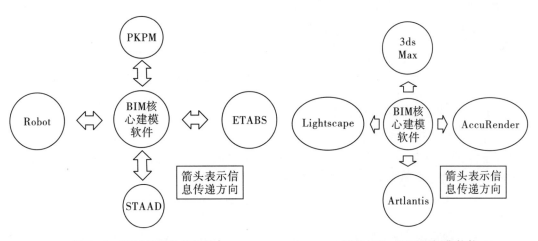

图 2-9　BIM 结构分析软件　　　　图 2-10　BIM 可视化软件

2.1.6 BIM 深化设计软件

Xsteel 是目前最有影响的基于 BIM 技术的钢结构深化设计软件,该软件可以使用 BIM 核心建模软件的数据,对钢结构进行面向加工、安装的详细设计,生成钢结构施工图(加工图、深化图、详图)、材料表、数控机床加工代码等。图 2-11 是 Xsteel 设计的一个例子(由宝钢钢构提供)。

2.1.7 BIM 模型综合碰撞检查软件

有两个根本原因直接导致了模型综合碰撞检查软件的出现:①不同专业人员使用各自的 BIM 核心建模软件建立自己专业相关的 BIM 模型,这些模型需要在一个环境里面集成起来才能完成整个项目的设计、分析、模拟,而这些不同的 BIM 核心建模软件无法实现这一点;②对于大型项目来说,硬件条件的限制使得 BIM 核心建模软件无法在一个文件里面操作整个项目模型,但是又必须把这些分开创建的局部模型整合在一起研究整个项目的设计、施工及其运营状态。

模型综合碰撞检查软件的基本功能包括集成各种三维软件(包括 BIM 软件、三维工厂设计软件、三维机械设计软件等)创建的模型,进行 3D 协调、4D 计划、可视化、动态模拟等,属于项目评估、审核软件的一种。常见的模型综合碰撞检查软件有 Autodesk Navisworks、Bentley Projectwise Navigator 和 Solibri Model Checker 等,如图 2-12 所示。

图 2-11　Xsteel 设计实例

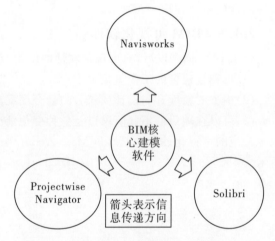

图 2-12　常见的 BIM 模型综合碰撞检查软件

2.1.8 BIM 造价管理软件

造价管理软件利用 BIM 模型提供的信息进行工程量统计和造价分析,由于 BIM 模型结构化数据的支持,基于 BIM 技术的造价管理软件可以根据工程施工计划动态提供造价管理需要的数据,这就是所谓 BIM 技术的 5D 应用。

国外的 BIM 造价管理有 Innovaya 和 Solibri、RIB iTWO,鲁班是国内 BIM 造价管理软件的代表,如图 2-13 所示。

鲁班对以项目或业主为中心的基于 BIM 的造价管理解决方案应用给出了如下整体框架,如图 2-14 所示,这无疑会对 BIM 信息在造价管理上的应用水平提升起到积极作用,同

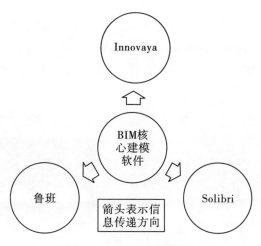

图 2 - 13　BIM 造价管理软件

时也是全面实现和提升 BIM 对工程建设行业整体价值的有效实践,因此我们知道,能够使用 BIM 模型信息的参与方和工作类型越多,BIM 对项目能够发挥的价值就越大。

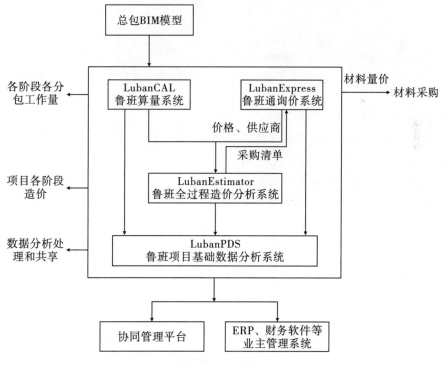

图 2 - 14　鲁班软件

2.1.9　BIM 运营管理软件

可以把 BIM 形象地比喻为建设项目的 DNA。根据美国国家 BIM 标准委员会的资料,一个建筑物生命周期 75% 的成本发生在运营阶段(使用阶段),而建设阶段(设计、施工)的成本只占项目生命周期成本的 25%。

BIM 模型为建筑物的运营管理阶段服务是 BIM 应用重要的推动力和工作目标,在这方面美国运营管理软件 ArchiBUS 是最有市场影响的软件之一。

图 2-15 是由 FacilityONE 提供的基于 BIM 的运营管理整体框架,对同行认识和了解 BIM 技术的运营管理应用有所帮助。

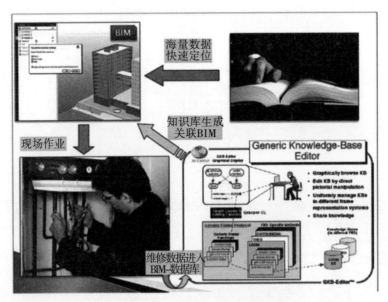

图 2-15 基于 BIM 的运营管理整体框架

2.1.10 BIM 发布审核软件

最常用的 BIM 成果发布审核软件包括 Autodesk Design Review、Adobe PDF 和 Adobe 3D PDF,正如这类软件本身的名称所描述的那样,发布审核软件把 BIM 的成果发布成静态的、轻型的、包含大部分智能信息的、不能编辑修改但可以标注审核意见的、更多人可以访问的格式如 DWF、PDF、3D PDF 等,供项目其他参与方进行审核或者利用,如图 2-16 所示。

2.1.11 BIM 常用软件汇总

基于上文所述的 BIM 核心建模软件与应用软件的阐述,可见有关 BIM 的软件很多,体系很庞大,而且现在每个软件公司都

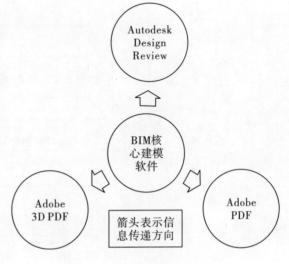

图 2-16 BIM 发布审核软件

在开发更多的功能,一个软件可能以项目周期中一个环节为主兼顾其他几个环节,因而下面我们通过用一张表来帮助理清软件分类,表中软件的排序依据是按照大多数建筑类高校师生使用的频率,并结合 BIM 生命周期从概念、设计、分析、量算和施工的顺序排列,同时又按

地域性差异作出分类,如表2-1所示。

表 2-1　BIM 常用软件一览表

		BIM 软件及所属公司		特　点
1	概念设计软件	Google 草图大师(美国)	SketchUp	简单易用,建模快,适合前期方案推敲
2		Autodesk(美国)	3ds Max	集 3D 建模、效果图和动画展示于一体,适用于方案后期效果展示
3	设计建模软件	Autodesk(美国)	Revit	集 3D 建模展示、方案和施工图于一体,集成建筑、结构和机电专业,市场应用较广,但对中国标准规范的支持不足
4		Graphisoft(匈牙利)	ArchiCAD	世界上最早的 BIM 软件,集 3D 建模展示、方案和施工图于一体,但对中国标准规范的支持不足
5		Bentley(美国)	Architecture 系列	基于 MicroStation 平台,集 3D 建模展示、方案和施工图于一体
6		Robert McNeel(美国)	犀牛 Rhino	不受约束的自由造形 3D 和高阶曲面建模工具,应用于工业造型设计,简单快速,在建筑曲面建模方面可大展身手
7		Dassault(法国)	CATIA	起源于飞机设计,最强大的三维 CAD 软件,独一无二的曲面建模能力,应用于复杂异型的三维建筑设计
8		Tekla Corp(芬兰)	Tekla/Xsteel	应用于不同材料的大型结构设计,但对异形结构支持不足
9		CSI(美国)	SAP2000	集成建筑结构分析与设计,SAP2000 适合多模型计算,拓展性和开放性更强,设置更灵活,趋向于"通用"的有限元分析;ETABS 结合中国规范比较好
10			ETABS	
11		中国建筑科学研究院检验科技股份有限公司(中国)	PKPM 系列	集建筑、结构、设备与节能为一体的建筑工程综合 CAD 系统,符合本地化标准
12		天正公司(中国)	天正系列	基于 AutoCAD 平台,遵循国标和设计师习惯,可完成各个设计阶段的任务,为建筑、结构与电气等专业设计提供了全面的解决方案
13		北京理正(中国)	理正系列	基于 AutoCAD 平台,遵循国标和设计师习惯,可在建筑、结构、水电、勘察与岩土系列进行施工图绘制
14		鸿业科技(中国)	鸿业系列	提供了基于 Revit 平台的建筑与机电专业的协同建模和基于 AutoCAD 平台的施工图设计与出图

	BIM 软件及所属公司		特　点
15	环境能源分析	美国能源部与劳伦斯伯克利国家实验室共同开发(美国)	EnergyPlus	用于对建筑中的热环境、光环境、日照、能量分析等方面的因素进行精确的模拟和分析
16		Autodesk(美国)	Ecotect Analysis	
17	施工造价管理	广联达股份有限公司(中国)	广联达系列	基于自主 3D 图形平台研发的系列算量软件,适合全国各省市计算规则与清单、定额库,可快速进行算量建模。其 BIM 5D 平台通过模型与成本关联,以此对项目商务应用进行管控
18		上海鲁班软件(中国)	鲁班系列	基于 AutoCAD 平台开发的土建、钢筋、安装等专业算量软件,其 Luban PDS 系统以算量模型或 BIM 模型以及造价数据为基础,将数据与 ERP 系统对接,形成数据共享,从而对项目进行施工管理
19		深圳斯维尔(中国)	斯维尔系列	基于 AutoCAD 平台进行开发,有设计、节能设计、算量与造价分析等功能,应用于进行编制工程概预、结算与招标投标报价
20	施工管理	Autodesk(美国)	Navisworks	可导入 Autodesk AutoCAD 与 Revit 等软件创建的设计数据,从而可实现动态 4D 模拟、冲突管理、动态漫游等
21		RIB Software(德国)	iTWO	通过整合 CAD 与企业资源管理系统(ERP)的信息及其应用,依据建筑流程,实时获取施工过程的材料、设备信息
22		Vico Software(美国)	Vico Office Suite	5D 虚拟建造软件,包含多个模块,可进行工序模拟、成本估计、体量计算、详图生成、碰撞检查、施工问题检查等应用

目前,BIM 软件众多,可选择范围广,如何正确选择合适的 BIM 软件,并能学以致用,发挥 BIM 价值是摆在 BIM 应用单位和个人面前必须决策的问题。面对中国巨大的市场需求,期待有更多更好的适合中国应用实际的 BIM 软件问世。

2.1.12　软件互操作性

目前,在我国市场上具有影响力的 BIM 软件有几十种,这些软件主要集中在设计阶段和工程量计算阶段,施工管理和运营维护的软件相对较少。而较有影响力的供应商主要包括 Autodesk(美国)、Bentley(美国)、Progman(芬兰)、Graphisoft(匈牙利)以及中国的鸿业、理正、广联达、鲁班、斯维尔等。

根据实验以及应用可以得出这样一个结论:这些 BIM 软件间的信息交互性是存在的,但是在项目运营阶段 BIM 技术并未得到充分应用,使得运营阶段在建设项目的全寿命周期内处于"孤立"状态。然而,在建设项目全寿命周期管理中是以运营为导向实现建设项目价值最大化。如何使得 BIM 技术最大限度符合全寿命周期管理理念,提升我国建设行业生产力水平,值得深入研究。进一步分析,就某一个阶段 BIM 技术而言,应用价值也未达到充分的实现,比如设计阶段中"绿色设计""规范检查""造价管理"三个环节仍出现了"孤岛现象"。当前,如何统筹管理,实现 BIM 在各阶段、各专业间的协同应用,软件互操作性是研究解决的关键。

这里需要指出:BIM 是 10％的技术问题加上 90％的社会文化问题。而目前已有研究中 90％是技术问题,这一现象说明,BIM 技术的实现问题并非技术问题,而更多的是统筹管理问题。值得欣喜的是,由中国建筑科学研究院主导的 P－BIM 体系对于提升国内外软件互操作能力,实现建筑全生命期的信息交换取得了阶段性成果。

2.2 BIM 相关技术

近些年随着 BIM 应用的发展,相关技术很多,本书在以下方面作简要介绍,如图 2－17 所示。

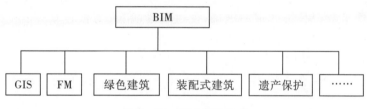

图 2－17 BIM 相关技术

2.2.1 BIM 和 GIS

地理信息系统(GIS)是在计算机软、硬件支持下,对地理空间数据进行采集、输入、存储、操作、分析、建模、查询、显示和管理,以提供对资源、环境及各种区域性研究、规范、管理决策所需信息的人机模型,从而能够解决问题:某个地方有什么,符合那些条件的实体在哪里,实体在地理位置上发生了哪些变化,某个地方如果具备某种条件会发生什么问题等。它对于城市规划这样的宏观领域是一项重要的技术。它可以在城市规划的各个阶段发挥重要的作用,包括专题制图(图框、图例、风玫瑰)、空间叠加技术分析(现状容积率统计、城市用地适宜性评价)、三维分析技术(三维场景模拟、地形分析和构建、景观视域分析)、交通网络分析技术(交通网络构建、设施服务区分析、设施优化布局分析、交通可达性分析)、空间研究分析(空间句法、空间格局分析)、规划信息管理技术(规划管理信息系统、规划信息资源库)等,可以方便制作各类专题图和三维模拟,而且软件模块丰富,可以嵌套编程,方便灵活嵌入其他系统中。

其缺点主要是:优点即是缺点,正因为 ESRI 定位大视角巨系统,所以系统比较庞大,前期数据整理比较费精力,所以上手比较慢。而且此软件在规划领域应用广泛,在建筑设计领域的具体视角体现较少,故主要用于环境分析。此外对硬件要求也比较高,价格昂贵。

BIM 与 GIS 的契合性主要体现在技术方面,首先二者的专业基础技术相似,包括数据库管理和图形图像处理等技术,这为 BIM 和 GIS 的可视化功能提供了较好的基础;其次二者的数字化信息处理方式相同,二者的数据可以转换为统一标准下的数字化数据,因此可将BIM中的数据导入GIS中,同时也将GIS中的数据应用于BIM中,互为对方的数据源,用来确定施工场地的合理化布置和物料运输路线的最佳选择。BIM技术可以将施工阶段和设计阶段的物料属性信息(形状、大小、所占空间)进行相互比较,而GIS技术是对与建设项目相关的环境、现有建筑的分布和建设项目外形的客观描述,是一个具备查询和分析功能的平台。

2.2.2　BIM 和 FM

BIM技术的价值并不仅仅局限于建筑的设计与施工阶段,在运营维护阶段,BIM同样能产生极其巨大的价值,在运维阶段重要的一门技术就是FM,又叫设施管理系统,BIM模型中包含的丰富信息可以为FM的决策和实施提供有力的信息支撑。

现代设施管理的业务范围已超越了物业维修和保养的工作范畴,覆盖设施的全生命周期,其职能范围包括维护运营、行政服务、空间管理、建筑工程设计和工程服务、不动产管理、设施规划、财务规划、能源管理、健康安全等。它从建筑物业主、管理者和使用者的利益出发,对业务运营涉及的所有设施与环境进行全生命周期的规划、管理,对可预见性风险进行规避和控制。设施管理注重并坚持与新技术应用同步发展,在降低成本、提高效率的同时,保证了管理与技术数据分析处理的准确,促进科学决策,为核心业务的发展提供服务和支撑。

据某国外研究机构对办公建筑全生命周期的成本费用分析,设计和建造成本只占到了整个建筑生命周期费用的20%左右,而运营维护的费用占到了全生命周期费用的67%以上。

在运营维护阶段,充分发挥利用BIM的价值,不但可以提高运营维护的效率和质量,而且可以降低运营维护费用,基于BIM的空间管理、资产管理、设施故障的定位排除、能源管理、安全管理等功能实现,在可视化、智能化、数据精确性和一致性方面都大大优于传统的运维软件。大数据、传感器、定位系统、移动互联、社交媒体、BIM建筑等新技术的集成应用,也是智慧化运维的必然趋势。

国外FM管理系统软件主要有IBM TRIRIGA＋Maximo、Archibus。TRIRIGA是IBM公司2011年收购的软件,基于WEB开发,与IBM Maximo资产管理软件结合为用户提供投资项目管理、空间管理、资产组合规划、能源管理等全面的设施和房地产管理解决方案。Archibus是全球知名的设施管理系统软件,可以管理所有不动产及设施,Archibus包含"不动产及租赁管理""工作场所管理""设备资产管理""大厦运维管理""可持续管理"等主要模块。它可以集中资产信息、控制支出和执行规范、优化设施使用、有效执行流程。目前国外的设施管理软件也已开始对BIM模型提供支持,并尝试向云平台服务模式转化。

虽然在国外FM管理体系已经比较成熟,但FM在国内还处在发展期,比如上海现代建筑设计集团率先通过申都大厦的运维管理平台实践。整体还缺少与BIM及物联网相结合的、适合国内FM运维管理需求的系统化管理云平台,这个云平台远期将以BIM和网络为基础,共用操作界面环节,将完美融合建筑的后期应用:物业及设施管理(PM＋FM)、建筑设备管理(BMS)、综合安全管理(SMS)、信息设施管理(ITSI),从而实现智慧化各应用系统之间信息资源的共享与管理、各应用系统的交互操作和快速响应与联动控制,以达到自动化监视与控制的目的。基于云计算和BIM的建筑管理信息平台如图2-18所示。

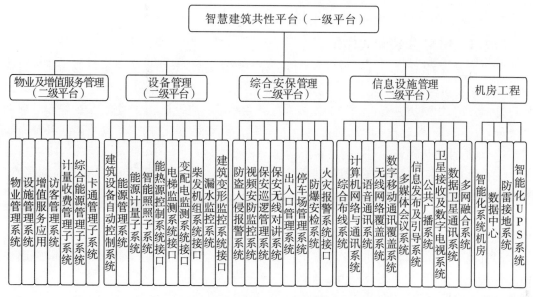

图 2-18　基于云计算和 BIM 的建筑管理信息平台

2.2.3　BIM 和绿色建筑

　　绿色建筑理念吹遍全球,国内近些年因为建筑污染、能源危机进而推行建筑节能设计,就是以绿色建筑为发展目标。绿色建筑的含义在于:高效利用周边的自然环境、气候条件等,减少建筑污染的排放,与生态环境良好共生,做到可持续发展。

　　随着 BIM 概念的普及,越来越多的项目开始尝试应用 BIM 技术融入绿色建筑的各个环节。就建筑生命周期而言,以规划设计阶段分析最重要,以建造施工阶段的整合部分最复杂,否则就会出现大量耗能设计并造成大量后期工序冲突。

　　1. 在规划设计方面

　　实现绿色设计、可持续设计方面 BIM 的优势是很明显的:BIM 方法可用于分析采光、热能、电能、噪声、气流、不同建材等绿建建筑性能的方方面面,去分析实现最低能耗的建筑设计,还可在项目大环境规划中完成群体间的日照时间、模拟风环境、热岛检测、景观模拟、排水模拟等,为规划设计的"绿色探索"注入高科技力量。

　　2. 在施工运维阶段

　　在施工过程中,借助 BIM 的冲突检测、施工模拟、工程量计算、人员物资调配,可以进一步达到避免浪费、节约资源的绿色建筑目的。运维阶段:绿建的设备运营管理、废弃物管理、物业管理强调高效管理,以达到回收利用等目标,BIM 模型的众多数据可以直接被物业管理的 FM 系统调用,从而提高管理效率,减少人力和物资的消耗。

　　我国绿色建筑设计处于起步阶段,缺少系统分析工具,绿色建筑规划设计软件存在以下问题:①国内绿建软件发展滞后,核心功能计算依赖于国外软件,还不能成体系的独立。②各绿建软件相互独立,数据共享性差。③绿建需要多专业多软件配合,软件都无法集成,所以绿色建筑评价标准的准确性和一致性有很大问题。

　　所以以前不少 BIM 应用单位都还是浅尝辄止,仅仅是起到辅助设计的作用或者作为项目招投标阶段的"噱头",并没有真正形成生产力,但2016年以来,在一些前沿大公司大项目的带动下,基于BIM绿色建筑应用趋势正势不可挡地袭来。

2.2.4　BIM和装配式建筑

在施工领域,装配式建筑作为一种先进的建筑模式,被广为应用到建筑行业的建设过程中。装配式建筑模式是设计→工厂制造→现场安装,相较于设计→现场传统施工模式来说核心是"集成",BIM方法是"集成"的主线。这条主线串联起设计、生产、施工、装修和管理的全过程,服务于设计、建设、运维、拆除的全生命周期,可以数字化虚拟,信息化描述各种系统要素,实现信息化协同。

这种模式优点是节约了时间,但这种模式推广起来仍有困难,从技术和管理层面来看,一方面是因为设计、工厂制造、现场安装三个阶段相分离,设计成果可能不合理,在安装过程才发现不能用或者不经济,造成变更和浪费,甚至影响质量;另一方面,工厂统一加工的产品比较死板,缺乏多样性,不能满足不同客户的需求。

BIM技术的引入可以有效解决以上问题,它将设计方案、制造需求、安装需求集成在BIM模型中,在实际建造前统筹考虑设计、制造、安装的各种要求,把实际制造、安装过程中可能产生的问题提前解决。

在装配式建筑BIM应用中,模拟工厂加工的方式,以"预制构件模型"的方式来进行系统集成和表达,这就需要建立装配式建筑的BIM构件库。通过装配式建筑BIM构件库的建立,可以不断增加BIM虚拟构件的数量、种类和规格,逐步构建标准化预制构件库。在深化设计、构件生产、构件吊装等阶段,都将采用BIM进行构件的模拟、碰撞检验与三维施工图纸的绘制。BIM的运用使得预制装配式技术更趋完善合理。

2.2.5　BIM和历史街区与历史建筑保护

BIM模型核心是将现实建筑的参数录入到计算机中,建立一个与现实完全相同的虚拟模型,这个模型本质是一个数字化的、信息完备的、与实际情况完全一致的建筑信息库。这个信息库应当包含建筑所有的数据信息,包括建筑构件的几何形体、物理特性、状态属性等。同时还应包括非构件对象的信息,如构件所围合的空间、处于对象内的人的行为、发生火灾时火势的蔓延等。这种高度集成的信息模型不但可以运用到建筑设计阶段,同样对已建成建筑的保护与研究有很大的帮助。因此能够通过BIM模型模拟历史街区及建筑在现实世界的状态以及在遇到突发问题时发生的变化,对研究古建筑的现状、变化规律以及发展趋势有很大帮助。

2.2.6　BIM和VR

VR(Virtual Reality,即虚拟现实技术)是一种可以创建和体验虚拟世界的计算机仿真系统,它利用计算机生成一种交互式的三维动态视景和实体行为的虚拟环境,从而使用户沉浸到其中。

BIM是利用计算机与互联网技术将建筑平面图纸转成可视化的多维度数据模型,虽然BIM模型可以达到模拟的效果,但与VR相比在视觉效果上还有很大差距,VR能弥补视觉表现真实度的短板。目前VR的发展主要在硬件设备的研究上,缺乏丰富的内容资源使得VR难以表现虚拟现实的真正价值,VR内容的模型建立与内容调整上更需投入大量成本,新技术存在落地难的困境。而BIM本身就具有的模型与数据信息,为VR提供极好的内容与落地应用的真实场景。

BIM 已在建造方式上改变了传统的施工方法，VR 的诞生给人们带来了不一样的感知交互体验，因而 BIM 与 VR 的结合，可在虚拟建筑表现效果上进行更为深度的优化与应用，从而为项目设计方案的决策制定、施工方案的选择优化、虚拟交底、工程教育质量的提升等方面提供了强有力的技术支撑。

当前样板房、虚拟交底等应用只是 VR 与 BIM 相融合的开始，未来利用 BIM 与 VR 系统平台打造虚拟城市，为城市创造更多的新空间，推动超大型城市的形成与改变，才是其发展的长远道路。在此过程中，无论是在设备硬件研究上，还是在内容填充上，BIM 与 VR 都还有很长的道路需要走。当 BIM 与 VR 真正相互融合，带给我们的将不只是简单的虚拟建筑场景，而是一场全方位感知的盛宴，是一场建筑技术的新革命！

2.2.7 BIM 和三维激光扫描技术

BIM 具有可视化、协调性、模拟性、优化性和可出图性的特点，而三维激光扫描仪则具有数据真实性、准确特点。通过三维激光扫描施工现场得到真实、准确的数据；通过对比检测得知施工现场是否在施工质量控制范围之内；旧的建筑物因为图纸不齐全或长年累月的位移导致在对其改造时因无法获取准确的数据信息，也就无法正确地实施改造；通过三维激光扫描改造现场，建立 BIM 体系模型，通过 BIM 体系模型建立整套的 BIM 改造方案。目前参与的项目应用点：①三维激光扫描仪结合 BIM 施工环节；②检测控制施工质量；③根据现有的施工情况进行合理的二次设计；④三维激光扫描仪结合 BIM 翻新环节；⑤图纸不足造成改造方案不准确问题。图 2-19 为经三维扫描后拼接而成的 Revit 模型。

图 2-19　经三维扫描后拼接而成的 Revit 模型

但是三维扫描的物体是大量的点云，一个小房子可能达到数以亿级的点数，对计算机的硬件要求会更高，后期处理的工作量也会增大，随着硬件和软件技术的进步，激光扫描技术将会成为 BIM 的数据测量利器。

2.2.8 BIM 与 3D 打印技术

3D 打印机（3D Printers）是一位名为恩里科·迪尼（Enrico Dini）的发明家设计的一种神奇的打印机。1995 年，麻省理工创造了"三维打印"一词，当时的毕业生 Jim Bredt 和 Tim Anderson 修改了喷墨打印机方案，把墨水挤压在纸张上的方案变为把约束溶剂挤压到粉末床的解决方案。

三维打印机被用来制造样品,节约了设计样品到产品生产时间,打印的原料可以是有机或者无机的材料,通过3D打印机打印出更实用的物品。3D打印机广泛应用于政府、航天和国防、医疗设备、高科技、教育业以及制造业。

目前,已经国外有学者使用3D打印机成功地"打印"出一幢完整的建筑,以及所有房间内部立体物品。3D打印技术的前景广阔,3D打印的前提是有三维模型,BIM技术与3D打印机技术相结合,扩展应用范围,如虎添翼,可以想象,在未来的工业4.0精细定制领域,大型的3D打印设备将会极大改变目前的建筑业态面貌。

第3章 Revit 应用基础

教学导入

学习 BIM 最好的方法就是动手创建 BIM 模型,通过软件建模的操作学习,不断深入理解 BIM 的理念。Revit 系列软件是 Autodesk 公司针对建筑设计行业开发的三维参数化设计软件平台,自 2004 年进入中国以来,已成为最流行的 BIM 模型创建工具,越来越多的设计企业、工程公司使用它完成三维设计工作和 BIM 模型创建工作。

3.1 节主要介绍 Revit 的操作基础,包括 Revit 的启动、界面操作,项目、项目样板及族的基本概念,以及族类型、文件格式等。内容多以概念为主,这些概念是学习掌握 Revit 的基础。

3.2 节通过实际操作,详细阐述了如何用鼠标配合键盘控制视图的浏览、缩放、旋转等基本功能以及对图元的复制、移动、对齐、阵列的基本编辑操作;还介绍了通过尺寸标注来约束图元及临时尺寸标注修改图元位置。这些内容都是 Revit 操作的基础,只有掌握基本的操作后,才能更加灵活地操作软件,创建和编辑各种复杂的模型。

学习要点

- Revit 基本概念
- Revit 主要功能
- Revit 基本术语
- Revit 操作命令

3.1 Revit 操作基础

3.1.1 Revit 的启动

Revit 是标准的 Windows 应用程序,可以通过双击快捷方式启动 Revit 主程序。启动后,会默认显示"最近使用的文件"界面。如果在启动 Revit 时,不希望显示"最近使用的文件界面",可以按以下步骤来设置。

(1)启动 Revit,单击左上角"应用程序菜单"按钮，在菜单中选择位于右下角的 选项 按钮,弹出"选项"对话框,如图 3-1 所示。

(2)在"选项"对话框中,切换至"常规"选项卡,清除"启动时启用'最近使

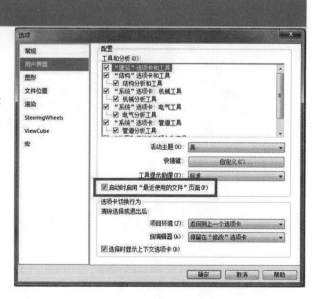

图 3-1 "用户界面"选项卡

用文件'页面"复选框,设置完成后单击 确定 按钮,退出"选项"对话框。

(3)单击"应用程序菜单" 按钮,单击右下角 退出 Revit 按钮关闭 Revit,重新启动 Revit,此时将不再显示"最近使用的文件"界面,仅显示空白界面。

(4)使用相同的方法,勾选"选项"对话框中"启动时启用'最近使用文件'页面"复选框并单击 确定 按钮,将重新启用"最近使用的文件"界面。

3.1.2 Revit 的界面

Revit 2016 的应用界面如图 3-2 所示。在主界面中,主要包含项目和族两大区域,分别用于打开或创建项目以及打开或创建族。在 Revit 2016 中,已整合了包括建筑、结构、机电各专业的功能,因此,在项目区域中,提供了建筑、结构、机械、构造等项目创建的快捷方式。单击不同类型的项目快捷方式,将采用各项目默认的项目样板进入新项目创建模式。

项目样板是 Revit 工作的基础。在项目样板中预设了新建的项目所有默认设置,包括长度单位、轴网标高样式、墙体类型等。项目样板仅为项目提供默认预设工作环境,在项目创建过程中,Revit 允许用户在项目中自定义和修改这些默认设置。

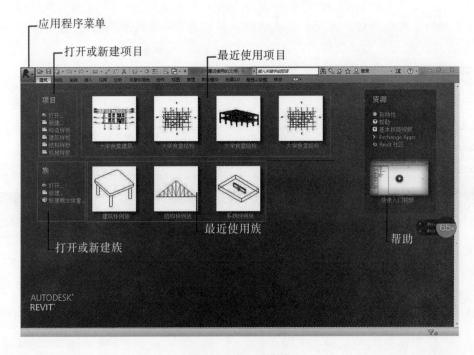

图 3-2 Revit 界面

如图 3-3 所示,在"选项"对话框中,切换至"文件位置"选项卡,可以查看 Revit 中各类项目所采用的样板设置。在该对话框中,还允许用户添加新的样板快捷方式,浏览指定所采用的项目样板。

还可以通过单击"应用程序菜单"按钮,在列表中选择"新建→项目"选项,将弹出"新建项目"对话框,如图 3-4 所示。在该对话框中可以指定新建项目时要采用的样板文件,除可以选择已有的样板快捷方式外,还可以单击 浏览(B)... 按钮指定其他样板文件创建项目。

在该对话框中,选择"新建"的项目为"项目样板"的方式,用于自定义项目样板。

图 3-3　"选项"对话框"文件位置"选项卡　　　　图 3-4　"新建项目"对话框

Revit 提供了完善的帮助文件系统,以方便用户在遇到使用困难时查阅。可以随时单击"帮助与信息中心"栏中的"Help" 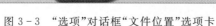 按钮或按键盘"F1"键,打开帮助文档进行查阅。目前,Revit 已将帮助文件以在线的方式提供,因此必须连接 Internet 才能正常查看帮助文档。

3.1.3　Revit 基本术语

要掌握 Revit 的操作,必须先理解软件中的几个重要的概念和专用术语。由于 Revit 是针对工程建设行业推出的 BIM 工具,因此 Revit 中大多数术语均来自于工程项目,例如结构墙、门、窗、楼板、楼梯等。但软件中包括几个专用的术语,读者务必掌握。

除前面介绍的参数化、项目样板外,Revit 还包括几个常用的专用术语。这些常用术语包括项目、对象类别、族、族类型、族实例等。必须理解这些术语的概念与含义,才能灵活创建模型和文档。

1. 项目

在 Revit 中,可以简单地将项目理解为 Revit 的默认存档格式文件。该文件中包含了工程中所有的模型信息和其他工程信息,如材质、造价、数量等,还可以包括设计中生成的各种图纸和视图。项目以".rvt"数据格式保存。注意".rvt"格式的项目文件无法在低版本的 Revit 打开,但可以被更高版本的 Revit 打开。例如,使用 Revit 2012 创建的项目文件,无法在 Revit 2011 或更低的版本中打开,但可以使用 Revit 2014 打开或编辑。

🪶 小提示

使用高版本的软件打开文件后,当在保存文件时,Revit 将升级项目文件格式为新版本文件格式。升级后的文件也将无法使用低版本软件打开了。

前面提到，项目样板是创建项目的基础。事实上在 Revit 中创建任何项目时，均会采用默认的项目样板文件。项目样板文件以".rte"格式保存。与项目文件类似，无法在低版本的 Revit 软件中使用高版本创建的样板文件。

2. 图元

图元是构成项目的基础。在项目中，各图元主要起三种作用：①基准图元可帮助定义项目的定位信息。例如，轴网、标高和参照平面都是基准图元。②模型图元表示建筑的实际三维几何图形。它们显示在模型的相关视图中。例如，墙、窗、门和屋顶是模型图元。③视图专有图元只显示在放置这些图元的视图中。它们可帮助对模型进行描述或归档。例如，尺寸标注、标记和详图构件都是视图专有图元。

而模型图元又分为两种类型：①主体（或主体图元）通常在构造场地在位构建。例如，墙和楼板是主体。②构件是建筑模型中其他所有类型的图元。例如，窗、门和橱柜是模型构件。

对于视图专有图元，则分为以下两种类型：①标注是对模型信息进行提取并在图纸上以标记文字的方式显示其名称、特性。例如，尺寸标注、标记和注释记号都是注释图元。当模型发生变更时，这些注释图元将随模型的变化而自动更新。②详图是在特定视图中提供有关建筑模型详细信息的二维项。例如包括详图线、填充区域和详图构件。这类图元类似于 AutoCAD 中绘制的图块，不随模型的变化而自动变化。

如图 3-5 所示，列举了 Revit 中各不同性质和作用的图元的使用方式。

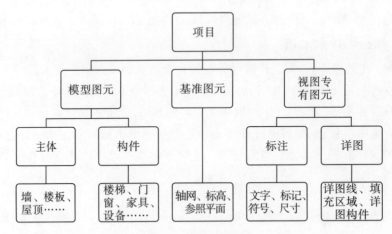

图 3-5　图元关系图

3. 对象类别

与 AutoCAD 不同，Revit 不提供图层的概念。Revit 中的轴网、墙、尺寸标注、文字注释等对象以对象类别的方式进行自动归类和管理。Revit 通过对象类别进行细分管理。例如，模型图元类别包括墙、楼梯、楼板等；注释类别包括门窗标记、尺寸标注、轴网、文字等。

在项目任意视图中通过按键盘默认快捷键 VV，将打开"可见性图形替换"对话框，如图 3-6 所示，在该对话框中可以查看 Revit 包含的详细类别名称。

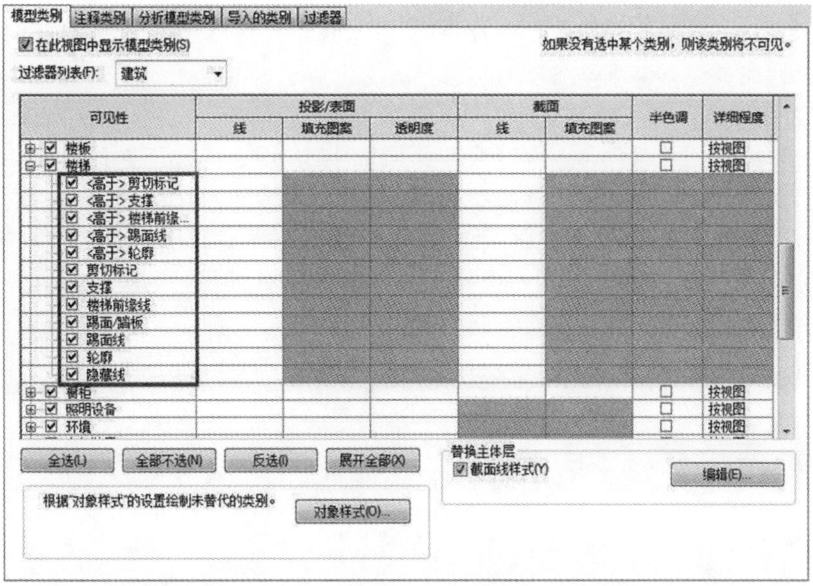

图 3-6 "可见性图形替换"对话框

注意在 Revit 的各类别对象中，还将包含子类别定义，例如楼梯类别中，还可以包含踢面线、轮廓等子类别。Revit 通过控制对象中各子类别的可见性、线型、线宽等设置，控制三维模型对象在视图中的显示，以满足建筑出图的要求。

在创建各类对象时，Revit 会自动根据对象所使用的族将该图元自动归类到正确的对象类别当中。例如，放置门时，Revit 会自动将该图元归类于"门"，而不必像 AutoCAD 那样预先指定图层。

4. 族

Revit 的项目是由墙、门、窗、楼板、楼梯等一系列基本对象"堆积"而成，这些基本的零件就是图元。除三维图元外，包括文字、尺寸标注等单个对象也称之为图元。

族是 Revit 的重要基础。Revit 的任何单一图元都由某一个特定族产生。例如，一扇门、一面墙、一个尺寸标注、一个图框。由一个族产生的各图元均具有相似的属性或参数。例如，对于一个平开门族，由该族产生的图元可以具有高度、宽度等参数，但具体每个门的高度、宽度的值可以不同，这由该族的类型或实例参数定义决定。

在 Revit 中，族分为三种：

(1)可载入族。可载入族是指单独保存为族". rfa"格式的独立族文件，且可以随时载入到项目中的族。Revit 提供了族样板文件，允许用户自定义任意形式的族。在 Revit 中，门、窗、结构柱、卫浴装置等均为可载入族。

(2)系统族。系统族仅能利用系统提供的默认参数进行定义，不能作为单个族文件载入或创建。系统族包括墙、尺寸标注、天花板、屋顶、楼板等。系统族中定义的族类型可以使用"项目传递"功能在不同的项目之间进行传递。

(3)内建族。在项目中，由用户在项目中直接创建的族称为内建族。内建族仅能在本项目中使用，既不能保存为单独的". rfa"格式的族文件，也不能通过"项目传递"功能将其传递给其他项目。

与其他族不同,内建族仅能包含一种类型。Revit 不允许用户通过复制内建族类型来创建新的族类型。

5. 类型和实例

除内建族外,每一个族包含一个或多个不同的类型,用于定义不同的对象特性。例如,对于墙来说,可以通过创建不同的族类型,定义不同的墙厚和墙构造。而每个放置在项目中的实际墙图元,则称之为该类型的一个实例。Revit 通过类型属性参数和实例属性参数控制图元的类型或实例参数特征。同一类型的所有实例均具备相同的类型属性参数设置,而同一类型的不同实例,可以具备完全不同的实例参数设置。

如图 3-7 所示,列举了 Revit 中族类别、族、族类型和族实例之间的相互关系。

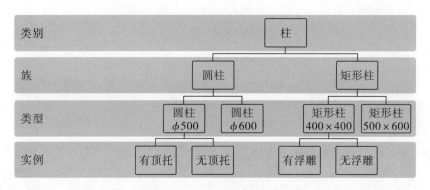

图 3-7 族关系

例如,对于同一类型的不同墙实例,它们均具备相同的墙厚度和墙构造定义,但可以具备不同的高度、底部标高、顶部标高等信息。

修改类型属性的值会影响该族类型的所有实例,而修改实例属性时,仅影响所有被选择的实例。要修改某个实例具有不同的类型定义,必须为族创建新的族类型。例如,要将其中一个厚度 240mm 的墙图元修改为 300mm 厚的墙图元,必须为墙创建新的类型,以便于在类型属性中定义墙的厚度。

6. 各术语间的关系

在 Revit 中,各类术语间对象的关系如图 3-8 所示。

可这样理解 Revit 的项目,Revit 的项目由无数个不同的族实例(图元)组合而成,而 Revit 通过族和族类别来管理这些实例,用于控制和区分不同的实例。而在项目中,Revit 通过对象类别来管理这些族。因此,当某一类别在项目中设置为不可见时,隶属于该类别的所有图元均将不可见。本书在后续的章节中,将通过具体的操作来理解这些晦涩难懂的概念。

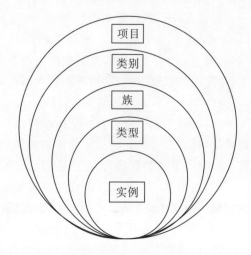

图 3-8 对象关系图

读者在此有基本理解即可。

3.1.4　Revit 文件格式

1. 四种基本文件格式

(1)rte 格式。rte 格式是项目样板文件格式,包含项目单位、标注样式、文字样式、线型、线宽、线样式、导入/导出设置等内容。为规范设计和避免重复设置,对 Revit 自带的项目样板文件,根据用户自身需要、内部标准设置,并保存成项目样板文件,便于用户新建项目文件时选用。

(2)rvt 格式。rvt 格式是项目文件格式,包含项目所有的建筑模型、注释、视图、图纸等项目内容。通常基于项目样板文件(.rte)创建项目文件,编辑完成后保存为 rvt 文件,作为设计使用的项目文件。

(3)rft 格式。rft 格式是可载入族的样板文件格式。创建不同类别的族要选择不同族的样板文件。

(4)rfa 格式。rfa 格式是可载入族的文件格式。用户可以根据项目需要创建自己的常用族文件,以便随时在项目中调用。

2. 支持的其他文件格式

在项目设计、管理时,用户经常会使用多种设计、管理工具来实现自己的意图,为了实现多软件环境的协同工作,Revit 提供了"导入""链接""导出"工具,可以支持 CAD、FBX、IFC、gbXML 等多种文件格式。用户可以根据需要进行有选择的导入和导出,如图 3 - 9 所示。

图 3 - 9　文件交换

3.2　Revit 基本操作

上一节介绍了 Revit 的基础概念。由于读者刚刚接触 Revit 软件,这些概念显得相当难以理解,即使读者不能理解这些概念也没关系,随着对 Revit 操作的熟练和理解的加深,这些概念会自然理解。接下来,将介绍 Revit 的基本操作和编辑工具。

3.2.1　用户界面

Revit 使用了 Ribbon 界面,用户可以根据自己的需要修改界面布局。例如,可以将功能区设置为 4 种显示设置之一。还可以同时显示若干个项目视图,或修改项目浏览器的默认位置。

图 3 - 10 为在项目编辑模式下 Revit 的界面形式。

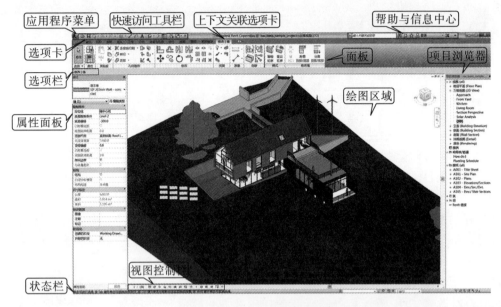

图3-10　Revit工作界面

1. 应用程序菜单

单击左上角"应用程序菜单"按钮 可以打开应用程序菜单列表,如图3-11所示。

应用程序菜单按钮类似于传统界面下的"文件"菜单,包括"新建""保存""打印""退出Revit"等均可以在此菜单下执行。在应用程序菜单中,可以单击各菜单右侧的箭头查看每个菜单项的展开选择项,然后再单击列表中各选项执行相应的操作。

单击应用程序菜单右下角 选项 按钮,可以打开"选项"对话框。如图3-12所示,在"用户界面"选项卡中,用户可根据自己的工作需要自定义出现在功能区域的选项卡命令,并自定义快捷键。

🍃 小提示

在Revit中使用快捷键时直接按键盘对应字母即可,输入完成后无需输入空格或回车(注意与AutoCAD等软件的操作区别)。在本书后续章节,将对操作中使用到的每一个工具说明默认快捷键。

图3-11　应用程序菜单

图 3 - 12　自定义快捷键

2. 功能区

功能区提供了在创建项目或族时所需要的全部工具。在创建项目文件时,功能区显示如图 3 - 13 所示。功能区主要由选项卡、工具面板和工具组成。

图 3 - 13　功能区

单击工具可以执行相应的命令,进入绘制或编辑状态。在本书后面章节中,会按选项卡、工具面板和工具的顺序描述操作中该工具所在的位置。例如,要执行"门"工具,将描述为"建筑"→"构件"→"门"。

如果同一个工具图标中存在其他工具或命令,则会在工具图标下方显示下拉箭头,单击该箭头,可以显示附加的相关工具。与之类似,如果在工具面板中存在未显示的工具,会在面板名称位置显示下拉箭头。图 3 - 14 为墙工具中包含的附加工具。

小提示

如果工具按钮中存在下拉箭头,直接单击工具将执行最常用的工具,即列表中第一个工具。

图 3 - 14　附加工具菜单

Revit 根据各工具的性质和用途,分别组织在不同的面板中。如图 3 - 15 所示,如果存在与面板中工具相关的设置选项,则会在面板名称栏中显示斜向箭头设置按钮。单击该箭头,可以打开对应的设置对话框,对工具进行详细的通用设定。

图 3-15　工具设置选项

　　用鼠标左键按住并拖动工具面板标签位置时,可以将该面板拖曳到功能区上其他任意位置,使之成为浮动面板。要将浮动面板返回到功能区,移动鼠标至面板之上,浮动面板右上角显示控制柄时,如图 3-16 所示,单击"将面板返回到功能区"符号即可将浮动面板重新返回工作区域。注意工具面板仅能返回其原来所在的选项卡中。

　　Revit 提供了三种不同的功能区面板显示状态。单击选项卡右侧的功能区状态切换符号，可以将功能区视图在显示完整的功能区、最小化到面板平铺、最小化至选项卡状态间循环切换。图 3-17 为最小化到面板平铺时功能区的显示状态。

图 3-16　面板返回到功能区按钮

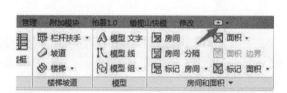

图 3-17　功能区状态切换按钮

3. 快速访问工具栏

　　除可以在功能区域内单击工具或命令外,Revit 还提供了快速访问工具栏,用于执行最常用的命令。默认情况下快速访问工具栏包含的项目见表 3-1。

表 3-1　快速访问工具栏

快速访问工具栏项目	说明
（打开）	打开项目、族、注释、建筑构件或 IFC 文件
（保存）	用于保存当前的项目、族、注释或样板文件
（撤消）	用于在默认情况下取消上次的操作。显示在任务执行期间执行的所有操作的列表
（恢复）	恢复上次取消的操作。另外还可显示在执行任务期间所执行的所有已恢复操作的列表
（切换窗口）	点击下拉箭头,然后单击要显示切换的视图
（三维视图）	打开或创建视图,包括默认三维视图、相机视图和漫游视图
（同步并修改设置）	用于将本地文件与中心服务器上的文件进行同步
（定义快速访问工具栏）	用于自定义快速访问工具栏上显示的项目。要启用或禁用项目,请在"自定义快速访问工具栏"下拉列表上该工具的旁边单击

可以根据需要自定义快速访问栏中的工具内容,根据自己的需要重新排列顺序。例如,要在快速访问栏中创建墙工具,如图 3-18 所示,右键单击功能区"墙"工具,弹出快捷菜单中选择"添加到快速访问工具栏",即可将墙及其附加工具同时添加至快速访问栏中。使用类似的方式,在快速访问栏中右键单击任意工具,选择"从快速访问栏中删除",可以将工具从快速访问栏中移除。

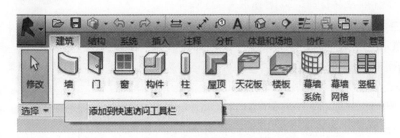

图 3-18 添加到快速访问工具栏

快速访问工具栏可以设置在功能区下方。在快速访问工具栏上单击"自定义快速访问工具栏"下拉菜单"在功能区下方显示",如图 3-19 所示。

单击"自定义快速访问工具栏"下拉菜单,在列表中选择"自定义快速访问栏"选项,将弹出如图 3-20 所示的"自定义快速访问工具栏"对话框。使用该对话框,可以重新排列快速访问栏中的工具显示顺序,并根据需要添加分隔线。勾选该对话框中的"在功能区下方显示快速访问工具栏"选项也可以修改快速访问栏的位置。

图 3-19 自定义快速访问工具栏

图 3-20 "自定义快速访问工具栏"对话框

4. 选项栏

选项栏默认位于功能区下方,用于当前正在执行操作的细节设置。选项栏的内容比较类似于 AutoCAD 的命令提示行,其内容因当前所执行的工具或所选图元的不同而不同。图 3-21 为使用墙工具时,选项栏的设置内容。

| 修改 \| 放置 墙 | 高度： ▼ | 未连接 ▼ | 8000.0 | 定位线：墙中心线 ▼ | ☑链 偏移量：0.0 | ☐半径： 1000.0 |

图3-21　选项栏

可以根据需要将选项栏移动到 Revit 窗口的底部,在选项栏上单击鼠标右键,然后选择"固定在底部"选项即可。

5. 项目浏览器

图3-22　项目浏览器

项目浏览器用于组织和管理当前项目中包括的所有信息,包括项目中所有视图、明细表、图纸、族、组、链接的 Revit 模型等项目资源。Revit 按逻辑层次关系组织这些项目资源,方便用户管理。展开和折叠各分支时,将显示下一层集的内容。图3-22为项目浏览器中包含的项目内容。项目浏览器中,项目类别前显示"➕"表示该类别中还包括其他子类别项目。在 Revit 中进行项目设计时,最常用的操作就是利用项目浏览器在各视图中切换。

在 Revit 中,可以在项目浏览器对话框任意栏目名称上单击鼠标右键,在弹出右键菜单中选择"搜索"选项,打开"在项目浏览器中搜索"对话框,如图3-23所示。可以使用该对话框在项目浏览器中对视图、族及族类型名称进行查找定位。

在项目浏览器中,右键单击第一行"视图(全部)",在弹出右键快捷菜单中选择"类型属性"选项,将打开项目浏览器的"类型属性"对话框,如图3-24所示。可以自定义项目视图的组织方式,包括排序方法和显示条件过滤器。

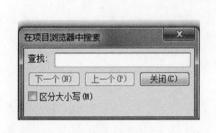

图3-23　"在项目浏览器中搜索"对话框

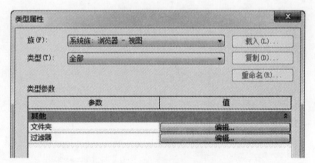

图3-24　"类型属性"对话框

6. 属性面板

"属性"面板可以查看和修改用来定义 Revit 中图元实例属性的参数。属性面板各部分的功能如图3-25所示。

在任何情况下,按键盘快捷键"Ctrl+1",均可打开或关闭属性面板。还可以选择任意图元,单击上下文关联选项卡中 按钮;或在绘图区域中单击鼠标右键,在弹出的快捷菜单中选择"属性"选项将其打开。可以将属性面板固定到 Revit 窗口的任一侧,也可以将其拖拽到绘图区域的任意位置成为浮动面板。

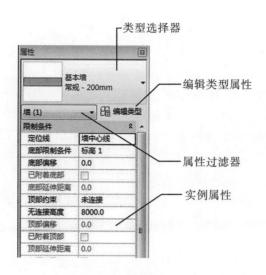

图 3 - 25　"属性"面板

当选择图元对象时,属性面板将显示当前所选择对象的实例属性;如果未选择任何图元,则选项板上将显示活动视图的属性。

7. 绘图区域

Revit 窗口中的绘图区域显示当前项目的楼层平面视图以及图纸和明细表视图。在 Revit 中每当切换至新视图时,都在绘图区域创建新的视图窗口,且保留所有已打开的其他视图。

默认情况下,绘图区域的背景颜色为白色。在"选项"对话框"图形"选项卡中,可以设置视图中的绘图区域背景反转为黑色。如图 3 - 26 所示,使用"视图"→"窗口"→"平铺"或"层叠"工具,并可设置所有已打开视图排列方式为平铺、层叠等。

图 3 - 26　视图排列方式

8. 视图控制栏

在楼层平面视图和三维视图中,绘图区各视图窗口底部均会出现视图控制栏,如图 3 - 27 所示。

图 3 - 27　视图控制栏

通过控制栏,可以快速访问影响当前视图的功能,其中包括下列 12 个功能:比例、详细程度、视觉样式、打开/关闭日光路径、打开/关闭阴影、显示/隐藏渲染对话框、裁剪视图、显示/隐藏裁剪区域、解锁/锁定三维视图、临时隔离/隐藏、显示隐藏的图元、分析模型的可见性。在后面将详细介绍视图控制栏中各项工具的使用。

3.2.2 视图控制

1. 项目视图种类

Revit 视图有很多种形式,每种视图类型都有特定用途,视图不同于 CAD 绘制的图纸,它是 Revit 项目中 BIM 模型根据不同的规则显示的投影。

常用的视图有平面视图、立面视图、剖面视图、详图索引视图、三维视图、图例视图、明细表视图等。同一项目可以有任意多个视图,例如,对于"1F"标高,可以根据需要创建任意数量的楼层平面视图,用于表现不同的功能要求,如"1F"梁布置视图、"1F"柱布置视图、"1F"房间功能视图、"1F"建筑平面图等。所有视图均根据模型剖切投影生成。

如图 3-28 所示,Revit 在"视图"选项卡"创建"面板中提供了创建各种视图的工具,也可以在项目浏览器中根据需要创建不同视图类型。

(1)楼层平面视图及天花板平面。楼层/结构平面视图及天花板视图是沿项目水平方向,按指定的标高偏移位置剖切项目生成的视图。大多数项目至少包含一个楼层/结构平面。楼层/结构平面视图在创建项目标高时默认可以自动创建对应的楼层平面视图(建筑样板创建的是楼层平面,结构样板创建的是结构平面);在立面中,已创建的楼层平面视图的标高标头显示为蓝色,无平面关联的标高标头是黑色。除使用项目浏览器外,在立面中可以通过双击蓝色标高标头进入对应的楼层平面视图;使用"视图"→"创建"→"平面视图"工具可以手动创建楼层平面视图。

在楼层平面视图中,当不选择任何图元时,"属性"面板将显示当前视图的属性。在"属性"面板中单击"视图范围"后的编辑按钮,将打开"视图范围"对话框,如图 3-29 所示。在该对话框中,可以定义视图的剖切位置。

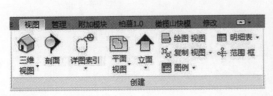

图 3-28　视图工具

图 3-29　"视图范围"对话框

该对话框中,各主要功能介绍如下:

①视图主要范围。每个平面视图都具有"视图范围"视图属性,该属性也称为可见范围。视图范围是用于控制视图中模型对象的可见性和外观的一组水平平面,分别称"顶部平面""剖切面""底部平面"。顶部平面和底部平面用于制定视图范围最顶部和底部位置,剖切面是确定剖切高度的平面,这 3 个平面用于定义视图范围的"主要范围"。

②视图深度范围。"视图深度"是视图范围外的附加平面,可以设置视图深度的标高,以显示位于底裁剪平面之下的图元,默认情况下该标高与底部重合。"主要范围"的底不能超过"视图深度"设置的范围。

各深度范围图解如图 3 – 30 所示。

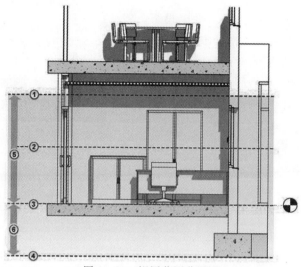

图 3 – 30　视图范围分层图

①—顶部；②—剖切面；③—底部；④—偏移量；⑤—主要范围；⑥—视图深度

③视图范围内图元样式设置（见图 3 – 31）。

图 3 – 31　"可见性/图形替换"对话框

"主要范围"内图元投影样式设置："可见性/图形"→"模型类别"→"投影/表面"选项内的对象样式设置。

"主要范围"内图元截面样式设置：视图→可见性图形设置→模型类别→"截面"选项内的对象样式设置。

"深度范围"内图元线样式设置：视图→可见性图形设置→模型类别→可见性→线

→〈超出〉。

天花板视图与楼层平面视图类似,同样沿水平方向指定标高位置对模型进行剖切生成投影。但天花板视图与楼层平面视图观察的方向相反:天花板视图为从剖切面的位置向上查看模型进行投影显示,而楼层平面视图为从剖切面位置向下查看模型进行投影显示。图3-32为天花板平面的视图范围定义。

图3-32　天花板平面视图范围定义

(2)立面视图。立面视图是项目模型在立面方向上的投影视图。在Revit中,默认每个项目将包含东、西、南、北4个立面视图,并在楼层平面视图中显示立面视图符号。双击平面视图中立面标记中黑色小三角,会直接进入立面视图。Revit允许用户在楼层平面视图或天花板视图中创建任意立面视图。

(3)剖面视图。剖面视图允许用户在平面、立面或详图视图中通过在指定位置绘制剖面符号线,在该位置对模型进行剖切,并根据剖面视图的剖切和投影方向生成模型投影。剖面视图具有明确的剖切范围,单击剖面标头即将显示剖切深度范围,可以通过鼠标自由拖拽。

(4)详图索引视图。当需要对模型的局部细节进行放大显示时,可以使用详图索引视图。可向平面视图、剖面视图、详图视图或立面视图中添加详图索引,这个创建详图索引的视图,被称之为"父视图"。在详图索引范围内的模型部分,将以详图索引视图中设置的比例显示在独立的视图中。详图索引视图显示父视图中某一部分的放大版本,且所显示的内容与原模型关联。

绘制详图索引的视图是该详图索引视图的父视图。如果删除父视图,则该详图索引视图也将删除。

(5)三维视图。使用三维视图,可以直观查看模型的状态。Revit中三维视图分两种:正交三维视图和透视图。在正交三维视图中,不管相机距离的远近,所有构件的大小均相同,可以点击快速访问栏"默认三维视图"图标　直接进入默认三维视图,可以配合使用"Shift"键和鼠标中键根据需要灵活调整视图角度,如图3-33所示。

如图3-34所示,使用"视图"→"创建"→"三维视图"→"相机"工具创建相机视图。在透视三维视图中,越远的构件显示得越小,越近的构件显示得越大,这种视图更符合人眼的观察视角。

2. 视图基本操作

可以通过鼠标、ViewCube和视图导航来实现对Revit视图进行平移、缩放等操作。在平面、立面或三维视图中,通过滚动鼠标中键可以对视图进行缩放;按住鼠标中键并拖动,可以实现视图的平移。在默认三维视图中,按住键盘"Shift"键并按住鼠标中键拖动鼠标,可以实现对三维视图的旋转。注意,视图旋转仅对三维视图有效。

在三维视图中,Revit还提供了ViewCube,用于实现对三维视图的控制。

ViewCube默认位于屏幕右上方,如图3-35所示。通过单击ViewCube的面、顶点或边,可以在模型的各立面、等轴测视图间进行切换。用鼠标左键按住并拖拽ViewCube下方

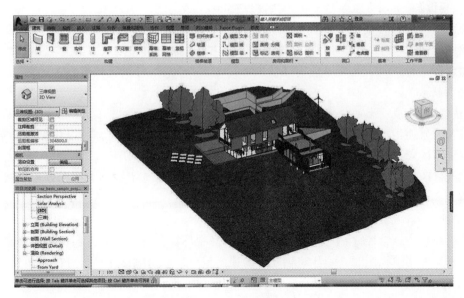

图 3-33　三维视图

的圆环指南针,还可以修改三维视图的方向为任意方向,其作用与按住键盘"Shift"键和鼠标中键并拖拽的效果类似。

　　为更加灵活地进行视图缩放控制,Revit 提供了"导航栏"工具条,如图 3-36 所示。默认情况下,导航栏位于视图右侧 ViewCube 下方,如图 3-37 所示。在任意视图中,都可通过导航栏对视图进行控制。

　　导航栏主要提供两类工具:视图平移查看工具和视图缩放工具。单击导航栏中上方第一个圆盘图标,将进入全导航控制盘控制模式,如图 3-38 所示,导航控制盘将跟随鼠标指针的移动而移动。全导航盘中提供"缩放""平移""动态观察(视图旋

图 3-34　相机视图工具

转)"等命令,移动鼠标指针至导航盘中命令位置,按住左键不动即可执行相应的操作。

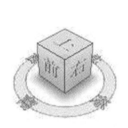

图 3-35　ViewCube　　　图 3-36　"导航栏"工具　　　图 3-37　激活导航栏　　　图 3-38　全导航控制盘

【快捷键】显示或隐藏导航盘的快捷键为"Shift＋W"。

导航栏中提供的另外一个工具为"缩放"工具,单击缩放工具下拉列表,可以查看 Revit 提供的缩放选项,如图 3-39 所示。在实际操作中,最常使用的缩放工具为"区域放大",使用该缩放命令时,Revit 允许用户选择任意的范围窗口区域,将该区域范围内的图元放大至充满视口显示。

【快捷键】区域放大的快捷键为 ZR。

任何时候使用视图控制栏缩放列表中"缩放全部以匹配"选项,都可以将缩放显示当前视图中全部图元。在 Revit 2016 中,双击鼠标中键,也会执行该操作。

用于修改窗口中的可视区域。用鼠标点击下拉箭头,勾选下拉列表中的缩放模式,就能实现缩放。

【快捷键】缩放全部以匹配的默认快捷键为 ZF。

除对视口中进行缩放、平移、旋转外,还可以对视图窗口进行控制。前面已经介绍过,在项目浏览器中切换视图时,Revit 将创建新的视图窗口。可以对这些已打开的视图窗口进行控制。如图 3-40 所示,在"视图"选项卡"窗口"面板中提供了"平铺""切换窗口""关闭隐藏对象"等窗口操作命令。

图 3-39 缩放工具   图 3-40 窗口操作命令

使用"平铺",可以同时查看所有已打开的视图窗口,各窗口将以合适的大小并列显示。在非常多的视图中进行切换时,Revit 将打开非常多的视图。这些视图将占用大量的计算机内存资源,造成系统运行效率下降。可以使用"关闭隐藏对象"命令一次性关闭所有隐藏的视图,节省项目消耗系统资源。注意"关闭隐藏对象"工具不能在平铺、层叠视图模式下使用。切换窗口工具用于在多个已打开的视图窗口间进行切换。

【快捷键】窗口平铺的默认快捷键为 WT;窗口层叠的快捷键为 WC。

3. 视图显示及样式

通过视图控制栏(见图 3-41),可以对视图中的图元进行显示控制。视图控制栏从左至右分别为:视图比例、视图详细程度、视觉样式、打开/关闭日光路径、阴影、渲染(仅三维视图)、视图裁剪控制、视图显示控制选项。注意由于在 Revit 中各视图均采用独立的窗口显示,因此,在任何视图中进行视图控制栏的设置,均不会影响其他视图的设置。

(1)比例。视图比例用于控制模型尺寸与当前视图显示之前的关系。如图 3-42 所示，单击视图控制栏 **1 ∶ 100** 按钮，在比例列表中选择比例值即可修改当前视图的比例。注意无论视图比例如何调整，均不会修改模型的实际尺寸，仅会影响当前视图中添加的文字、尺寸标注等注释信息的相对大小。Revit 允许为项目中的每个视图指定不同比例，也可以创建自定义视图比例。

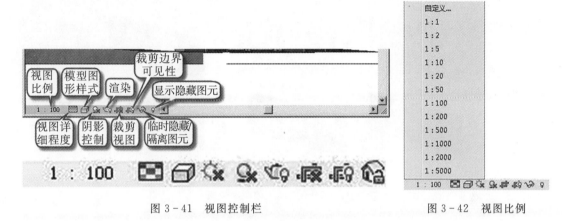

图 3-41　视图控制栏　　　　　　图 3-42　视图比例

(2)详细程度。Revit 提供了三种视图详细程度：粗略、中等、精细。Revit 中的图元可以在族中定义在不同视图详细程度模式下要显示的模型。如图 3-43 所示，在门族中分别定义"粗略""中等""精细"模式下图元的表现。Revit 通过视图详细程度控制同一图元在不同状态下的显示，以满足出图的要求。例如，在平面布置图中，平面视图中的窗可以显示为四条线；但在窗安装大样中，平面视图中的窗将显示为真实的窗截面。

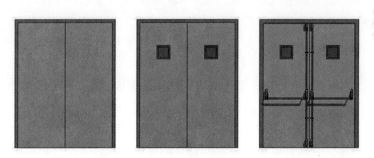

图 3-43　视图详细程度

(3)视觉样式。视觉样式用于控制模型在视图中的显示方式。如图 3-44 所示，Revit 提供了六种显示视觉样式："线框""隐藏线""着色""一致的颜色""真实""光线追踪"。显示效果逐渐增强，但所需要系统资源也越来越大。一般平面或剖面施工图可设置为线框或隐藏线模式，这样系统消耗资源较小，项目运行较快。

图 3-44　视觉样式选项

"线框"模式是显示效果最差但速度最快的一种显示模式。"隐藏线"模式下，图元将做遮挡计算，但并不显示图元的材质颜色；"着色"模式和"一致的颜色"模式都将显示对象材质"着色颜色"中定义的色彩,"着色"模式将根据光线设置显示图元明暗关系,"一致的颜色"模式下,图元将不显示明暗关系。

"真实"模式和材质定义中"外观"选项参数有关,用于显示图元渲染时的材质纹理。光线追踪模式将对视图中的模型进行实时渲染,效果最佳,但将消耗大量的计算机资源。

图3-45为在默认三维视图中同一段墙体在6种不同模式下的不同表现。

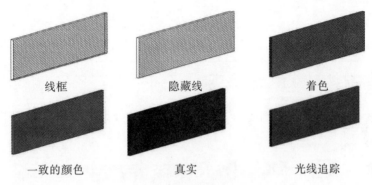

图3-45 不同模式的视觉样式

在本书后续章节中,将详细介绍如何自定义图元的材质。读者可参考相关章节内容,以便加深对本节所述内容的理解。

(4)打开/关闭日光路径、打开/关闭阴影。在视图中,可以通过打开/关闭阴影开关在视图中显示模型的光照阴影,增强模型的表现力。在日光路径按钮中,还可以对日光进行详细设置。

(5)裁剪视图、显示/隐藏裁剪区域。视图裁剪区域定义了视图中用于显示项目的范围,由两个工具组成:是否启用裁剪及是否显示剪裁区域。可以单击 按钮在视图中显示裁剪区域,再通过启用裁剪按钮将视图剪裁功能启用,通过拖拽裁剪边界,对视图进行裁剪。裁剪后,裁剪框外的图元不显示。

(6)临时隔离/隐藏选项和显示隐藏的图元选项。在视图中可以根据需要临时隐藏任意图元。如图3-46所示,选择图元后,单击临时隐藏或隔离图元(或图元类别)命令 ,将弹出隐藏或隔离图元选项,可以分别对所选择图元进行隐藏和隔离。其中隐藏图元选项将隐藏所选图元;隔离图元选项将在视图隐藏所有未被选定的图元。可以根据图元(所有选择的图元对象)或类别(所有与被选择的图元对象属于同一类别的图元)的方式对图元的隐藏或隔离进行控制。

图3-46 隐藏图元选项

所谓临时隐藏图元是指当关闭项目后,重新打开项目时被隐藏的图元将恢复显示。视图中临时隐藏或隔离图元后,视图周边将显示蓝色边框。此时,再次单击隐藏或隔离图元命令,可以选择"重设临时隐藏/隔离"选项恢复被隐藏的图元。或选择"将隐藏/隔离应用到视图"选项,此时视图周边蓝色边框消失,将永久隐藏不可见图元,即无论任何时候,图元都将不再显示。

要查看项目中隐藏的图元,如图3-47所示,可以单击视图控制栏中显示隐藏的图元 ![icon]命令。Revit 将会显示彩色边框,所有被隐藏的图元均会显示为亮红色。

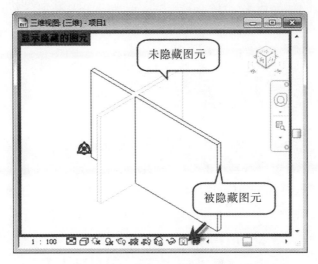

图 3-47　查看项目中隐藏的图元

如图 3-48 所示,单击选择被隐藏的图元,点击"显示隐藏的图元"→"取消隐藏图元"选项可以恢复图元在视图中的显示。注意恢复图元显示后,务必单击"切换显示隐藏图元模式"按钮或再次单击视图控制栏 ![icon]按钮返回正常显示模式。

图 3-48　恢复显示被隐藏的图元

✎ 小提示

也可以在选择隐藏的图元后单击鼠标右键,在右键菜单中选择"取消在视图中隐藏"→"按图元",取消图元的隐藏。

(7)显示/隐藏渲染对话框(仅三维视图才可使用)。单击该按钮,将打开渲染对话框,以便对渲染质量、光照等进行详细的设置。Revit 采用 Mental Ray 渲染器进行渲染。本书后续章节中,将介绍如何在 Revit 中进行渲染。读者可以参考相关章节的内容。

(8)解锁/锁定三维视图(仅三维视图才可使用)。如果需要在三维视图中进行三维尺寸标注及添加文字注释信息,需要先锁定三维视图。单击该工具将创建新的锁定三维视图。锁定的三维视图不能旋转,但可以平移和缩放。在创建三维详图大样时,将使用该方式。

(9)分析模型的可见性。临时仅显示分析模型类别:结构图元的分析线会显示一个临时视图模式,隐藏项目视图中的物理模型并仅显示分析模型类别,这是一种临时状态,并不会随项目一起保存,清除此选项则退出临时分析模型视图。

3.2.3 图元基本操作

1. 图元选择

在 Revit 中,要对图元进行修改和编辑,必须选择图元。在 Revit 中可以使用 4 种方式进行图元的选择,即点选、框选、特性选择、过滤器选择。

(1)点选。移动鼠标至任意图元上,Revit 将高亮显示该图元并在状态栏中显示有关该图元的信息,单击鼠标左键将选择被高亮显示的图元。在选择时如果多个图元彼此重叠,可以移动鼠标至图元位置,循环按键盘"Tab"键,Revit 将循环高亮预览显示各图元,当要选择的图元高亮显示后单击鼠标左键将选择该图元。

🏆 **小提示**

按"Shift+Tab"键可以按相反的顺序循环切换图元。

如图 3-49 所示,要选择多个图元,可以按住键盘"Ctrl"键后,再次单击要添加到选择集中的图元;如果按住键盘"Shift"键单击已选择的图元,将从选择集中取消该图元的选择。

Revit 中,当选择多个图元时,可以将当前选择的图元选择集进行保存,保存后的选择集可以随时被调用。如图 3-50 所示,选择多个图元后,单击"选择"→ 保存 按钮,即可弹出"保存选择"对话框,输入选择集的名称,即可保存该选择集。要调用已保存的选择集,单击"管理"→"选择"→ 载入 按钮,将弹出"恢复过滤器"对话框,在列表中选择已保存的选择集名称即可。

图 3-49 选择多个图元   图 3-50 保存选择

(2)框选。将光标放在要选择的图元一侧,并对角拖拽光标以形成矩形边界,可以绘制选择范围框。当从左至右拖拽光标绘制范围框时,将生成"实线范围框"。被实线范围框全部位包围的图元才能选中;当从右至左拖拽光标绘制范围框时,将生成"虚线范围框",所有被完全包围或与范围框边界相交的图元均可被选中,如图 3-51 所示。

(3)特性选择。鼠标左键单击图元,选中后高亮显示;再在图元上单击鼠标右键,用"选择全部实例"工具,在项目或视图中选择某一图元或族类型的所有实例。有公共端点的图元,在连接的构件上单击鼠标右键,然后单击"选择连接的图元",能把这些同端点链接的图元一起选中,如图 3-52 所示。

图 3-51　框选　　　　　图 3-52　特性选择

(4)过滤器选择。选择多个图元对象后,单击状态栏过滤器 ▽,能看到图元类型,在"过滤器"对话框中,选择或取消部分图元的选择,如图 3-53 所示。

2. 图元编辑

如图 3-54 所示,在修改面板中,Revit 提供了"修改""移动""复制""镜像""旋转"等命令,利用这些命令可以对图元进行编辑和修改操作。

(1)移动 ✛:"移动"命令能将一个或多个图元从一个位置移动到另一个位置。移动的时候,可以选择图元上某点或某线来移动,也可以在空白处随意移动。

图 3-53　过滤器选择

【快捷键】移动命令的默认快捷键为 MV。

(2)复制 ❀:"复制"命令可复制一个或多个选定图元,并生成副本。点选图元,复制时,选项栏如图 3-55 所示。可以通过勾选"多个"选项实现连续复制图元。

图 3-54　图元编辑面板

图 3-55　关联选项栏

【快捷键】复制命令的默认快捷键为 CO。

(3)阵列复制 ⊞:"阵列"命令用于创建一个或多个相同图元的线性阵列或半径阵列。在族中使用"阵列"命令,可以方便地控制阵列图元的数量和间距,如百叶窗的百叶数量和间距。阵列后的图元会自动成组,如果要修改阵列后的图元,需进入编辑组命令,然后才能对成组图元进行修改。

【快捷键】阵列复制命令的默认快捷键为 AR。

(4)对齐 ⌐:"对齐"命令将一个或多个图元与选定位置对齐。如图 3-56 所示,对齐操作时,要求先单击选择对齐的目标位置,再单击选择要移动的对象图元,选择的对象将自动对齐至目标位置。对齐工具可以以任意的图元或参照平面为目标,在选择墙对象图元时,还可以在选项栏中指定首选的参照墙的位置;要将多个对象对齐至目标位置,在选项栏中勾选"多重对齐"选项即可。

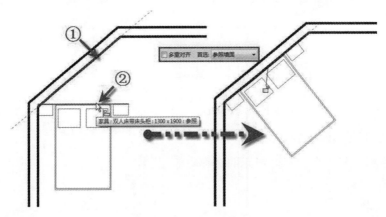

图 3-56 对齐操作

【快捷键】对齐工具的默认快捷键为 AL。

(5)旋转 ⟳:"旋转"命令可使图元绕指定轴旋转。默认旋转中心位于图元中心,如图 3-57 所示,移动鼠标至旋转中心标记位置,按住鼠标左键不放将其拖拽至新的位置松开鼠标左键,可设置旋转中心的位置。然后单击确定起点旋转角边,再确定终点旋转角边,就能确定图元旋转后的位置。在执行旋转命令时,勾选选项栏中"复制"选项可在旋转时创建所选图元的副本,而在原来位置上保留原始对象。

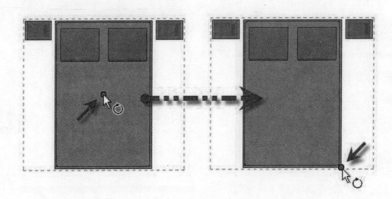

图 3-57 旋转操作

【快捷键】旋转命令的默认快捷键为 RO。

(6)偏移 ⤵:"偏移"命令可以生成与所选择的模型线、详图线、墙或梁等图元进行复制或在与其长度垂直的方向移动指定的距离。如图 3-58 所示,可以在选项栏中指定拖拽图形方式或输入距离数值方式来偏移图元。不勾选复制时,生成偏移后的图元时将删除原图元(相当于移动图元)。

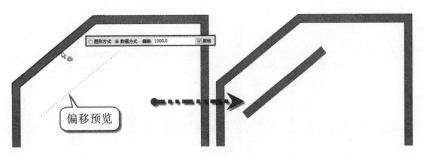

图 3-58　偏移操作

【快捷键】偏移命令的默认快捷键为 OF。

(7)镜像 ："镜像"命令使用一条线作为镜像轴,对所选模型图元执行镜像(反转其位置)。确定镜像轴时,既可以拾取已有图元作为镜像轴,也可以绘制临时轴。通过选项栏,可以确定镜像操作时是否需要复制原对象。

(8)修剪和延伸:如图 3-59 所示,修剪和延伸共有 3 个工具,从左至右分别为修剪/延伸为角、单个图元修剪和多个图元修剪工具。

图 3-59　修剪和延伸工具

【快捷键】修剪并延伸为角命令的默认快捷键为 TR。

如图 3-60 所示,使用"修剪"和"延伸"命令时必须先选择修剪或延伸的目标位置,然后选择要修剪或延伸的对象即可。对于多个图元的修剪工具,可以在选择目标后,多次选择要修改的图元,这些图元都将延伸至所选择的目标位置。可以将这些工具用于墙、线、梁或支撑等图元的编辑。对于 MEP 中的管线,也可以使用这些工具进行编辑和修改。

🖋 小提示

在修剪或延伸编辑时,鼠标单击拾取的图元位置将被保留。

(9)拆分图元 ：拆分工具有两种使用方法,即拆分图元和用间隙拆分。通过"拆分"命令,可将图元分割为两个单独的部分,可删除两个点之间的线段,也可在两面墙之间创建定义的间隙。

(10)删除图元 ："删除"命令可将选定图元从绘图中删除,和用 Delete 命令直接删除效果一样。

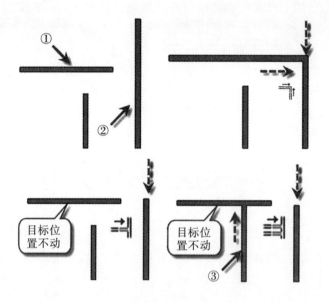

图 3-60　修剪、延伸操作

删除命令的默认快捷键为 DE。

3. 图元限制及临时尺寸

（1）尺寸标注的限制条件。在放置永久性尺寸标注时，可以锁定这些尺寸标注。锁定尺寸标注时，即创建了限制条件。选择限制条件的参照时，会显示该限制条件（蓝色虚线），如图 3-61 所示。

（2）相等限制条件。选择一个多段尺寸标注时，相等限制条件会在尺寸标注线附近显示为一个"EQ"符号。如果选择尺寸标注线的一个参照（如墙），则会出现"EQ"符号，在参照的中间会出现一条蓝色虚线，如图 3-62 所示。

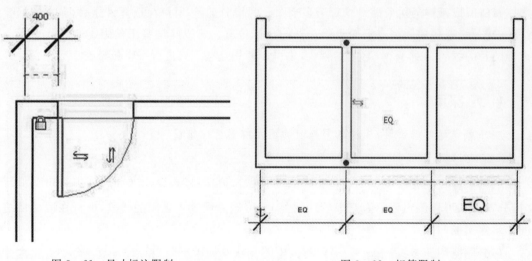

图 3-61　尺寸标注限制　　　　　　　　　图 3-62　相等限制

"EQ"符号表示应用于尺寸标注参照的相等限制条件图元。当此限制条件处于活动状态时,参照(以图形表示的墙)之间会保持相等的距离。如果选择其中一面墙并移动它,则所有墙都将随之移动一段固定的距离。

(3)临时尺寸。临时尺寸标注是相对最近的垂直构件进行创建的,并按照设置值进行递增。点选项目中的图元,图元周围就会出现蓝色的临时尺寸,修改尺寸上的数值,就可以修改图元位置。可以通过移动尺寸界线来修改临时尺寸标注,以参照所需构件,如图3-63所示。

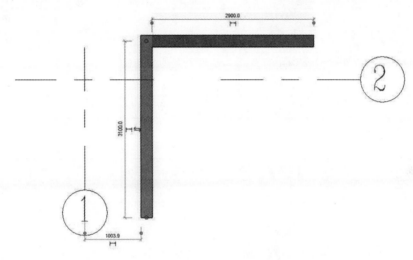

图3-63 临时尺寸

单击在临时尺寸标注附近出现的尺寸标注符号 ⊢⊣,然后即可修改新尺寸标注的属性和类型。

3.2.4 快捷操作命令

1. 常用快捷键

为提高工作效率,汇总常用快捷键见表3-2至表3-5,用户在任何时候都可以通过键盘输入快捷键直接访问至指定工具。

表3-2 建模与绘图工具常用快捷键

命令	快捷键	命令	快捷键
墙	WA	对齐标注	DI
门	DR	标高	LL
窗	WN	高程点标注	EL
放置构件	CM	绘制参照平面	RP
房间	RM	模型线	LI
房间标记	RT	按类别标注	TG
轴线	GR	详图线	DL
文字	TX		

表 3-3 编辑修改工具常用快捷键

命令	快捷键	命令	快捷键
删除	DE	对齐	AL
移动	MV	拆分图元	SL
复制	CO	修剪/延伸	TR
旋转	RO	偏移	OF
定义旋转中心	R3	在整个项目中选择全部实例	SA
列阵	AR	重复上一个命令	RC
镜像、拾取轴	MM	匹配对象类型	MA
创建组	GP	线处理	LW
锁定位置	PP	填色	PT
解锁位置	UP	拆分区域	SF

表 3-4 捕捉替代常用快捷键

命令	快捷键	命令	快捷键
捕捉远距离对象	SR	捕捉到远点	PC
像限点	SQ	点	SX
垂足	SP	工作平面网格	SW
最近点	SN	切点	ST
中点	SM	关闭替换	SS
交点	SI	形状闭合	SZ
端点	SE	关闭捕捉	SO
中心	SC		

表 3-5 视图控制常用快捷键

命令	快捷键	命令	快捷键
区域放大	ZR	临时隐藏类别	RC
缩放配置	ZF	临时隔离类别	IC
上一次缩放	ZP	重设临时隐藏	HR
动态视图	F8	隐藏图元	EH
线框显示模式	WF	隐藏类别	VH
隐藏线显示模式	HL	取消隐藏图元	EU
带边框着色显示模式	SD	取消隐藏类别	VU
细线显示模式	TL	切换显示隐藏图元模式	RH
视图图元属性	VP	渲染	RR
可见性图形	VV	快捷键定义窗口	KS
临时隐藏图元	HH	视图窗口平铺	WT
临时隔离图元	HI	视图窗口层叠	WC

2. 自定义快捷键

除了系统自带的快捷键外,Revit 用户亦可以根据自己的习惯修改其中的快捷键命令。下面以修改"墙"定义快捷键"M"为例,来详细讲解如何在 Revit 中自定义快捷键。

(1)如图 3-64 所示,单击"视图"→"窗口"→"用户界面"→"快捷键"选项,如图 3-65 所示,打开"快捷键"对话框。

图 3-64　自定义快捷键

(2)如图 3-66 所示,在"搜索"文本框中,输入要定义快捷键的命令的名称"门",将列出名称中所显示的"门"的命令或通过"过滤器"下拉框找到要定义的快捷键的命令所在的选项卡,来过滤显示该选项卡中的命令列表内容。

(3)在"指定"列表中,第一步选择所需命令"门",第二步在"按新建"文本框中输入快捷键字符"M",第三步单击 **指定(A)** 按钮。新定义的快捷键将显示在选定命令的"快捷方式"列,如图 3-67 所示。

(4)如果自定义的快捷键已被指定给其他命令,则会弹出"快捷方式重复"对话框,如图 3-68 所示,通知指定的快捷键已指定给其他命令。单击"确定"按钮忽略提示,按"取消"按钮重新指定所选命令的快捷键。

图 3-65　打开自定义
快捷键命令

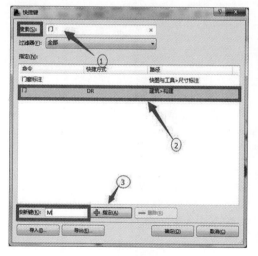

图 3-66　"快捷键"对话框搜索

图 3-67　"快捷键"对话框指定

(5)如图 3-69 所示,单击"快捷键"对话框底部 **导出(E)...** 按钮,弹出"导出快捷键"对话框,如图 3-70 所示,输入要导出的快捷键文件名称,单击 **保存(S)** 按钮可以将所有自已定义的快捷键保存为 .xml 格式的数据文件。

图 3-68 "快捷方式重复"提示　　　　　　图 3-69 "导出快捷键"对话框

图 3-70 保存"快捷键"

(6)当重新安装 Revit 2016 时,可以通过"快捷键"对话框底部的"导入"工具,导入已保存的".xml"格式快捷键文件。同一命令可以指定给多个不同的快捷键。

第 4 章　Revit 模型的创建

教学导入

从本章开始,将在 Revit 2016 中进行操作,以软件自带项目案例为蓝本,从零开始创建基本建筑模型。对项目案例构件的建模命令、思路、流程进行阐述和实操,使读者建立模型概念、熟悉建模操作,为后续专业应用打下基础。

学习要点

- 构件的创建
- 构件的编辑

4.1　案例概述

4.1.1　项目概况

安装 Autodesk Revit 2016 软件后,打开软件界面,如图 4-1 所示,可直接看到 Revit 软件自带的项目案例与族案例图样,其项目文件储存在"用户选择的 Revit 软件安装目录(如 C:program Files(X86))→Autodesk→Revit Copernicus→Samples"文件夹下。本章节选择"建筑样例项目"(即 rac_basic_sample_project.rvt)为案例进行讲述,如图 4-2 所示。

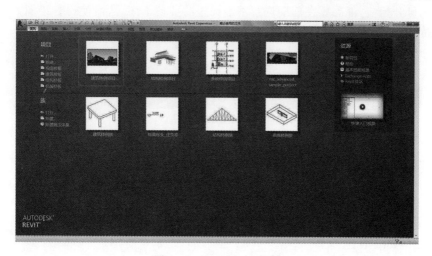

图 4-1　Revit 2016 界面

该建筑样例为一普通二层小别墅项目,总建筑面积约为 283.674m²,其中一层面积为 182.04m²,二层面积为 101.6m²。该建筑样例中已建立了基本的 Revit 模型(包含标高、轴网、视图、柱、墙、板、天花板、屋顶、门窗、栏杆、家具、场地等),方便读者直接查看已建立的模型参数并用于建模参考;除此以外,本案例还包含了对模型的进一步的应用,如房间标记、生

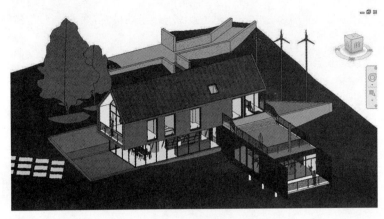

图 4-2　小别墅项目

成明细表、渲染、生成图纸等,可基本掌握对该软件常用命令的充分认知,因而本章节选择在该案例的基础上直接进行命令讲解与拓展训练的学习。

4.1.2　项目流程

对于整个建模过程分为新建项目、基本建模内容、基本建模应用三大板块,其中新建项目主要是新建项目样板和项目,包括项目的单位、标注、位置等的基本设置以及样板版本的统一;基本建模内容主要是对项目中的构件依次建模;基本建模应用则是通过对建立的模型进行渲染出效果图,创建房间与明细表从而对材料进行统计,并且可直接出设计图并打印。

4.2　项目准备

任何项目开始前,都需要在前期进行基本设置的准备工作,从而使得各绘图人员做到设计项目单位、对象样式、线型图案、项目位置、项目标注、其他等设置统一,如图 4-3 所示,在"管理"选项卡中可对进行各类基本设置。

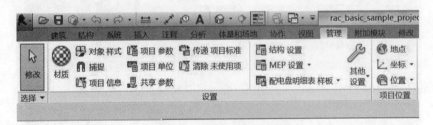

图 4-3　"管理"选项卡

4.2.1　项目单位设置

切换到"管理"选项卡→"设置"面板→单击"项目单位 "命令,弹出"项目单位"设置对话框,如图 4-4 所示。项目单位可依据不同的规程进行项目单位的设置,当在"视图属性"中修改规程时,对应的会采用所设置的项目单位,如图 4-5 所示。

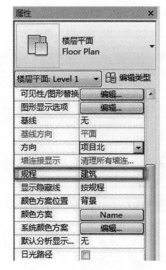

图 4-4 "项目单位"设置对话框   图 4-5 "视图属性"修改

目前软件可设置的单位包括长度、面积、体积、角度、坡度、货币、质量密度,单击要修改单位的格式凸显框,弹出对应单位可修改的格式信息,如长度可修改单位、舍入位数、是否带单位符号等。

4.2.2 对象样式设置

切换到"管理"选项卡→"设置"面板→单击"对象样式 "命令,弹出"对象样式"设置对话框,如图 4-6 所示。对象样式的设置类似于 CAD 制图的图层设置,图层设置可对各图层的线型、颜色、图层开关等进行设置,但对象样式转化需要根据每个设计院制定的制图标准来设定,包括对 Revit 中的模型、对象的线宽、线型与线颜色的设置。对于 Revit 中各对象类别的可见性的设置将在后文中详述。

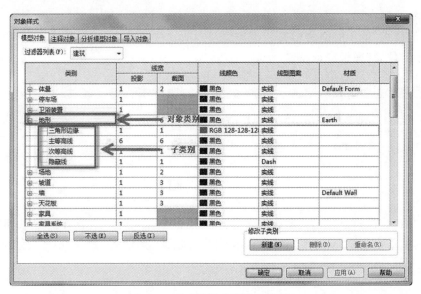

图 4-6 "对象样式"设置对话框

对象样式是针对模型的对象类别进行线宽、颜色与图案的设置,对于每项设置可以从软件自带的库中选择,并且可以根据自身需求新增。通过切换到"管理"选项卡→"设置"面板→单击"其他设置 🔧"下拉菜单,如图 4-7 所示。对应图上"对象样式"中的线样式、线宽及线型图案,单击"线型图案",弹出的对话框中如图 4-8 所示,可新建、编辑、删除与重命名线型图案。修改后对应的"对象样式"中也会同步更新。

图 4-7 "其他设置"菜单

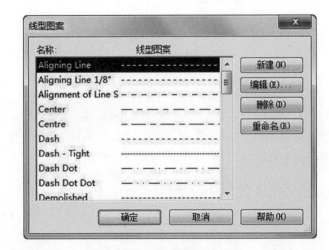

图 4-8 "线型图案"对话框

4.2.3 项目位置设置

项目新建样板时,都需要对项目坐标位置进行统一设置。通过对项目地理位置的定位,得到气象等信息,便于后期的相关分析与模拟。项目位置如图 4-9 所示,可打开"管理"选项卡→"项目位置"面板进行设置。

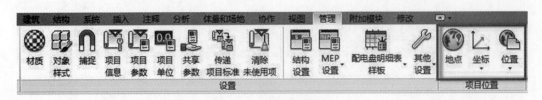

图 4-9 "项目位置"面板

单击"地点"按钮,切换至"默认城市列表",选择"北京,中国"。或者如果 PC 电脑处于连网状态,则软件会通过 Bing 地图服务显示互动的地图。其他的天气和场地用户可自定义进行设置。

4.2.4　其他基本设置

除了上述的设置外,还可对项目中的材质、尺寸标注、捕捉、项目信息、项目参数、共享参数、传递项目标准及清除未使用项等进行设置。

(1)材质设置⚙:可对项目中所涉及的各构件的材质进行标识、图形、外观、物理与热度的设置。一般在构件属性编辑器中也可对构件的材质进行编辑。

(2)项目标注:如图 4-10 主要是针对标记族的设置,如剖面索引、立面和剖面视图及箭头标记符号的设置,以及使用临时尺寸标注时默认的测量起点与终点,如图 4-11 所示。

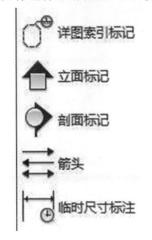

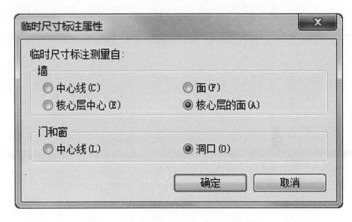

图 4-10　标记族设置　　　　　　图 4-11　临时尺寸标注属性设置

(3)捕捉设置🔒:用于设置捕捉增量,以及启用或禁用捕捉点,其功能类似于 CAD 的捕捉设置。

(4)项目信息:用于指定能量数据、项目状态和客户信息,某些项目信息值可直接显示在图纸的标题栏中。通过对"共享参数"的使用,可将自定义字段添加至项目信息中。

(5)项目参数与共享参数:两者皆为用于项目图元的参数,并在明细表中使用。区别在于项目参数仅限于本项目,不能与其他项目或族共享;而共享参数存储于一个独立于任何族文件或项目的文件中,可为族文件或项目添加尚未定义的特定数据。

(6)传递项目标准:用于传递不同项目间的数据标准,避免由于数据标准的差异影响绘图效果,包括族类型、线宽、材质、视图样板和对象样式等项目标准。

4.2.5　视图设置

通过上面对文字标记等的统一设置后,在绘图过程中,如何控制构件的显示,比如说在不同的楼层平面,如果要看到其他楼层的构件,此时该如何处理呢?假如在此楼层,只想看到某一类构件,又该如何处理呢?本节将通过视图样板、范围、隐藏与可见性的设置,来对构件的显示情况进行控制。

1. 视图样板

打开 Revit 2016 自带的建筑样例项目,可见项目浏览器的视图中包括楼层平面、立面、剖面、详图、三维视图、渲染等类型,对于不同的视图,需要根据项目的各专业和功能需求,设置不同的视图样板。一般视图样板的设置在制作项目样板时同步进行,通过"视图"选项卡

→"图形"面板→"视图样板"按钮→选择"管理视图样板"进行不同规程下各视图的属性设置,如图4-12所示。

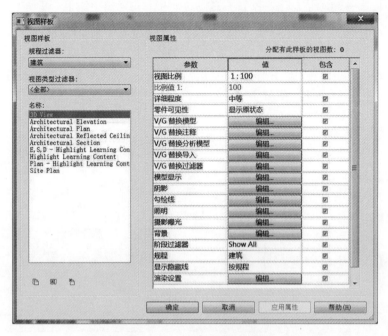

图4-12 "视图样板"设置

通过视图属性设置,可对视图比例、详细程度、零件可见性、视图的可见性/图形替换(模型类别、注释类别、分析模型类别、导入的类别、过滤器)、模型显示等显示情况进行按视图类别进行预先设定,方便后期项目直接调用。

2. 视图范围

假如要在 Level 2 平面上看到 Level 1 平面上的构件,有两个方法:①在"属性"栏中,设置基线为 Level 1,如图4-13所示,则可看到 Level 1 的构件暗显在 Level 2 处;②在"属性"栏中,单击"视图范围"的"编辑..."按钮,如图4-14所示。在弹出的"视图范围"对话框中调整主要范围及视图深度,如图4-15所示。

视图范围的调整在项目建模过程中是常用命令,经常会出现放置的某个构件在该层看不到的情况,但是在三维中看的到,此时可能的原因是视图范围设置不合理。

图4-16为 Level 1 的"视图范围"设置表,顶、底以及剖切面均以 Level 1 为相关标高,并在相关标高上进行偏移。图4-17则为"视图范围"设置的立面表示情况,通过该图可以清楚地分辨出"主要范围"与"视图深度"的区别。

🖋 小提示

剖切面的标高是默认设置,不能修改。如果直接在"项目浏览器"中的"楼层平面"中复制楼层 Level 1,复制出来的重命名为 Level 3,则 Level 3"剖切面"的默认相关标高仍为 Level 1。

图 4-13 设置基线

图 4-14 编辑"视图范围"

图 4-15 调整视图范围

图 4-16 Level 1 的"视图范围"设置

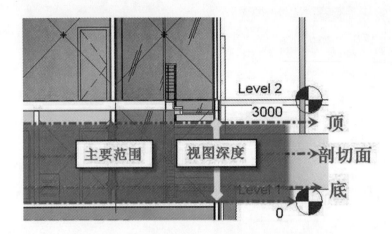

图4-17 "视图范围"设置的立面表示情况

3. 可见性设置

在平面、立面或三维视图中,如果要对某个构件单独拿出来分析,或是需要在该视图中隐藏图元,可通过两种方式来实现:

(1)"视图控制栏"中的"临时隐藏/隔离"功能。

该功能共分为隐藏和隔离两种方式,图元和类别两种范围。只有选中某一图元后,"临时隐藏/隔离"功能按钮才能亮显。如图4-18所示。

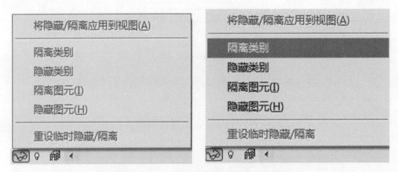

图4-18 "临时隐藏/隔离"功能

如果临时隐藏了某一图元或类别,则"绘图区域"中会出现"临时隐藏/隔离"的绿色矩形框,表示该视图有图元被隐藏或隔离。

要去除"临时隐藏/隔离"的绿色矩形框:①可以单击"临时隐藏/隔离"按钮中的"重设临时隐藏/隔离",则是取消掉了隐藏或隔离;②可以单击"将隐藏/隔离应用到视图",其可将临时隐藏/隔离改为永久隐藏。

🌾 小提示

设置的临时隐藏,如果关闭文件则不会保存,只有永久隐藏才能保存。

(2)可见性/图形替换功能(快捷键 VV)。

可见性/图形替换可控制所有图元在各个视图中的可见性,其主要用于控制某一类别的所有图元的可见性,只勾选了"墙"类别,则该视图中只显示墙,如图 4-19 所示。

"可见性/图形替换"功能中除了"模型类别"外,还包括"注释类别""分析模型类别""导入的类别""过滤器",其中"过滤器"可根据各过滤条件,过滤出不同类别的图元。如要区分给水管道和排水管道,通过过滤器设置成不同颜色,可快速区分。

🖋 **小提示**

上述讲的永久隐藏,则正是取消了图元的可见性。

图 4-19 可见性/图形替换功能

4.3 标高的创建

标高用来定义楼层层高及生成平面视图,反映建筑物构件在竖向的定位情况,在 Revit 中开始进行建模前,应先对项目的层高和标高信息作出整体规划。标高不是必须作为楼层层高,其标高符号样式可定制修改。

下面以案例项目为例,介绍 Revit 中创建项目标高的一般步骤。

4.3.1 创建标高

如图 4-20 所示,点击"新建"→"项目",打开 Revit 2016 默认的"建筑样板"。在 Revit 中,"标高"命令必须在立面和剖面视图中才能使用,因此在正式开始项目设计前,必须事先打开一个立面视图,如南立面。在立面视图中将默认样板中的标高 1 和标高 2 均修改为 1F

和 2F,其中 2F 的标高为"4.000",如图 4-21 所示,单击标高符号中的高度值,可输入"3.5",则 2F 的楼层高度改为 3.5m,如图 4-22 所示。

图 4-20 打开默认建筑样板

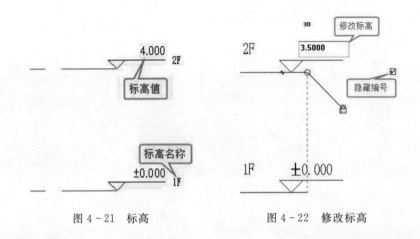

图 4-21 标高   图 4-22 修改标高

小提示

不勾选隐藏编号,则标头、标高值以及标高名称将隐藏。

除了直接修改标高值,还可通过临时尺寸标注修改两标高间的距离。单击"2F",蓝显后在 1F 与 2F 间会出现一条蓝色临时尺寸标注如图 4-23 所示,此时直接单击临时尺寸上的标注值,即可重新输入新的数值,该值单位为"mm",与标高值的单位"m"不同,读者要注意区别。

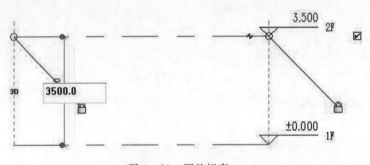

图 4-23 调整标高

绘制标高 3：单击"建筑"选项卡→"基准"面板→"标高"命令，移动光标到视图中"2F"左端标头上方 3000mm 处，当出现绿色标头对齐虚线时，单击鼠标左键捕捉标高起点。向右拖动鼠标，直到再次出现绿色标头对齐虚线，单击鼠标完成新楼层的绘制，并将其重命名为"3F"。

小技巧

在选项栏中勾选"创建平面视图"，勾选后则在绘制完标高后自动在项目浏览器中生成"楼层平面"视图，否则创建的为参照标高。

小提示

标高命名一般为软件自动命名，一般按最后一个字母或数字排序，如 F1、F2、F3，且汉字不能自动排序。

4.3.2 编辑标高

对于高层或者复杂建筑，可能需要多个高度定位线，除了直接绘制标高，那如何来快速添加标高，并且修改标高的样式来快速提高工作效率？下面将通过复制、阵列等功能快速绘制标高。

1. 复制、阵列标高

选择"3F"，在激活的"修改|标高"选项卡下，单击"修改"面板中的"复制"（CC/CO）或"阵列"（AR）命令，快速添加标高。

复制标高：如果选择"复制"，在选项卡中会出现 修改|标高 □约束 □分开 □多个，勾选"约束"，可垂直或水平复制标高，勾选"多个"，可连续多次复制标高。都勾选后，单击"标高 3"上一点作为起点，向上拖动鼠标，直接输入临时尺寸的值，单位为 mm，输入后按回车键则完成一个标高的绘制，如图 4-24 所示。继续向上拖动鼠标输入数值，则可继续绘制标高。

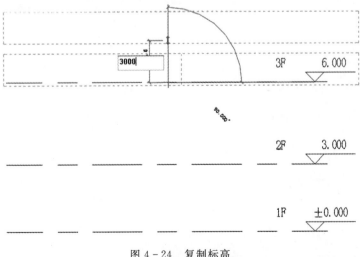

图 4-24 复制标高

阵列标高:如果选择"阵列",则适用于一次绘制多个等距的标高,选择后在选项卡中会出现

,勾选"成组并关联",则阵列的标高为一个模型组,如果要编辑标高名称,需要解组后才可编辑;项目数为包含原有标高在内的数量,如项目数为3,则为标高3、标高4与标高5;选择移动到第二个则在输入标高间距"3000"后,按回车键后标高3、标高4与标高5间的间距均为3000mm,若选择最后一个,则标高3与标高5间的距离共3000mm。

【常见问题剖析】如果需要绘制−0.45m的标高,但为什么复制出来的标高显示的却还是"±0.00"或"±−0.450"?

答:因为此时的标高属性为零标高,则需要选中该标高,在"属性"框中将其族类型由正负零标高修改为下标头,如图4−25所示。

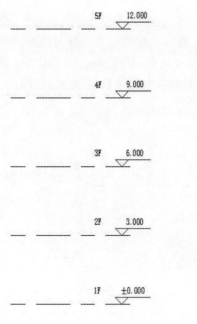

图4−25 在"属性"框中修改族类型

2. 添加楼层平面

在完成标高的复制或阵列后,在"项目浏览器"中可以发现均没有标高4与标高5的楼层平面。因为在Revit中复制的标高是参照标高,因此新复制的标高标头都是黑色显示,如图4−26所示,而且在项目浏览器中的"楼层平面"项下也没有创建新的平面视图,如图4−27所示。

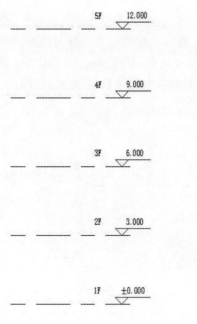

图4−26 新复制标高

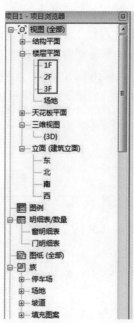

图4−27 "项目浏览器"中的"楼层平面"显示

单击选项卡"视图"→"平面视图"→"楼层平面"命令,打开"新建平面"对话框,如图

4 - 28所示。从下面列表中选择"4F、5F",如图 4 - 29 所示。单击"确定"后,在项目浏览器中创建了新的楼层平面"4F、5F",并自动打开"4F、5F"平面视图。此时,可发现立面中的标高"4F、5F"蓝显。

图 4 - 28　打开"新建楼层平面"对话框　　　图 4 - 29　选择"4F、5F"

4.4　轴网的创建

轴网用于构件定位,在 Revit 中轴网确定了一个不可见的工作平面。

4.4.1　创建轴网

在 Revit 中轴网只需要在任意一个平面视图中绘制一次,其他平面和立面、剖面视图中都将自动显示。

在项目浏览器中双击"楼层平面"项下的"1F"视图,打开"楼层平面:1F"视图。选择"建筑"选项卡→"基准"面板→"轴网"命令或快捷键 GR 进行绘制。

在视图范围内单击一点后,垂直向上移动光标到合适距离再次单击,绘制第一条垂直轴线,轴号为 1。

利用复制命令创建 2—7 号轴网。选择 1 号轴线,单击"修改"面板的"复制"命令,在 1 号轴线上单击捕捉一点作为复制参考点,然后水平向右移动光标,输入间距值 1200 后,单击一次鼠标复制生成 2 号轴线。保持光标位于新复制的轴线右侧,分别输入 3900、2800、1000、4000、600 后依次单击确认,绘制 3—7 号轴线,完成结果如图4 - 30所示。

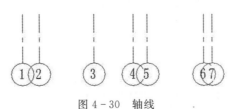

图 4 - 30　轴线

使用复制功能时,勾选选项栏中的"约束",可使得轴网垂直复制,"多个"可单次连续复制。

继续使用"轴网"命令绘制水平轴线,移动光标到视图中 1 号轴线标头左上方位置,单击鼠标左键捕捉一点作为轴线起点。然后从左向右水平移动光标到 7 号轴线右侧一段距离后,再次单击鼠标左键捕捉轴线终点,创建第一条水平轴线。

选择刚创建的水平轴线,修改标头文字为"A",创建 A 号轴线。

同上绘制水平轴线步骤,利用"复制"命令,创建 B—E 号轴线。移动光标在 A 号轴线上单击捕捉一点作为复制参考点,然后垂直向上移动光标,保持光标位于新复制的轴线上侧,分别输入 2900、3100、2600、5700 后依次单击确认,完成复制。

重新选择 A 号轴线进行复制,垂直向上移动光标,输入值 1300,单击鼠标绘制轴线,选择新建的轴线,修改标头文字为"1/A"。完成后的轴网如图 4-31 所示。

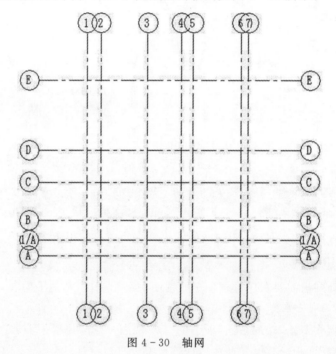

图 4-30 轴网

4.4.2 编辑轴网

绘制完轴网后,需要在平面图和立面视图中手动调整轴线标头位置,解决 1 号和 2 号轴线、4 号和 5 号轴线、6 号和 7 号轴线等的标头干涉问题。

选择 2 号轴线,单击靠近轴号位置的"添加弯头"标志(类似倾斜的字母 N),出现弯头,拖动蓝色圆点则可以调整偏移的程度。同理,调整 5 号、7 号轴线标头的位置,如图 4-32 所示。

标头位置调整:选中某根轴网,在"标头位置调整"符号(空心圆点)上按住鼠标左键拖拽可整体调整所有标头的位置;如果先单击打开"标头对齐锁" 🔒 ,然后再拖拽即可单独移动一根标头的位置。

在"项目浏览器"中双击"立面(建筑立面)"项下的"南立面"进入南立面视图,使用前述编辑标高和轴网的方法,调整标头位置、添加弯头。同样方法调整东立面或西立面视图标高和轴网。

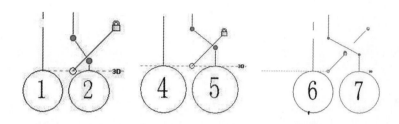

图 4-32　编辑轴网

🖋 **小提示**

在框选了所有的轴网后,会在"修改|轴网"选项卡中出现"影响范围"命令,单击后出现"影响基准范围"的对话框,按住 Shift 选中各楼层平面,单击确定后,其他楼层的轴网也会相应变化。

轴网可分为 2D 和 3D 状态,单击 2D 或 3D 可直接替换状态。3D 状态下,轴网端点显示为空心圆;2D 状态下,轴网端点修改为实心点,如图 4-33 所示。2D 与 3D 的区别在于:2D 状态下所作的修改仅影响本视图;在 3D 状态下,所作的修改将影响所有平行视图。在 3D 状态下,若修改轴线的长度,其他视图的轴线长度对应修改,但是其他的修改均需通过"影响范围"工具实现。仅在 2D 状态下,通

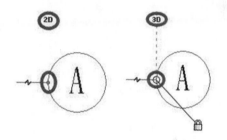

图 4-33　2D 和 3D 状态下的轴网端点

过"影响范围"工具能将所有的修改传递给当前视图平行的视图。

标高和轴网创建完成,回到任一平面视图,框选所有轴线在"修改"面板中单击 🔒 图标,锁定绘制好的轴网(锁定的目的是为了使得整个轴网间的距离在后面的绘图过程中不会偏移)。

4.5　墙体的创建

墙体是建筑设计中的重要组成部分,在实际工程中墙体根据材质、功能也分多种类型,如隔墙、防火墙、叠层墙、复合墙、幕墙等,因此在绘制时,需要综合考虑墙体的高度、厚度、构造做法、图纸粗略、精细程度的显示、内外墙体区别等。随着高层建筑的不断涌现,幕墙以及异形墙体的应用越来越多,而通过 Revit 能有效建立出直观的三维信息模型。

4.5.1　绘制墙体

进入平面视图中,单击"建筑"选项卡→"构建"面板→"墙"的下拉按钮,如图 4-34 所示。有"建筑墙""结构墙""面墙""墙饰条""墙分隔缝"五种选择,"墙饰条"和"墙分隔缝"只有在三维的视图下才能激活亮显,用于墙体绘制完后添加。其他墙可以从字面上来理解,建筑墙主要是用于分割空间,不承重;结构墙用于承重以及抗剪作用;面墙主要用于体量或常

规模型创建墙面。

🖋 **小技巧**

快捷键 WA 可快速进入到建筑墙体的绘制模式，学会快捷键的应用有效提高建模效率。

图 4-34 "墙"的下拉按钮

单击选择"墙：建筑"后，在选项卡中出现 **修改|放置 墙** 上下文选项卡，面板中出现墙体的绘制方式如图 4-35 所示，属性栏将由视图"属性"框转变为墙"属性"，如图 4-36 所示，以及选项栏也变为墙体设置选项，如图 4-37 所示。

绘制墙体需要先选择绘制方式，如直线、矩形、多边形、圆形、弧形等，如果有导入的二维 .dwg 平面图作为底图，可以先选择"拾取线/边"命令，鼠标拾取 .dwg 平面图的墙线，自动生成 Revit 墙体。除此以外，还可利用"拾取面"功能拾取体量的面生成墙。

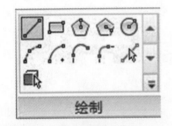

图 4-35 墙体的绘制方式

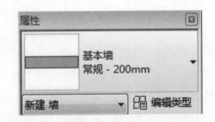

图 4-36 墙属性

图 4-37 墙体设置选项

1. 选项栏参数设置

在完成绘制方式的选择后，要设置有关墙体的参数属性。

(1)在"选项栏"中，"高度"与"深度"分别指从当前视图向上还是向下延伸墙体。

(2)"未连接"选项中还包含各个标高楼层；"4200"表示该视图墙顶部距底部 4200mm。

(3)勾选"链"表示可以连续绘制墙体。

(4)"偏移量"表示绘制墙体时，墙体距离捕捉点的距离，如图 4-38 设置的偏移量为 200mm，则绘制墙体时捕捉绿色虚线（即参照平面），绘制的墙体距离参照平面 200mm。

(5)"半径"表示两面直墙的端点相连接处不是折线，而是根据设定的半径值，自动生成圆弧墙，如图 4-39 所示，设定的半径 1000mm。

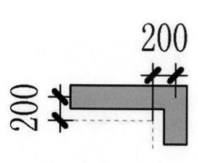
图 4 - 38　偏移量设置

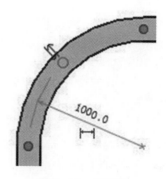
图 4 - 39　圆弧墙

2. 实例参数设置

如图 4 - 40 所示,该属性为墙的实例属性,主要设置墙体的墙体定位线、高度、底部和顶部的约束与偏移等,有些参数为暗显,该参数可在:更换为三维视图、选中构件、附着时或改为结构墙等情况下亮显。

图 4 - 40　墙的属性

(1)定位线:共分为墙中心线、核心层、面层面与核心面四种定位方式。在 Revit 术语中,墙的核心层是指其主结构层。在简单的砖墙中,"墙中心线"和"核心层中心线"平面将会重合,然而它们在复合墙中可能会不同。顺时针绘制墙时,其外部面(面层面:外部)默认情况下位于顶部。

放置墙后,其定位线便永久存在,即使修改其类型的结构或修改为其他类型也是如此。修改现有墙的"定位线"属性的值不会改变墙的位置。

图4-41为一基本墙,右侧为基本墙的结构构造。通过选择不同的定位线,从左向右绘制出的墙体与参照平面的相交方式是不同的,如图4-42所示。选中绘制好的墙体,单击"翻转控件" ⇕ 可调整墙体的方向。

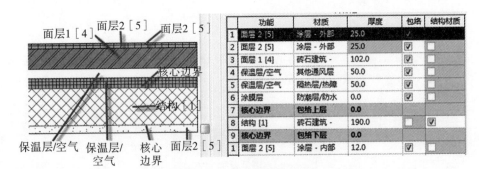

	功能	材质	厚度	包络	结构材质
1	面层 2 [5]	涂层 - 外部	25.0	☑	
2	面层 2 [5]	涂层 - 外部	25.0	☑	☐
3	面层 1 [4]	砖石建筑 -	102.0	☑	☐
4	保温层/空气	其他通风层	50.0	☑	☐
5	保温层/空气	隔热层/热障	50.0	☑	☐
6	涂膜层	防潮层/防水	0.0	☑	☐
7	核心边界	包络上层	0.0		
8	结构 [1]	砖石建筑 -	190.0	☐	☑
9	核心边界	包络下层	0.0		
1	面层 2 [5]	涂层 - 内部	12.0	☑	☐

图4-41 基本墙

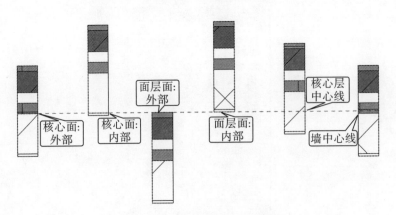

图4-42 不同定位线绘制的墙体

Revit中的墙体有内、外之分,因此绘制墙体选择顺时针绘制,保证外墙侧朝外。

(2)底部限制条件/顶部约束:表示墙体上下的约束范围。

(3)底/顶部偏移:在约束范围的条件下,可上下微调墙体的高度,如果同时偏移100mm,表示墙体高度不变,整体向上偏移100mm。+100mm为向上偏移,-100mm为向下偏移。

（4）无连接高度：表示墙体顶部在不选择"顶部约束"时高度的设置。

（5）房间边界：在计算房间的面积、周长和体积时，Revit 会使用房间边界。可以在平面视图和剖面视图中查看房间边界。墙则默认为房间边界。

（6）结构：表示该墙是否为结构墙，勾选后，则可用于作后期受力分析。

3. 类型参数设置

在绘制完一段墙体后，选择该面墙，单击"属性"栏中的"编辑属性"，弹出"类型属性"对话框，如图 4-43 所示。

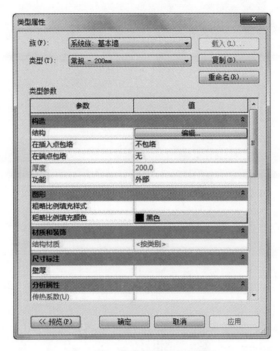

图 4-43 "类型属性"对话框

（1）复制：可复制"系统族：基本墙"下不同类型的墙体，如复制新建：普通砖 200mm，复制出的墙体为新的墙体。

（2）重命名：可将"类型"中的墙名称修改。

（3）结构：用于设置墙体的结构构造，单击"编辑"，弹出"编辑部件"对话框，如图 4-44 所示。内/外部边表示墙的内外两侧，可根据需要添加墙体的内部结构构造。

（4）默认包络："包络"指的是墙非核心构造层在断开点处的处理办法，仅是对编辑部件中勾选了"包络"的构造层进行包络，且只在墙开放的断点处进行包络。可选择"外部-带粉砖与砌块复合墙"在"楼层平面：修改类型属性"视图中查看包络差异情况，如图 4-45 所示为整个"外部边的包络"。

（5）修改垂直结构：打开下方的"预览"后，选择"剖面：修改类型属性"视图后才会亮显。主要用于复合墙、墙饰条与分隔缝的创建。

复合墙：在"编辑部件"对话框中，插入一个面层 1，"厚度"改为 20mm。创建复合墙，通过利用"拆分区域"按钮拆分面层，放置在面层上会有一条高亮显示的预览拆分线，放置好高

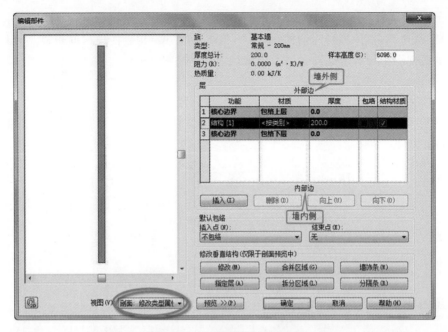

图 4 - 44 "编辑部件"对话框

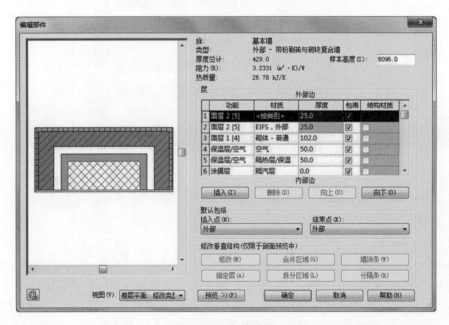

图 4 - 45 包络设置

度后单击鼠标左键,在"编辑部件"对话框中再次插入新建面层 2,修改面层材质,单击该面层 2 前的数字序号,选中新建的面层,然后单击"指定层",在视图中单击拆分后的某一段面层,选中的面层蓝色显示,点击"修改",将新建的面层指定给了拆分后的某一段面层,如图 4 - 46 所示。

通过对墙体面层的"指定层"与"修改",即可实现一面墙在不同高度有几个材质的要求,如图 4 - 47 所示。

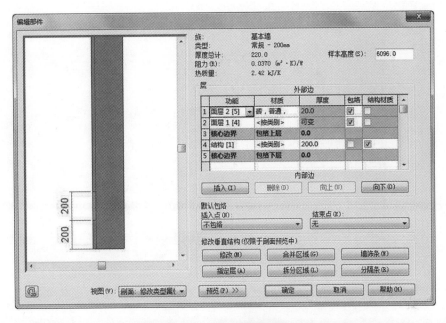

图 4 - 46　修改面层材质

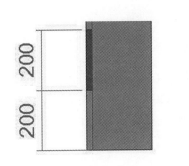

图 4 - 47　墙体面层修改

🖋 小提示

拆分区域后,单击"修改"选择拆分边界会显示蓝色控制箭头↑,可调节拆分线的方向,并拖动分界线可调节拆分高度。

墙饰条:主要是用于绘制的墙体在某一高度处自带墙饰条。单击"墙饰条",在弹出的"墙饰条"对话框中,单击"添加"轮廓可选择不同的轮廓族,如果没有所需的轮廓,可通过"载入轮廓"载入轮廓族,设置墙饰条的各参数,则可实现绘制出的墙体直接带有墙饰条,如图4-48所示。

分隔缝类似于墙饰条,只需添加分隔缝的族并编辑参数即可,在此不加以赘述。

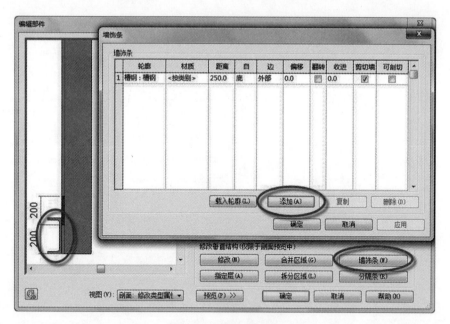

图 4-48　墙饰条设置

4. 墙族分类

上述所讲的墙,均以"基本墙"为例讲述。但是墙除了"基本墙",还包括"叠层墙"和"幕墙",共三大块。

(1)"叠层墙":要绘制叠层墙,首先需要在"属性"栏中选中叠层墙的案例,编辑其类型。其由不同的材质、类型的墙在不同的高度叠加而成,墙1、墙2均为来自"基本墙",因此没有的墙类型要在"基本墙"中新建墙体后,再添加到叠层墙中。

(2)幕墙:主要用于绘制玻璃幕墙,详见 4.8 节。

4.5.2　编辑墙体

在定义好墙体的高度、厚度、材质等各参数后,按照 CAD 底图或设计要求绘制完墙体的过程中,还需要对墙体进行编辑。可利用"修改"面板下的"移动、复制、旋转、阵列、镜像、对齐、拆分、修剪、偏移"等编辑命令进行(和 CAD 中对线段的编辑一样),以及编辑墙体轮廓、附着/分离墙体,使所绘墙体与实际设计保持一致。

1. 修改工具

修改工具主要有:①移动✛;②复制❀;③阵列❒❒;④镜像❑❷ ❷❑;⑤对齐┗;⑥拆分图元 ❑❑(快捷键:SL)。拆分图元是指在选定点剪切图元(例如墙或线),或删除两点之间的线段,常结合修剪命令一起使用。如图 4-49 所示为一面黄色墙体,单击"修改面板"中的"拆分图元",在要拆分的墙中单击任意一点,则该面墙分成两段,再用"修剪"命令,选择所要保留的两面墙,则可将墙修剪成所需状态。

2. 编辑墙体轮廓

选择绘制好的墙后,自动激活"修改|墙"选项卡,单击"修改|墙"下"模式"面板中的"编

图 4-49 拆分及修剪图元

辑轮廓",如图 4-50 所示。如果在平面视图进行了轮廓编辑操作,此时弹出"转到视图"对话框,选择任意立面或三维进行操作,进入绘制轮廓草图模式。

图 4-50 "编辑轮廓"

小提示

如果在三维中编辑,则编辑轮廓时的默认工作平面为墙体所在的平面。

在三维或立面中,利用不同的绘制方式工具,绘制所需形状,如图 4-51 所示。其创建思路为:创建一段墙体→修改 | 墙→编辑轮廓→绘制轮廓→修剪轮廓→完成绘制模式。

小提示

弧形墙体的立面轮廓不能编辑。

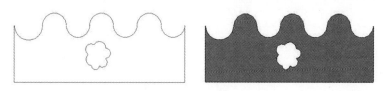

图 4-51 弧形墙体

完成后,单击"完成编辑模式" ✔ 即可完成墙体的编辑,保存文件。

小提示

如需一次性还原已编辑过轮廓的墙体,选择墙体,单击"重设轮廓"命令即可实现。

3. 附着/分离墙体

如果墙体在多坡屋面的下方,需要墙和屋顶有效快速连接,依靠编辑墙体轮廓的话,会花费很多时间,此时通过"附着/分离"墙体能有效解决问题。

如图4-52所示,墙与屋顶未连接,用Tab键选中所有墙体,在"修改墙"面板中选择"附着顶部/底部",在选项卡 附着墙:◉顶部 ○底部 中选择顶部或底部,再单击选择屋顶,则墙自动附着在屋顶下,如图4-53所示。再次选择墙,单击"分离顶部/底部",再选择屋顶,则墙会恢复原样。

图4-52 墙与屋顶未连接   图4-53 墙自动附着

 小提示

墙不仅可以附着于屋顶,还包括屋顶、楼板、天花板、参照平面等。

【常见问题剖析】刚已学习墙体附着的命令,但是如果要将编辑过轮廓的墙体附着,会出现什么样的情况?

答:此处以墙附着到屋顶为例,可以正常附着,但只有和参照标高重合的墙才能附着,不重合则不附着,如图4-54所示在参照平面下方的墙体均未附着。但是如果将编辑过轮廓的墙体再次编辑,将所有墙体顶部均拖至参照平面下方如图4-55所示,则软件会弹出如图4-56的警告,因为没有墙和参照平面同高度,此时如果将墙体附着到屋顶上,则软件会弹出"不能保持墙和目标相连接"的错误。

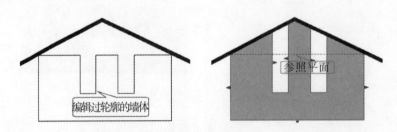

图4-54 在参照平面下方的墙体未附着

4. 墙体连接方式

墙体相交时,可有多种连接方式,如平接、斜接和方接三种方式,如图4-57所示。单击"修改"选项卡→"几何图形"面板→"墙连接" 功能,将鼠标光标移至墙上,然后在显示的灰色方块中单击,即可实现墙体的连接。

在设置墙连接时,可指定墙连接是否以及如何在活动平面视图中进行处理,在"墙连接"

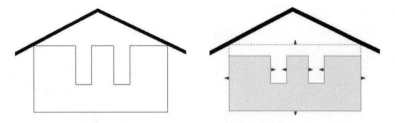

图 4-55　将墙体顶部拖至参照平面下方

图 4-56　错误警告

图 4-57　墙体连接方式

命令下,将光标移至墙连接上,然后在显示的灰色方块中单击。在"选项栏"中的"显示"有"清理连接""不清理连接""使用视图设置"三个显示设置。

默认情况下,Revit 会创建平接连接并清理平面视图中的显示,如果设置成"不清理连接",则在退出"墙连接"工具时,这些线不消失。另外,在设置墙体连接方式时,不同视图详细程度与显示设置也会在很大程度上影响显示效果。如图 4-58 所示。

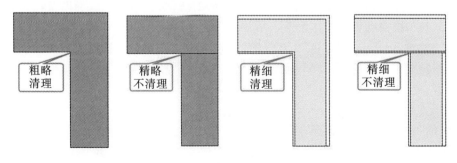

图 4-58　不同视图详细程度

对于两面平行的墙体,如果距离不超过 6 英寸,Revit 会自动创建相交墙之间的连接,如

图4-59所示。如在其中一面墙体上放置门窗后,选择"修改"选项卡→"几何图形"面板→"连接"下拉列表→"连接几何图形" 连接命令,则该门窗会剪切两面墙体。

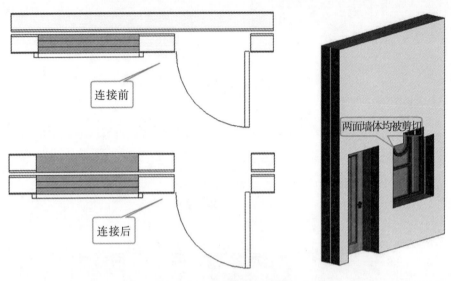

图4-59 两面平行的墙体

本节主要建立了项目模型中最基础的模型——墙。通过对各类墙体的创建、属性设置,掌握各类墙体绘制、编辑和修改的方法。基本墙体创建是基础,对于复杂墙体,可利用内建族、体量等方式来创建。

4.6 门窗的创建

在三维模型中,门窗的模型与它们的平面表达并不是对应的剖切关系,在平面图中可与CAD图一样表达,这说明门窗模型与平立面表达可以相对独立。在Revit中的门窗可直接放置已有的门窗族,对于普通门窗可直接通过修改族类型参数,如门窗的宽和高、材质等,形成新的门窗类型。

4.6.1 插入门、窗

门、窗是基于主体的构件,可添加到任何类型的墙体,并在平、立、剖以及三维视图中均可添加门,且门会自动剪切墙体放置。

单击"建筑"选项卡→"构建"面板→"门""窗"命令,在类型选择器下,选择所需的门、窗类型,如果需要更多的门、窗类型,通过"载入族"命令从族库载入或者和新建墙一样新建不同尺寸的门窗。

1. 标记门、窗

放置前,在"选项栏"中选择"在放置时进行标记"则软件会自动标记门窗,选择"引线"可设置引线长度,如图4-60所示。门窗只有在墙体上才会显示,在墙主体上移动光标,参照临时尺寸标注,当门位于正确的位置时单击鼠标确定。

在放置门窗时,如果未勾选"在放置时进行标记",还可通过第二种方式对门窗进行标记。选择"注释"选项卡中的"标记"面板,单击"按类别标记",将光标移至放置标记的构件

图 4－60　标记及引线设置

上,待其高亮显示时,单击鼠标则可直接标记;或者单击"全部标记",在弹出的"标记所有未标记的对象"对话框,选中所需标记的类别后,单击"确定"即可,如图 4－61 所示。

图 4－61　通过"标记"面板设置标记

2. 尺寸标注

放置完门窗时,根据临时尺寸可能很难快速定位放置,则可通过大致放置后,调整临时尺寸标注或尺寸标注来精准定位;如果放置门窗时,开启方向放反了,则可和墙一样,选中门窗,通过"翻转控件" 🔁 来调整。

对于门、窗放置时,可调节临时尺寸的捕捉点。单击"管理"选项卡→"设置"面板→"其他设置"下拉列表→"临时尺寸标注"命令,弹出"临时尺寸标注属性"对话框,如图 4－62所示。

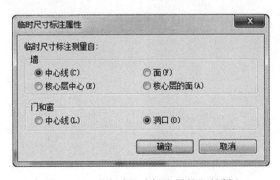

图 4－62　"临时尺寸标注属性"对话框

对于"墙",选择"中心线"后,则在墙周围放置构件时,临时尺寸标注自动会捕捉"墙中心线";对于"门和窗",则设置成"洞口",表示"门和窗"放置时,临时尺寸捕捉的为到门、窗洞口的距离。

🌾 **小技巧**

在放置门窗时输入"SM",可自动捕捉到中点插入。

【常见问题剖析】一面墙上,门、窗会默认拾取该面墙体,但是如果门窗放置在两面不同厚度(以100mm与200mm为例)的墙中间,那门窗附着主体是谁呢?

答:门窗只能附着在单一的主体上,但可替换主体。因此以窗为例,需要选中"窗",在"修改|窗"的上下文选项卡中,单击"主体"面板中的"拾取主要主体"命令,可更换放置窗的主体,如图4-63所示。

图4-63 "拾取主要主体"命令

图4-64即表示窗在不同厚度墙体中间,通过"拾取主要主体"功能,既可以左边墙体为主体又可以右边墙体为主体。

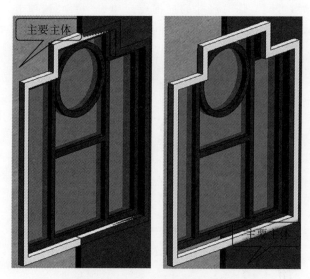

图4-64 窗在不同厚度墙体中间

🌾 **小提示**

"拾取新主体"则可使门窗脱离原本放置的墙上,重新捕捉到其他的墙上。

4.6.2 编辑门、窗

1. 实例属性

在视图中选择门、窗后,视图"属性"框则自动转成门/窗"属性",如图 4-65 所示,在"属性"框中可设置门、窗的"标高"以及"底高度",该底高度即为窗台高度,顶高度为门窗高度+底高度。该"属性"框中的参数为该扇门窗的实例参数。

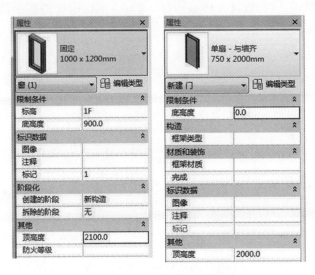

图 4-65　门/窗"属性"设置

2. 类型属性

在"属性"框中,单击"编辑类型",在弹出的"类型属性"对话框中,可设置门、窗的高度、宽度、材质等属性,在该对话框中可同墙体复制出新的墙体一样,复制出新的门、窗,以及对当前的门、窗重命名。

对于窗如果有底标高,除了在实例或类型属性处修改,还可切换至立面视图,选择窗,移动临时尺寸界线,修改临时尺寸标注值。图 4-66 有一面东西走向墙体,则进入"项目浏览器",用鼠标单击"立面(建筑立面)",双击"南立面"从而进入南立面视图。在南立面视图中,如图 4-67 所示,选中该扇窗,移动临时尺寸控制点至±0 标高线,修改临时尺寸标注值为"1000"后,按"Enter"键确认修改。

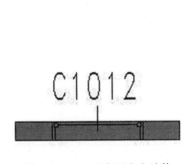

图 4-66　一面东西走向墙体

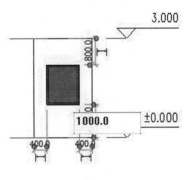

图 4-67　修改尺寸标注值

4.7 楼板的创建

楼板的创建不仅可以是楼面板,还可以是坡道、楼梯休息平台等,对于有坡度的楼板,通过"修改子图元"命令修改楼板的空间形状,设置楼板的构造层找坡,实现楼板的内排水和有组织排水的分水线建模绘制。

楼板共分为建筑板、结构板以及楼板边缘,建筑与结构同样是在于是否进行结构分析。楼板边缘多用于生成住宅外的小台阶。

4.7.1 新建楼板

单击"建筑"选项卡→"构建"面板→"楼板"→"楼板:建筑",在弹出的"修改|创建楼层边界"上下文选项卡(见图4-68)中,可选择楼板的绘制方式,本教材以"直线"与"拾取墙"两种方式来讲解。

图4-68 "修改|创建楼层边界"选项卡

使用"直线"命令绘制楼板边界则可绘制任意形状的楼板,"拾取墙"命令可根据已绘制好的墙体快速生成楼板。

1. 属性设置

在使用不同的绘制方式绘制楼板时,在"选项栏"中是不同的绘制选项,如图4-69所示,其"偏移"功能也是提高效率的有效方式,通过设置偏移值,可直接生成距离参照线一定偏移量的板边线。

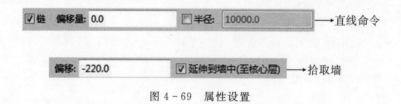

图4-69 属性设置

✎ 小提示

顺时针绘制板边线时,偏移量为正值,在参照线外侧;负值则在内侧。

对于楼板的实例与类型属性主要设置板的厚度、材质以及楼板的标高与偏移值。

2. 绘制楼板

偏移量设置为 200mm，用"直线"命令方式绘制出矩形楼板，标高为"2F"，内部为"200mm"厚的常规墙，高度为 1F－2F，绘制时捕捉墙的中心线，顺时针绘制楼板边界线。

🖋 **小提示**

如果用"拾取墙"命令来绘制楼板，则生成的楼板会与墙体发生约束关系，墙体移动楼板会随之发生相应变化。

🖋 **小技巧**

使用 Tab 键切换选择，可一次选中所有外墙，单击生成楼板边界。如出现交叉线条，使用"修剪"命令编辑成封闭楼板轮廓。

边界绘制完成后，单击 ✔ 完成绘制，此时会弹出"是否希望将高达此楼层标高的墙附着到此楼层的底部"，如果单击"是"，将高达此楼层标高的墙附着到此楼层的底部；单击"否"，将高达此楼层标高的墙将未附着，与楼板同高度，如图 4－70 所示。

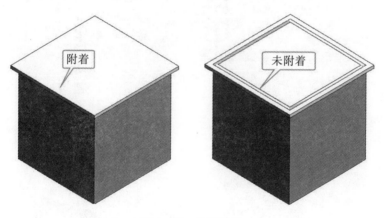

图 4－70 绘制楼板

通过"边界线"绘制完楼板后，在"绘制"面板中还有"坡度箭头"的绘制，其主要用于斜楼板的绘制，可在楼板上绘制一条坡度箭头，如图 4－71 所示，并在"属性"框中设置该坡度线的"最高/低处的标高"。

4.7.2 编辑楼板

如果楼板边界绘制不正确，则可再次选中楼板，单击"修改|楼板"选项卡中的"编辑边界"命令，如图 4－72 所示，可再次进入编辑楼板轮廓草图模式。

1. 形状编辑

除了可编辑边界，还可通过"形状编辑"编辑楼板的形状，同样可绘制出斜楼板，如单击"修改子图元"选项后，进入编辑状态，单击视图中的绿点，出现"0"文本框，其可设置该楼板边界点的偏移高度，如 500，则该板的此点向上抬升 500mm，如图 4－73 所示。

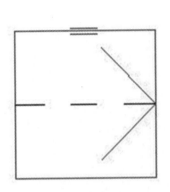

图4-71　坡度线设置

图4-72　"编辑边界"命令

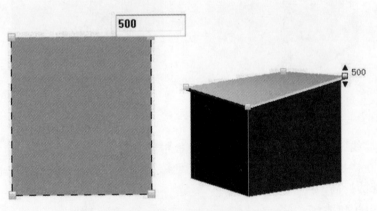

图4-73　通过"形状编辑"编辑楼板的形状

2. 楼板洞口

楼板开洞,除了"编辑楼板边界"可开洞外,如图4-74所示,还有专门的开洞的方式。

在"建筑"选项卡中的"洞口"面板,有多种的"洞口"挖取方式,有"按面""竖井""墙""垂直""老虎窗"几种方式,针对不同的开洞主体选择不同的开洞方式,在选择后,只需在开洞处,绘制封闭洞口轮廓,单击完成,即可实现开洞。

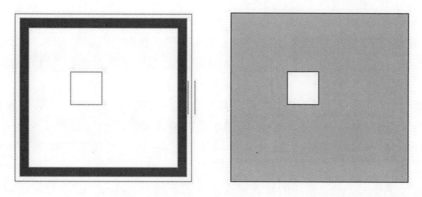

图 4 - 74　楼板洞口

4.8　幕墙设计

　　幕墙是现代建筑设计中被广泛应用的一种建筑外墙,由幕墙网格、竖梃和幕墙嵌板组成。其附着到建筑结构,但不承担建筑的楼板或屋顶荷载。在 Revit 中,根据幕墙的复杂程度分常规幕墙、规则幕墙系统和面幕墙系统三种创建幕墙的方法。

　　常规幕墙是墙体的一种特殊类型,其绘制方法和常规墙体相同,并具有常规墙体的各种属性,可以像编辑常规墙体一样用"附着""编辑立面轮廓"等命令编辑常规幕墙。规则幕墙系统和面幕墙系统可通过创建体量或常规模型来绘制,主要对于幕墙数量、面积较大或不规则曲面时使用,此节主要讲常规幕墙的创建。

4.8.1　创建玻璃幕墙、跨层窗

　　幕墙四种默认类型:幕墙、外部玻璃、店面与扶手,如图 4 - 75 所示。

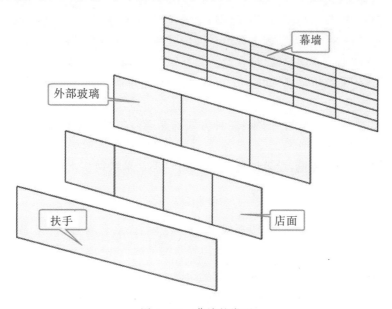

图 4 - 75　幕墙的类型

对于上述四种类型的幕墙,均可通过幕墙网格、竖梃以及嵌板三大组成元素来进行设置,本节主要以幕墙为例。

单击"建筑"选项卡→"构建"面板→"墙:建筑"→"属性"框中选择"幕墙"类型→绘制幕墙→编辑幕墙。幕墙的绘制方式和墙体绘制相同,但是幕墙比普通墙多了部分参数的设置。

1. 类型属性

绘制幕墙前,单击"属性"框中的"编辑类型",在弹出的"类型属性"对话中设置幕墙参数。主要需要设置"构造""垂直网格样式""水平网格样式""垂直竖梃""水平竖梃"几大参数。"复制"和"重命名"的使用方式和其他构件一致,可用于创建新的幕墙以及对幕墙重命名。

(1)构造:主要用于设置幕墙的嵌入和连接方式。勾选"自动嵌入"则在普通墙体上绘制的幕墙会自动剪切墙体,如图4-76所示。

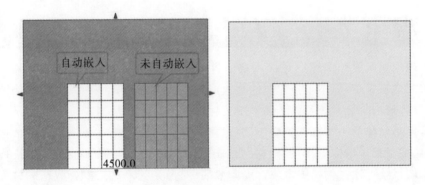

图4-76 "自动嵌入"图示

"幕墙嵌板"中,单击"无"中的下拉框,可选择绘制幕墙的默认嵌板,一般幕墙的默认选择为"系统嵌板:玻璃"。

(2)垂直网格与竖直网格样式:用于分割幕墙表面,用于整体分割或局部细分幕墙嵌板。根据其"布局方式"可分为:"无""固定数量""固定距离""最大间距""最小间距"五种方式。

①无:绘制的幕墙没有网格线,可在绘制完幕墙后,在幕墙上添加网格线。

②固定数量:不能编辑幕墙"间距"选项,可直接利用幕墙"属性"框中的"编号"来设置幕墙网格数量。

③固定距离、最大间距、最小间距:三种方式均是通过"间距"来设置,绘制幕墙时,多用"固定数量"与"固定距离"两种。

(3)垂直竖梃与水平竖梃:设置的竖梃样式会自动在幕墙网格上添加,如果该处没有网格线,则该处不会生成竖梃。

2. 实例属性

玻璃幕墙在实例属性上与普通墙类似,只是多了垂直/水平网格样式。编号只有网格样式设置成"固定距离"时才能被激活,编号值即等于网格数。

4.8.2 编辑玻璃幕墙

编辑玻璃主要包括两方面:一是编辑幕墙网格线段与竖梃;二是编辑幕墙嵌板。

1. 编辑幕墙网格线段

在三维或平面视图中,绘制一段带幕墙网格与竖梃的玻璃幕墙,样式自定,转到三维视图中。

将光标移至某根幕墙网格处,待网格虚线高亮显示时,单击鼠标左键,选中幕墙网格,则出现"修改|幕墙网格"上下文选项卡,单击"幕墙网格"面板中的"添加/删除线段"。此时,单击选中幕墙网格中需要断开的该段网格线,再单击删除网格线的地方又可添加网格线,如图4-77所示。类型属性中设置了幕墙竖梃后,添加或删除幕墙网格线,同步会添加/删除幕墙竖梃。

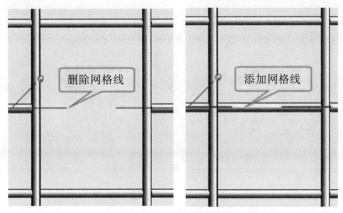

图 4-77 编辑幕墙网格线

如果不选中幕墙,同样可以添加幕墙网格,单击"建筑"选项卡→"构建"面板→"幕墙网格"或"竖梃"命令,在弹出的"修改|放置 幕墙网格(竖梃)"上下文选项卡的"放置"面板中,可以选择网格或竖梃的放置方式,如图4-78和图4-79所示。

图 4-78 修改幕墙网格

图 4-79 网格线

(1)放置幕墙网格。

①全部分段:单击添加整条网格线。

②一段:单击添加一段网格线,从而拆分嵌板。

③除拾取外的全部:单击先添加一条红色的整条网格线,再单击某段删除,其余的嵌板添加网格线。

(2)放置幕墙竖梃。

①网格线:单击一条网格线,则整条网格线均添加竖梃。

②单段网格线:在每根网格线相交后,形成的单段网格线处添加竖梃。

③全部网格线:全部网格线均加上竖梃。

2. 编辑幕墙嵌板

将鼠标放在幕墙网格上,通过多次切换 Tab 键选择幕墙嵌板,选中后,在"属性"框中的"类型选择器",可直接修改幕墙嵌板类型,如图 4 - 80 所示。如果没有所需类型,可通过载入族库中的族文件或新建族载入到项目中。

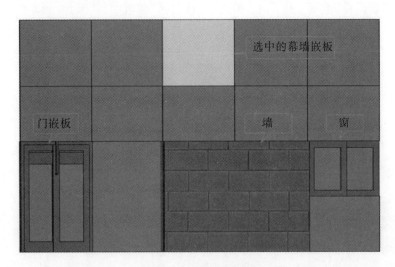

图 4 - 80　编辑幕墙嵌板

幕墙主要是通过设置幕墙网格、幕墙嵌板和幕墙竖梃来进行设计。对于幕墙网格可采用手动编辑和自动生成幕墙网格两种方式,可以对幕墙的造型进行各种编辑。灵活使用幕墙工具,可以创建任意复杂形式的幕墙样式。

4.9　屋顶的创建

屋顶是房屋最上层起覆盖作用的围护结构,根据屋顶排水坡度的不同,常见的有平屋顶、坡屋顶两大类,坡屋顶也具有很好的排水效果。屋顶是建筑的重要组成部分。在 Revit 中提供了多种建模工具。如:迹线屋顶、拉伸屋顶、面屋顶、玻璃斜窗等创建屋顶的常规工具。此外,对于一些特殊造型的屋顶,还可以通过内建模型的工具来创建。

4.9.1　创建迹线屋顶

对于大部分的屋顶的绘制,均是通过"建筑"选项卡→"构建"面板→"屋顶"下拉列表→选择绘制命令进行。其包括"迹线屋顶""拉伸屋顶""面屋顶"三种屋顶的绘制方式。

选择"迹线屋顶",迹线屋顶即是通过绘制屋顶的各条边界线,为各边界线定义坡度的过程。

1. 上下文选项卡设置

选择"迹线屋顶"命令后,进入绘制屋顶轮廓草图模式。绘图区域自动跳转至"创建屋顶迹线"上下文选项卡,如图 4 - 81 所示。其绘制方式除了边界线的绘制,还包括坡度箭头的绘制。

(1)边界线绘制方式。

屋顶的边界线绘制方式和其他构件类似,在绘制前,在"选项栏中"勾选"定义坡度",则绘制的每根边界线都定义了坡度值,可在"属性"中或选中边界线,单击角度值设置坡度值。"偏移量"是相对于拾取线的偏移值;"悬挑"用于"拾取墙"命令,是对于拾取墙线的偏移。 如图 4－82 所示。

图 4－81 "创建屋顶迹线"选项卡

图 4－82 边界线绘制设置

🌾 **小提示**

使用"拾取墙"命令时,使用 Tab 键切换选择,可一次选中所有外墙绘制楼板边界。

(2)坡度箭头绘制方式。

除了通过边界线定义坡度来绘制屋顶,还可通过坡度箭头绘制。其边界线绘制方式和上述所讲的边界线绘制一致,但用坡度箭头绘制前需取消勾选"定义坡度",通过坡度箭头的方式来指定屋顶的坡度,如图 4－83 所示。

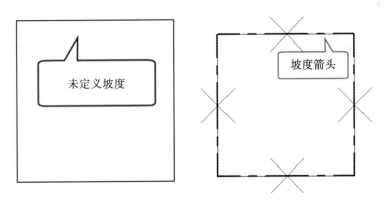

图 4－83 坡度箭头绘制

图 4－83 所绘制的坡度箭头,需在坡度"属性"框中设置坡度的"最高/低处标高"以及"头/尾高度偏移",如图 4－84 所示。完成后勾选"完成编辑模式",完成后的屋顶平面与三维视图,如图 4－85 所示。

限制条件	⌃
指定	尾高
最低处标高	默认
尾高度偏移	0.0
最高处标高	默认
头高度偏移	1000.0
尺寸标注	⌃
坡度	1:1.73
长度	5000.0

图4-84　设置坡度

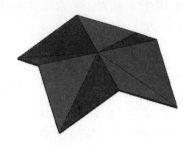

图4-85　屋顶平面与三维视图

2. 实例属性设置

对于用"边界线"方式绘制的屋顶,在"属性"框中与其他构件不同的是,多了截断标高、截断偏移、椽截面以及坡度四个概念。

(1)截断标高:指屋顶顶标高到达该标高截面时,屋顶会被该截面剪切出洞口,如2F标高处截断。

(2)截断偏移:截断面在该标高处向上或向下的偏移值,如100mm。

(3)椽截面:指的是屋顶边界处理方式,包括垂直截面、垂直双截面与正方形双截面。

(4)坡度:各根带坡度边界线的坡度值,如1∶1.73。

绘制的屋顶边界线,单击坡度箭头可调整坡度值,生成屋顶。根据整个的屋顶的生成过程,可以看出,屋顶是根据所绘制的边界线,按照坡度值形成一定角度向上延伸而成。

4.9.2　编辑迹线屋顶

绘制完屋顶后,还可选中屋顶,在弹出的"修改|屋顶"上下文选项卡中的"模式"面板中,选中"编辑迹线"命令,可再次进入到屋顶的迹线编辑模式。对于屋顶的编辑,还可利用"修改"选项卡下"几何图形"面板中"连接/取消连接屋顶" 命令,连接屋顶到另一屋顶或墙上,如图4-86所示。

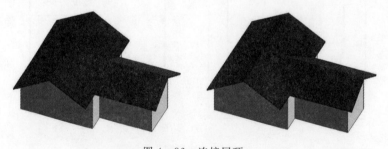

图4-86　连接层顶

小提示

需先选中需要去连接的屋顶边界,再去选择连接到的屋顶面。

4.9.3　创建拉伸屋顶

拉伸屋顶主要是通过在立面上绘制拉伸形状,按照拉伸形状在平面上拉伸而形成。拉伸屋顶的轮廓是不能在楼层平面上进行绘制的。

建模思路:绘制参照平面→点击拉伸屋顶命令→选择工作平面→绘制屋顶形状线→完成屋顶→修剪屋顶。

单击"建筑"选项卡→"构建"面板→"屋顶"下拉列表→"拉伸屋顶"命令,如果初始视图是平面,则选择"拉伸屋顶"后,会弹出"工作平面"对话框。

拾取平面中的一条直线,则软件自动跳转至"转到视图"界面,在平面中选择不同的线,软件弹出的"转到视图"中的选择立面是不同的。

如果选择水平直线,则跳转至"南、北"立面;如果选择垂直线,则跳转至"东、西"立面;如果选择的是斜线,则跳转至"东、西、南、北"立面,同时三维视图均可跳转。

选择完立面视图后,软件弹出"屋顶参照标高和偏移"对话框,在对话框中设置绘制屋顶的参照标高以及参照标高的偏移值。

此时,可以开始在立面或三维视图中绘制屋顶拉伸截面线,无需闭合,如图 4 – 87 所示。绘制完后,需在"属性"框中设置"拉伸的起点/终点"(其设置的参照与最初弹出的"工作平面"选取有关,均是以"工作平面"为拉伸参照)、橡截面等,如图 4 – 88 所示;同时在"编辑类型"中设置屋顶的构造、材质、厚度、粗略比例填充样式等类型属性,完成后的屋顶平面图,如图 4 – 89 所示。

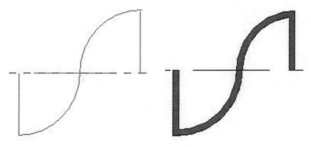

限制条件	≫
工作平面	<不关联>
房间边界	☑
与体量相关	☐
拉伸起点	400.0
拉伸终点	-400.0
参照标高	2F
标高偏移	0.0

图 4 – 87　屋顶拉伸截面线　　　　　　　图 4 – 88　设置拉伸起点与终点

图 4 – 89　参照平面

4.9.4　编辑拉伸屋顶

修剪屋顶主要是屋顶会延伸到最远处的墙体处,此时需要修剪墙体至一定长度,则需利用"连接/取消连接屋顶"命令调整屋顶的长度,如图 4 – 90 所示。

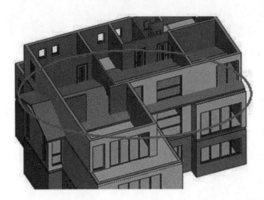

图4-90 编辑拉伸屋顶

本节学习了屋顶的创建方法。对于屋顶,可采用迹线、拉伸屋顶的方法绘制。其中对于迹线,除了常用的指定轮廓边界线坡度生成复杂坡屋顶,以及使用拉伸屋顶可生成任意形状的屋顶模型外,还可使用坡度箭头工具生成带坡度的图元。

4.10 扶手、楼梯的创建

本节采用功能命令和案例讲解相结合的方式,详细介绍了扶手、楼梯、台阶和坡道的创建和编辑的方法,同时结合实际项目中会遇到的各类问题进行分析。

4.10.1 创建楼梯和栏杆扶手

楼梯作为建筑垂直交通当中的主要解决方式,高层建筑尽管采用电梯作为主要垂直交通工具,但是仍然要保留楼梯供紧急时逃生之用。楼梯按梯段可分为单跑楼梯、双跑楼梯和多跑楼梯;梯段的平面形状有直线的、折线的和曲线的,楼梯的种类和样式多样。楼梯主要由踢面、踏面、扶手、梯边梁以及休息平台组成,如图4-91所示。

单击"建筑"选项卡→"楼梯坡道"面板→"楼梯"下拉列表→"楼梯(按草图)"命令(按草图比按构件绘制的楼梯修改更灵活),进入绘制楼梯草图模式,自动激活"修改|创建楼梯草图"上下文选项卡,选择"绘制"面板下的"梯段"命令,即可开始直接绘制楼梯。

1. 实例属性

在"属性"框中,主要需要确定"楼梯类型""限制条件""尺寸标注"三大内容,如图4-92所示。根据设置的"限制条件"可确定楼梯的高度(1F与2F间高度为4m),"尺寸标注"可确定楼梯的宽度、所需踢面数以及实际踏板深度,通过参数的设定软件可自动计算出实际的踏步数和踢面高度。

2. 类型属性

单击"属性"框中的"编辑类型",在弹出的"类型属性"对话框中,如图4-93所示,主要设置楼梯的"踏板""踢面""梯边梁"等参数。

完成楼梯的参数设置后,可直接在平面视图中开始绘制。单击"梯段"命令,捕捉平面上的一点作为楼梯起点,向上拖动鼠标后,梯段草图下方会提示"创建了10个踢面,剩余13个"。

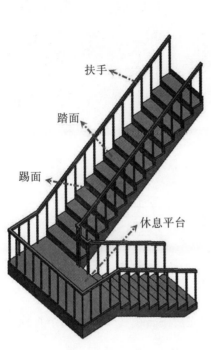

图 4-91 楼梯

图 4-92 楼梯的属性

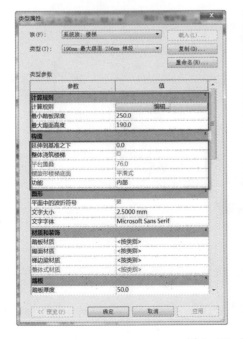

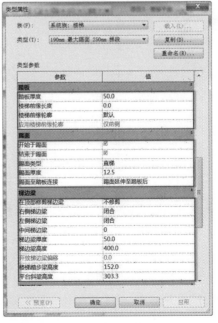

图 4-93 踏步设置

单击"修改|楼梯 编辑草图"上下文选项卡→"工作平面"面板→"参照平面"命令,在距离第 10 个踢面 1000mm 处绘制一根水平参照平面,如图 4 - 94 所示。捕捉参照平面与楼梯中线的交点继续向上绘制楼梯,直到梯段草图下方提示"创建了 23 个踢面,剩余 0 个"。

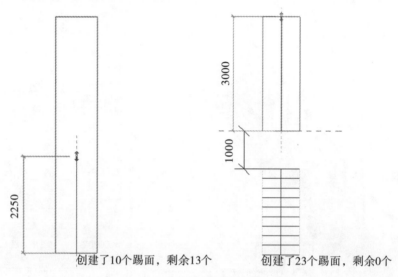

创建了10个踢面,剩余13个 创建了23个踢面,剩余0个

图 4 - 94　楼梯踏步设置

完成草图绘制的楼梯如图 4 - 95 所示,勾选"完成编辑模式",楼梯扶手自动生成,即可完成楼梯。

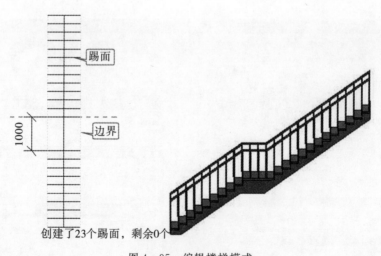

创建了23个踢面,剩余0个

图 4 - 95　编辑楼梯模式

楼梯扶手除了可以自动生成,还可单独绘制。单击"建筑"选项卡→"楼梯坡道"面板→"扶手栏杆"下拉列表→"绘制路径"/"放置在主体上"。其中放置在主体上主要用于坡道或楼梯。

对于"绘制路径"方式,绘制的路径必须是一条单一且连接的草图,如果要将栏杆扶手分为几个部分,请创建两个或多个单独的栏杆扶手。但是对于楼梯平台处与梯段处的栏杆是要断开的,如图4-96所示。

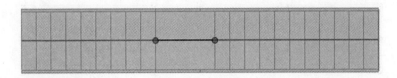

图4-96 绘制路径

对于绘制完的栏杆路径,需要单击"修改|栏杆扶手"上下文选项卡→"工具"面板→"拾取新主体",或设置偏移值,才能使得栏杆落在主体上,如图4-97所示。

图4-97 栏杆路径

4.10.2 编辑楼梯和栏杆扶手

1. 编辑楼梯

选中"楼梯"后,单击"修改|楼梯"上下文选项卡→"模式"面板→"草图绘制"命令,又可再次进入编辑楼梯草图模式。

单击"绘制"面板"踢面"命令,选择"起点-终点-半径弧"命令 ,单击捕捉第一跑梯段最右端的踢面线端点,再捕捉弧线中间一个端点绘制一段圆弧。

选择上述绘制的圆弧踢面,单击"修改"面板的"复制"按钮,在选项栏中勾选"约束"和"多个"。选择圆弧踢面的端点作为复制的基点,水平向左移动鼠标,在之前直线踢面的端点处单击放置圆弧踢面,如图4-98所示。

在放置完第一跑梯段的所有圆弧踢面后,按住Ctrl键选择第二跑梯段所有的直线踢面,按Delete键删除,如图4-99所示。单击"完成编辑"命令,即创建圆弧踢面楼梯。

🖋 小提示

楼梯需要采用按草图的方法绘制,楼梯按踢面来计算台阶数,楼梯的宽度不包含梯边梁,边界线为绿线,可改变楼梯的轮廓,踏面线为黑色,可改变楼梯宽度。

对于楼梯边界,类似地单击"绘制"面板上的"边界"命令进行修改。

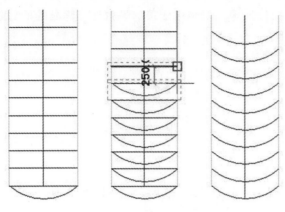

图4-98 放置圆弧踢面　　　　　　图4-99 创建圆弧踢面楼梯

2. 编辑栏杆扶手

完成楼梯后,自动生成栏杆扶手,选中栏杆,在"属性"栏的下拉列表中可选择其他扶手替换。如果没有所需的栏杆,可通过"载入族"的方式载入。

选择扶手后,单击"属性"框→"编辑类型"→"类型属性",如图4-100所示。

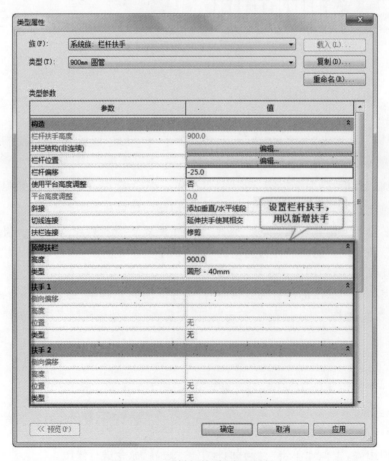

图4-100 "栏杆扶手"类型属性

（1）扶栏结构（非结构）：单击扶栏结构的"编辑"按钮，打开"编辑扶手"对话框，如图 4－101 所示。可插入新的扶手，"轮廓"可通过载入"轮廓族"载入选择，对于各扶手可设置其名称、高度、偏移、材质等。

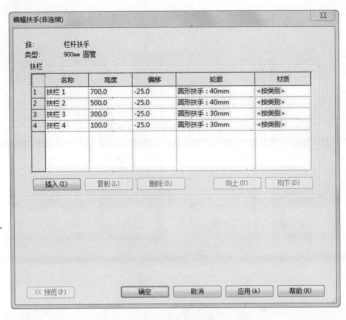

图 4－101 "编辑扶手"对话框

（2）栏杆位置：单击栏杆位置"编辑"按钮，打开"编辑栏杆位置"对话框，如图 4－102 所示。可编辑 900mm 圆管的"栏杆族"的族轮廓、偏移等参数。

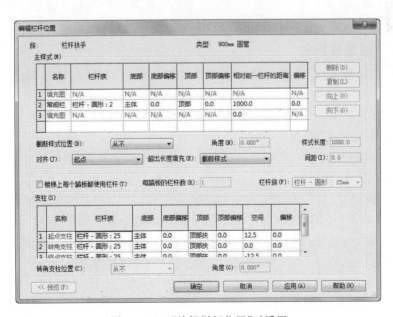

图 4－102 "编辑栏杆位置"对话框

(3)栏杆偏移：栏杆相对于扶手路径内侧或外侧的距离。如果为—25mm，则生成的栏杆距离扶手路径为 25mm，方向可通过"翻转箭头"控件控制，如图 4－103 所示。

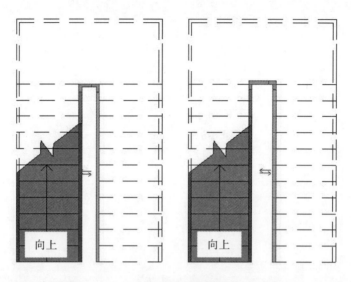

图 4－103　栏杆偏移

4.11　柱、梁的创建

本节主要讲述如何创建和编辑建筑柱、结构柱以及梁、梁系统、结构支架等，使读者了解建筑柱和结构柱的应用方法和区别。根据项目需要，某些时候需要创建结构梁系统和结构支架，比如对楼层净高产生影响的大梁等。大多数时候可以在剖面上通过二维填充命令来绘制梁剖面，示意即可。

4.11.1　创建柱构件

柱分为建筑柱与结构柱，建筑柱主要用于砖混结构中的墙垛、墙上突出结构，不用于承重。

单击"建筑"选项卡→"构建"面板→"柱"下拉列表→"建筑柱"/"结构柱"命令，或者直接单击"结构"选项卡→"结构"面板→"柱"命令。

在"属性"框的"类型选择器"中选择适合尺寸规格的柱子类型，如果没有相应的柱类型，可通过"编辑类型"→"复制"功能创建新的柱，并在"类型属性"框中修改柱的尺寸规格。如果没有柱族，则需通过"载入族"功能载入柱子族。

放置柱前，需在"选项栏"中设置柱子的高度，勾选"放置后旋转"则放置柱子后，可对放置柱子直接旋转。

特别对于"结构柱"，在弹出的"修改|放置 结构柱"上下文选项卡会比"建筑柱"多出"放置""多个""标记"面板，如图 4－104 所示。

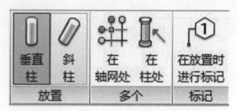

图 4－104　创建柱构件

绘制多个结构柱：在结构柱中，能在轴网的交点处以及在建筑中创建结构柱。进入到"结构柱"绘制界面后，选择"垂直柱"放置，单击"多个"面板中的"在轴网处"，在"属性"对话框中的"类型选择器"中选择需放置的柱类型，从右下向左上框选或交叉框选轴网，如图 4 - 105 所示。则框选中的轴网交点自动放置结构柱，单击"完成"则在轴网中放置多个同类型的结构柱，如图 4 - 106 所示。

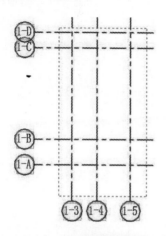 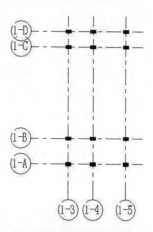

图 4 - 105　轴网设置(1)　　　　　图 4 - 106　轴网设置(2)

除此以外，还可在建筑柱中放置结构柱，单击"多个"面板中的"在柱处"，在"属性"对话框中的"类型选择器"中选择需放置的柱类型，按住 Ctrl 键可选中多根建筑柱，单击"完成"，则完成在多根建筑柱中放置结构柱。

4.11.2　创建梁构件

单击"结构"选项卡→"结构"面板→"梁"命令，则进入梁的绘制界面中，如果没有梁族，则需通过"载入族"方式从族库中载入。一般梁的绘制可参照 CAD 底图，新建不同的尺寸，单击并捕捉起点和终点来绘制梁。

在选项栏中可选择梁的放置平面，还可从"结构用途"下拉箭头中选择梁的结构用途或让其处于自动状态，结构用途参数可以包括在结构框架明细表中，这样便可以计算大梁、托梁、檩条和水平支撑的数量，如图 4 - 107 所示。

图 4 - 107　梁的绘制界面

勾选"三维捕捉"选项，通过捕捉任何视图中的其他结构图元，可以创建新梁。这表示可以在当前工作平面之外绘制梁和支撑。例如，在启用了三维捕捉之后，不论高程如何，屋顶梁都将捕捉到柱的顶部。勾选"链"后，可绘制多段连接的梁。

也可使用"多个"面板中的"轴网"命令，拾取轴网线或框选、交叉框选轴网线，点"完成"，系统自动在柱、结构墙和其他梁之间放置梁。

通过 Revit 可实现建筑工程师与结构工程师的模型相互参照,协同作业。若在当前实际项目建模过程中采用链接结构或其他模型形成完整的 BIM 模型,可实现跨专业协同作业。

4.12 其他构件的创建

4.12.1 绘制洞口

绘制洞口时,除了部分构件,如墙、楼板可"编辑边界"绘出洞口,还可使用"洞口"工具在墙、楼板、天花板、屋顶、结构梁、支撑和结构柱上剪切洞口。

单击"建筑"选项卡→"洞口"面板,均是洞口绘制的命令,包括:"按面""竖井""墙""垂直""老虎窗"。

(1)按面、垂直、竖井:主要用于创建一个垂直于屋顶、楼板或天花板选定面的洞口,均为水平构件,如图 4-108 所示。按面是针对某个平面,需在楼板、天花板或屋顶中选择一个面;垂直是也是针对选择整个图元;竖井则是在某个平面的垂直距离上均可被剪切。

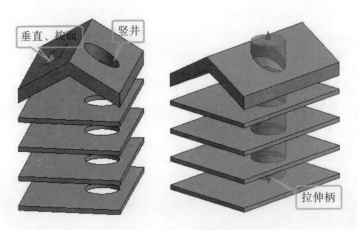

图 4-108 绘制洞口

对于"竖井"命令,可通过"拉伸柄"拉伸竖井的剪切长度。

(2)墙:主要用于创建墙洞口。如图 4-109 所示,选中绘制的"墙洞口",可通过"拉伸柄"控制洞口的大小。

(3)老虎窗:可以用于剪切屋顶,主要用于生成老虎窗。

4.12.2 台阶与坡道

Revit 中没有专用的"台阶"命令,可以采用创建在位族、外部构件族、楼板边缘甚至楼梯等方式创建各种台阶模型。本节讲述用"楼板边缘"命令创建台阶的方法。

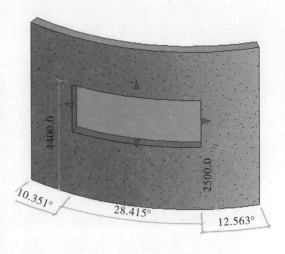

图 4-109 创建墙洞口

1. 绘制台阶

单击"建筑"选项卡→"构建"面板→"楼板"下拉列表→"楼板边"命令，直接拾取绘制好的板边界即可生成"台阶"。可通过"载入族"的方式载入所需的"楼板边缘族"。如图 4-110 所示。通过调整双向箭头可以修改楼板边的方向。

2. 绘制坡道

可以在平面视图或三维视图绘制一段坡道或绘制边界线和踢面线来创建坡道。与楼梯类似，可以定义直梯段、L 形梯段、U 形坡道和螺旋坡道。还可以通过修改草图来更改坡道的外边界。

图 4-110　绘制台阶

单击"建筑"选项卡→"楼梯坡道"面板→"坡道"命令，则在弹出的"修改|创建坡道草图"上下文选项卡中，可和楼梯一样，通过"梯段""边界""踢面"三种方式来创建坡道。

（1）实例属性。在"属性"对话框中，可设置坡道的"底部/顶部标高与偏移"以及坡道的宽度，如图 4-111 所示。"顶部标高"和"顶部偏移"属性的默认设置可能会使坡道太长。建议将"顶部标高"和"基准标高"都设置为当前标高，并将"顶部偏移"设置为较低的值。

（2）类型属性。单击"属性"框中"编辑类型"按钮，弹出"类型属性"对话框，如图 4-112 所示。

图 4-111　坡道属性设置

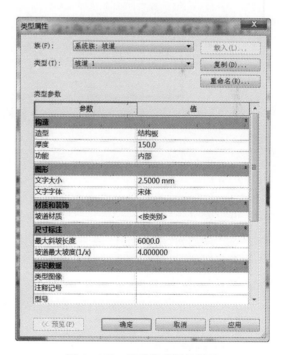

图 4-112　坡道类型属性设置

①厚度：只有在"造型"为"结构板"时才会亮显设置，如果为实体，则灰显。
②最大斜坡长度：指定要求平台前坡道中连续踢面高度的最大数量。

③坡道最大坡度(1/X):设置坡道的最大坡度。

4.12.3 设置场地

场地作为房屋的地下基础,要通过模型表达出建筑与实际地坪间的关系,以及建筑的周边道路情况。通过学习,将了解场地的相关设置与地形表面、场地构件的创建与编辑的基本方法和相关应用技巧。

单击"体量和场地"选项卡→"场地建模"面板→ ⬦ 按钮。在弹出的"场地设置"对话框中,可设置等高线间隔值、经过高程、自定义的等高线、剖面填充样式、基础土层高程、角度显示等项目全局场地设置,如图4-113所示。

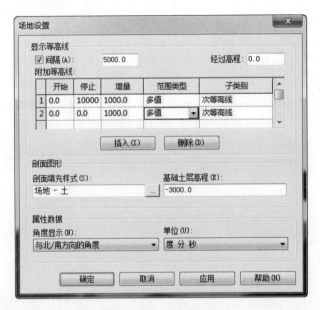

图4-113 场地设置

1. 创建地形表面、子面域与建筑地坪

(1)地形表面。

地形表面是建筑场地地形或地块地形的图形表示。默认情况下,楼层平面视图不显示地形表面,可以在三维视图或在专用的"场地"视图中创建。

单击打开"场地"平面视图→"体量和场地"选项栏→"场地建模"面板→"地形表面"命令,进入地形表面的绘制模式。

单击"工具"面板下"放置点"命令,在"选项栏"高程 0.0 绝对高程 ▾ 中输入高程值,在视图中单击鼠标放置点,修改高程值,放置其他点,连续放置则生成等高线。

单击地形"属性"框设置材质,完成地形表面设置。

(2)子面域与建筑地坪。

"子面域"工具是在现有地形表面中绘制的区域,不会剪切现有的地形表面。例如,可以使用子面域在地形表面绘制道路或绘制停车场区域。"子面域"工具和"建筑地坪"不同,"建筑地坪"工具会创建出单独的水平表面,并剪切地形,而创建子面域不会生成单独的地平面,而是在地形表面上圈定了某块可以定义不同属性集(例如材质)的表面区域,如图4-114

所示。

①子面域。

单击"体量和场地"选项卡→"修改场地"面板→"子面域"命令,进入绘制模式。用"线"绘制工具,绘制子面域边界轮廓线。

单击子面域"属性"中的"材质",设置子面域材质,完成子面域的绘制。

②建筑地坪。

单击"体量和场地"选项卡→"场地建模"面板→"建筑地坪"命令,进入绘制模式。用"线"绘制工具,绘制建筑地坪边界轮廓线。

在建筑地坪"属性"框中,设置该地坪的标高以及偏移值,在"类型属性"中设置建筑地坪的材质。

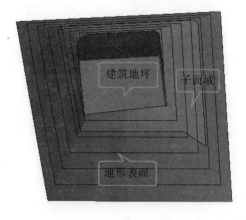

图 4-114 建筑地坪

2. 编辑地形表面

(1)编辑地形表面。

选中绘制好的地形表面,单击"修改|地形"上下文选项卡→"表面"面板→"编辑表面"命令,在弹出的"修改|编辑表面"上下文选项卡的"工具"面板中,如图 4-115 所示,可通过"放置点""通过导入创建""简化表面"三种方式修改地形表面高程点。

①放置点:增加高程点的放置。

②通过导入创建:通过导入外部文件创建地形表面。

③简化表面:减少地形表面中的点数。

图 4-115 编辑地形表面

(2)修改场地。

打开"场地"平面视图或三维视图,在"体量和场地"选项卡的"修改场地"面板中,包含多个对场地修改的命令。

①拆分表面:单击"体量和场地"选项卡→"修改场地"面板→"拆分表面"命令,选择要拆分的地形表面进入绘制模式。用"线"绘制工具,绘制表面边界轮廓线。在表面"属性"框的"材质"中设置新表面材质,完成绘制。

②合并表面:单击"体量和场地"选项卡→"修改场地"面板→"合并表面"命令,勾选选项栏 。选择要合并的主表面,再选择次表面,两个表面合二为一。

③建筑红线:创建建筑红线可通过两种方式。

单击"体量和场地"选项卡→"修改场地"面板→"建筑红线"命令,选择"通过绘制来创建"进入绘制模式,如图 4-116 所示。用"线"绘制工具,绘制封闭的建筑红线轮廓线,完成绘制。

另外也可选择"通过输入距离和方向角来创建",手动输入方向和距离。

图 4-116 创建建筑红线

专业实践篇

第5章　创建结构模型

教学导入

本章详细介绍结构 BIM 模型主要构件的创建、信息录入规则及构件之间的连接规则，是创建结构模型的基础和重点内容。

学习要点

- 掌握 Revit 中墙、洞口的创建、信息录入规则
- 掌握 Revit 中梁、柱的创建、信息录入规则
- 掌握 Revit 中板、楼梯、悬挑、斜撑的创建、信息录入规则
- 掌握 Revit 中钢结构、节点的创建、信息录入规则
- 掌握 Revit 中各构件间的连接规则
- 了解 Takla 软件中钢结构、节点的创建方式、属性及信息录入规则

5.1　墙、洞口

墙体是重要的结构构件，有"建筑墙"与"结构墙"之分，"建筑墙"主要起分割空间的作用，而"结构墙"主要起承重或围护作用。墙体刚度较大，且重量在民建结构中所占比例能达到 40% 左右，对结构在地震作用下的承载力与变形能力影响显著，因此合理选择墙体的材料、类型、结构方案十分必要。

5.1.1　墙体族类型

墙体在 Revit 中属于系统组，不能进行编辑族操作，也就是无法通过"族参数"添加信息，只能通过"项目参数"的方法编辑信息。Revit 将墙体分为"结构墙"与"建筑墙"，"结构墙"的"结构"参数处于勾选状态，而非结构墙则处于非勾选状态，可通过"建筑墙"属性栏勾选"结构"将其转换为"结构墙"。

结构中的墙体依据交互方式可以有不同的类型划分方式，例如，依据墙体的位置可以将墙体分为外墙与内墙，依据受力方式可以分为承重墙与非承重墙，依据施工方法可以分为块材墙、板筑墙与板材墙，等等。

Revit 中提供了 3 种墙体族：基本墙、叠层墙和幕墙。基本墙通常由单一材质或几种材质共同砌筑而成，如普通砖墙、混凝土墙、钢筋混凝土墙等，是结构中应用最为广泛的一种墙体族；叠层墙由不同厚度或不同材质的基本墙组合而成，因此在构建叠层墙之前需定义多个基本墙；幕墙由结构框架与镶嵌板材组成，不承担楼板与屋顶荷载。

5.1.2　墙族命名及信息录入规则

1. 结构墙的创建

Revit 中的墙体族模型不仅显示墙体形状，还能够编辑墙体的详细做法与参数，为便于

区分,可对不同类型的墙体进行命名。

点击"结构"选项卡→"墙"下拉菜单→"墙:结构",如图 5-1 所示。

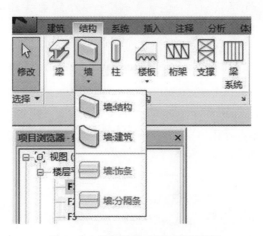

图 5-1　结构墙体布置选择流程

由于结构墙体是系统族文件,不能通过加载族的方式添加到项目中,只能通过复制来创建新的墙类型。在"属性"面板中单击墙体类型选择,选择"基本墙"列表中的"砖墙 240mm",如图 5-2 所示。

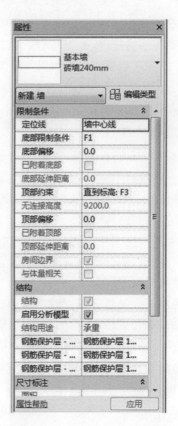

图 5-2　选择墙类型

　　在"属性"面板中单击"编辑类型"按钮,打开对话框,然后点击"复制"按钮,在打开的"名称"对话框中输入"教学楼-外墙",单击"确定"按钮完成墙体命名。如图5-3所示。

　　完成墙体命名后,在"编辑类型"对话框中点击"编辑"按钮,在弹出的"编辑部件"对话框中,可以给墙体添加结构层或非结构层,并更改各层的功能、材质与厚度,以及各层的顺序,如墙体为剪力墙,可在材质选项中选择"钢筋混凝土",如图5-4所示。

图5-3　墙体族命名　　　　　　　　　图5-4　墙体特性选项卡

　　选择已命名的墙体,在"修改|放置 结构墙"选项卡"绘制"中可以布置墙体,墙体的放置有3种方式:"形状绘制""拾取线""拾取面",如图5-5所示。前9个图标均为绘制,可以直接绘制出不同形状的墙体,均可按空格键翻转方向,默认为直线绘制;第10个图标为"拾取线",可以沿着指定的线放置墙体,这里的线可以是模型线、参照平面或图元边缘;最后一种为"拾取面",可以将墙体放置在图形中指定的体量面或常规模型面上。

图5-5　墙体放置

点击绘制墙体的图标后,需完成状态栏相应的设置,如图5-6所示。

| 修改 \| 放置 结构墙 | 高度: ▾ | F3 ▾ | 9200.0 | 定位线: 墙中心线 ▾ | ☑ 链 偏移量: 0.0 | ☐ 半径 1000.0 |

图5-6 墙体放置选项卡

①Revit提供两种墙体布置方式:"深度"和"高度","深度"是自标高向下布置,"高度"是自标高向上布置。一般建议选择"高度"布置墙体,符合自下而上的传统习惯。

②定位线:选择所布置墙体结构的特殊线作为墙体布置的定位线。

③链:勾线"链"后,可以连续布置墙体。

④偏移量:墙体布置时偏移定位线的距离值。

⑤半径:勾选"半径"后,绘制两段墙体将以输入半径值的弧相连。

2. 墙族信息录入规则

结构墙的属性面板中各参数的录入规则如下:

(1)限制条件。

①定位线:确定墙体布置的定位线,不随墙体类型变化而变化。

②底部限制条件:确定墙体底部的参照标高。

③底部偏移:指定墙体底部偏移底部定位标高的距离。

④已附着底部:墙体是否附着于其他构件,不可编辑。

⑤底部延伸距离:墙层底部移动的距离。

⑥顶部约束:用于设置墙体顶部标高或"未连接"。

⑦无连接高度:该选项与"顶部约束"关联,当"顶部约束"选择"未连接"时,可指定墙体的无连接高度。

⑧顶部偏移:该选项与"顶部约束"关联,当"顶部约束"选择"标高"时,可指定墙体距离顶部标高的偏移。

⑨已附着顶部:墙体是否附着于其他构件。

⑩顶部延伸距离:墙层顶部移动的距离。

⑪房间边界:说明墙体是否是房间边界的一部分。

⑫与体量相关:不可编辑。

(2)结构。

①结构:墙体为结构图元,获得一个分析模型。

②启用分析模型:显示分析模型,并将其包含在计算分析中。

③结构用途:墙体的结构用途。

④钢筋保护层-外部面:墙体外部的钢筋保护层的厚度。

⑤钢筋保护层-内部面:墙体内部的钢筋保护层的厚度。

⑥钢筋保护层-外部面:墙体与邻近图元之间的钢筋保护层的厚度。

5.1.3 墙与其他构件连接规则

构件之间的连接,应考虑结构类型、设计原则与构件受力状态,同时考虑构件连接状态对软件分析结构的影响。常见的与墙相连的结构构件有梁、柱与板。

（1）墙与梁相连：对于框架结构，墙体主要起分割与维护作用，因此当墙与梁在同一竖向平面内时，墙与梁的连接规则应是梁断墙。

（2）墙与柱相连：对于框架结构，框架柱为主要受力构件，因此墙与柱的连接规则是柱断墙；对于框架剪力墙结构，考虑到配筋时不能单独对某片墙添加配筋，因此墙与柱的连接规则也是柱断墙。

（3）墙与板相连：在剪力墙结构中，墙体既承受竖向荷载也承受水平荷载，其重要性要大于板，因此墙与板的连接规则应是墙断板。

当墙体连续布置时，可能与其他构件相连时的规则会不符合上述要求，可通过"修改|放置 结构墙"选项卡中"几何图形"中的"连接"下拉菜单，点击"切换连接顺序"修改构件的连接规则，如图 5-7 所示。

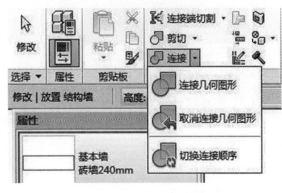

图 5-7　构件连接规则修改

以墙与柱相连为例，图 5-8 为连续布置的墙与柱相连的情形，其连接规则是墙断柱，不符合要求，选择该墙体，在"修改|墙"选项卡中"几何图形"中的"连接"下拉菜单，点击"切换连接顺序"，然后先点击左边柱，再点击墙，便可更改墙与柱的连接规则，实现柱断墙，如图 5-9 所示。

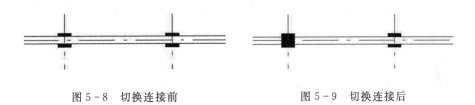

图 5-8　切换连接前　　　　　　　　图 5-9　切换连接后

5.1.4　洞口创建方法分类

Revit 提供了 5 种墙体洞口创建的方法，可以依据墙体类型与洞口形状来选择快捷的创建方法。

（1）绘制洞口法。墙体洞口创建流程："结构"命令面板→"洞口"面板→"墙"按钮，如图 5-10 所示。然后选择开洞的墙体，绘制洞口的大小，通常此命令在立面或者三维视图中操作，可以先大概确定洞口位置与尺寸，再通过尺寸数据更改洞口大小与位置，也可以通过"属性设置"确定洞口大小与位置，如图 5-11 与图 5-12 所示。此方法仅适用于直墙和弧形墙体。

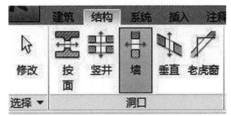

图 5-10　墙体开洞操作

127

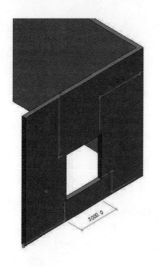

图 5-11　修改标注尺寸

图 5-12　洞口属性设置

（2）编辑轮廓法。墙体洞口创建流程：选择要开洞的墙体，状态栏显示"修改|墙"命令面板→"模式"面板→点击"编辑轮廓"按钮→"绘制"面板→选择洞口形状按钮→绘制洞口→调整位置→点击✔按钮完成，如图 5-13 所示。

图 5-13　编辑轮廓法操作流程

绘制洞口时，将出现草图界面，如图 5-14 所示，完成后，如图 5-15 所示。

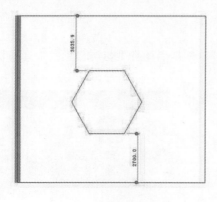

图 5-14　修改标注尺寸

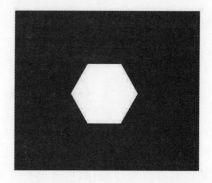

图 5-15　洞口属性设置

此方法仅对直墙段适用，且洞口的轮廓线不得与墙体边界线重合。

（3）内置洞口法。墙体洞口创建流程："结构"命令面板→"模型"面板→"构件"下拉菜单→点击"内建模型"→"族类别和族参数"对话框→选择"墙"→定义墙名称→"创建"命令面板

→"模型"菜单→点击"洞口"→选择墙体→绘制洞口→点击✔完成洞口创建。操作如图5-16至图5-20所示。

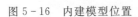

图5-16　内建模型位置

图5-17　族类别选择

图5-18　开洞命令

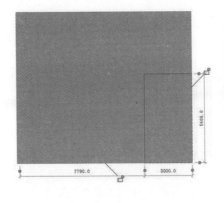

图5-19　草图编辑洞口位置

图5-20　洞口创建完成

此方法仅适用于直墙,但不受墙体边界约束,可在墙体边界开洞。

(4)空心拉伸法。洞口创建流程:"结构"命令面板→"模型"面板→"构件"下拉菜单→点击"内建模型"→"族类别和族参数"对话框→选择"墙"→定义墙名称→"创建"命令面板→"形状"面板→"空心形状"下拉菜单→点击"空心拉伸"→设置平面视图→绘制空心构件平面轮廓→设定空心构件拉伸范围→点击✔完成洞口创建。操作如图5-21至图5-26所示。

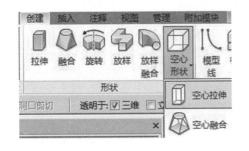

图5-21　"空心拉伸"命令

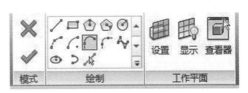

图5-22　"设置"命令

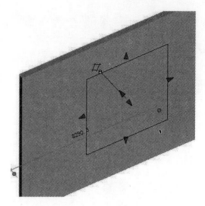

图 5-23 拾取平面　　　　　　　　图 5-24 绘制洞口形状

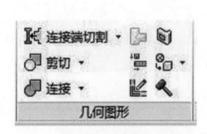

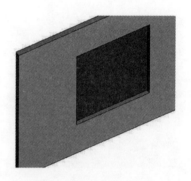

图 5-25 剪切操作　　　　　　　　图 5-26 完成洞口创建

此方法适用任何墙体,尤其适合弧形墙。

(5)空心窗族法。可以通过载入一个无实体窗的窗族对墙体开洞,Revit 系统自带"公制窗"族,可在"类型属性"中设置洞口大小。

5.2　梁、柱

在建筑结构中,梁和柱是主要的结构构件,能够承担竖向荷载与水平荷载。Revit 中,依据不同材质,结构构件分为钢构件、混凝土构件、木构件、轻型钢构件与预制混凝土构件 5 种类别,本节主要介绍混凝土构件。

5.2.1　梁、柱族类型

结构梁在端部主要承受剪力作用,而在跨中主要承受弯矩作用,因此必须具有足够的抗弯与抗剪强度。依据截面形状与组成部分,结构梁族可分为混凝土矩形梁、混凝土异形梁与组合梁。其中,混凝土矩形梁应用最为广泛;混凝土异形梁多为上宽下窄的梯形梁;组合梁多指型钢混凝土梁,组合梁截面的组成比较灵活,使得材料利用率高,也更为合理。

结构柱在端部剪力与弯矩值均较大,因此必须具有足够的抗弯与抗剪强度。依据截面形状与组成部分,可以将结构柱族分为混凝土矩形柱、混凝土异形柱、钢管混凝土柱、型钢混凝土柱。其中,混凝土矩形柱应用最为广泛,截面形状主要有矩形、圆形和正方形;混凝土异形柱的种类较多,如 L 形、T 形、工字形、十字形等;钢管混凝土柱有圆形与方形两种截面形式;型钢混凝土柱主要有 H 形、格构式、箱型等不同形式。

5.2.2 梁、柱族命名及信息录入规则

1. 柱族命名及信息录入规则

Revit 中柱分为结构柱与建筑柱,建筑柱主要展示柱子的装饰外形与非核心层类型,而结构柱是主要的结构构件,可在其属性中输入相关的结构信息,也可以绘制三维钢筋。Revit 中建筑柱可以直接套在结构柱上,而结构柱只服务于结构分析与施工。

(1)柱族命名。结构柱族属于可载入族,系统自带了常见的结构柱类型与截面形式,用户还可以依据需求创建结构柱族。

结构柱命令:"结构"命令面板→"结构"面板→"柱"→"属性"面板→选择结构柱类型,如图 5 - 27 和图 5 - 28 所示。

以混凝土矩形柱为例,点击"属性"面板中的"编辑类型",在"编辑类型"对话框中点

图 5 - 27 结构柱命令

击"复制"按钮,在弹出的对话框中输入所创建的结构柱名称,如"教学楼柱 450mm ×450mm",完成结构柱命名,如图 5 - 29 和图 5 - 30 所示。

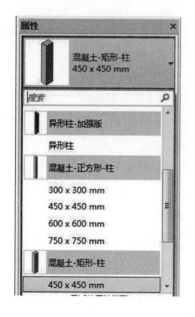

图 5 - 28 结构柱类型选择

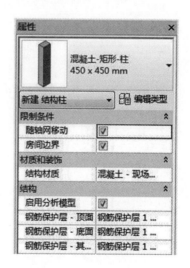

图 5 - 29 编辑类型命令

点击"确定"后,可以修改结构柱截面的尺寸,如将结构柱截面尺寸设为 450mm 的方柱,如图 5 - 31 所示。

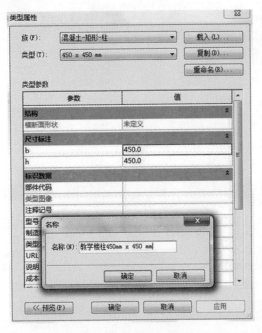
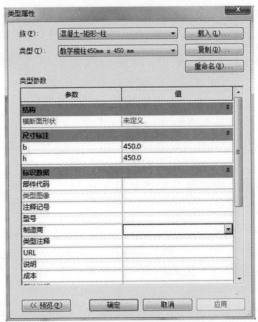

图5-30 结构柱命名　　　　　　　图5-31 更改结构柱截面尺寸

（2）载入系统自带的结构柱。载入系统自带的结构柱有3种方法：

①"属性"面板→"编辑类型"→"类型属性"→"载入"→"结构"→"柱"→选择所需的结构柱类型；

②"插入"选项卡→"从库中载入"面板→"载入族"→"结构"→"柱"→选择所需的结构柱类型；

③"应用程序菜单"→"打开"→"族"→"创建"→"族编辑器"→"载入到项目"→"结构"→"柱"→选择所需的结构柱类型。

3种方法的操作流程如图5-32和图5-33所示。

图5-32 载入结构柱的3种方法

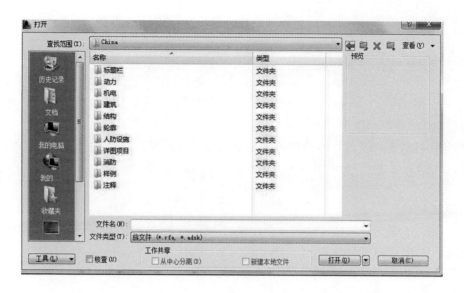

图 5 - 33　载入文件

(3)结构柱的布置。结构柱的布置方式有 2 种:垂直柱与斜柱。

①布置垂直柱。启动结构柱命令→"修改|放置结构柱"选项卡→"放置"面板→"垂直柱",如图5 - 34 所示,系统默认为垂直柱。完成选项卡,如图 5 - 35 所示。"深度"表示自标高向下布置,"高度"表示自标高向上布置。选择"未连接"需输入结构柱的长度数值,不能为 0 或负值。

图 5 - 34　布置垂直柱命令

图 5 - 35　垂直柱选项卡

在轴网交点处布置结构柱,如图 5 - 36 所示。

②布置斜柱。启动结构柱命令→"修改|放置结构柱"选项卡→"放置"面板→"斜柱",如图 5 - 37 所示。

图 5 - 36　布置垂直柱

图 5 - 37　布置斜柱

在选项卡中,需要输入斜柱的起点"第一次单击"与终点"第二次单击",两个位置点不能重合,"三维捕捉"表示在三维视图中捕捉斜柱的起止点,如图5-38所示。

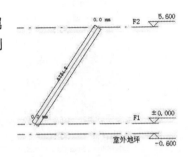

图5-38 斜柱选项卡

斜梁的布置效果如图5-39所示。

(4)结构柱的信息录入。结构柱的信息录入主要通过属性面板,如图5-40所示,属性面板中的结构柱参数录入规则如下:

①限制条件。

柱定位标记:确定结构柱在轴网上的位置。

底部标高:柱底部标高约束。

底部偏移:指定柱底部偏移底部定位标高的距离。

顶部标高:柱顶部标高约束。

顶部偏移:指定柱顶部偏移顶部定位标高的距离。

图5-39 布置斜柱效果

柱样式:修改柱布置的类型,如"垂直""倾斜-端点控制""倾斜-角度控制"。

随轴网移动:将柱位置约束改为随轴网位置变化而变化。

房间边界:将柱的约束条件更改为房间边界。

②材质与装饰。

结构材质:选用的材质。

③结构。

启用分析模型:显示分析模型,并将其包含在计算分析中。

结构用途:墙体的结构用途。

钢筋保护层-顶面:柱顶的钢筋保护层的厚度。

钢筋保护层-底面:柱底的钢筋保护层的厚度。

钢筋保护层-其他面:柱与其他图元之间的钢筋保护层的厚度。

顶部连接:钢柱顶部抗弯或抗剪连接符号的可见性。

底部连接:钢柱底部抗弯或抗剪连接符号的可见性。

④尺寸标注。

体积:柱的体积,只读,不可编辑。

⑤标识数据。

创建的阶段:创建柱的阶段。

拆除的阶段:拆除柱的阶段。

图5-40 柱的属性

2. 梁族命名及信息录入规则

(1)梁族命名。Revit中结构梁族也属于可载入族,系统自带了常见的结构梁类型与截面形式,用户还可以依据需求创建结构梁族。

结构梁命令:"结构"命令面板→"结构"面板→"梁",如图5-41所示。

图5-41 结构梁命令

以混凝土矩形梁为例,点击"属性"面板中的"编辑类型",在"编辑类型"对话框中点击"复制"按钮,在弹出的对话框中输入所创建的结构柱名称,如"教学楼梁 200mm×500mm",完成结构柱命名,点击"确定"按钮后,可以修改结构柱截面的尺寸,如将结构柱截面尺寸设为 200mm×500mm 的矩形梁,如图 5-42 所示。

图 5-42　结构梁命名

(2)载入系统自带的结构梁。类似结构柱的载入,系统自带的结构梁载入有 3 种方法:

①"属性"面板→"编辑类型"→"类型属性"→"载入"→"结构"→"梁"→选择所需的结构梁类型;

②"插入"选项卡→"从库中载入"面板→"载入族"→"结构"→"梁"→选择所需的结构梁类型;

③"应用程序菜单"→"打开"→"族"→"创建"→"族编辑器"→"载入到项目"→"结构"→"梁"→选择所需的结构梁类型。

(3)结构梁的布置。结构梁的布置方式:启动结构梁命令→"修改|放置梁"选项卡→选择梁的布置方式,绘制或者放置多个梁在轴网上,如图 5-43 所示,系统默认为直线布置。完成选项卡,如图 5-44 所示。"放置平面"系统自动依据当前平面标高确定该平面,不需要修改;"结构用途"确定梁在结构中的作用;勾选"三维捕捉"可在三维视图中捕捉到已有图元上的点;勾选"链"可以连续布置梁。

图 5-43　布置梁命令

图 5-44　布置梁选项卡

选择梁的起止点,布置结果如图 5-45 所示。

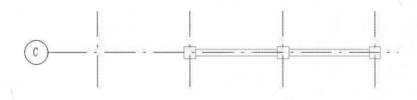

图 5-45　结构梁布置效果

5.2.3 梁、柱与其他构件连接规则

梁、柱与墙的连接规则见5.1.3,与其他构件的连接规则如下:

(1)梁与柱连接:结构的抗震设计理念为"强柱弱梁",且柱截面刚度通常远大于梁的截面刚度,因此梁与柱相连时,应是柱断梁。

(2)梁与板相连:考虑到梁的高度对梁的刚度与抗弯能力影响显著,梁与板连接应是梁断板。

(3)柱与板相连:考虑到柱自下而上的连续性,柱与板相连应是柱断板。

5.3 板、楼梯、悬挑、斜撑

楼板主要被视为竖向受力构件,其作用是将竖向荷载传递给梁、柱、墙。在水平力作用下,楼板对结构的整体刚度、竖向构件和水平构件的受力都有一定的影响。楼梯的基本要求是有足够的通行能力,以满足人们在平时和紧急状态时通行和疏散,同时还应有足够的承载能力,并用应满足坚固、耐磨、防滑等要求。悬挑、斜撑也作为受力构件在结构中起到支撑传力的作用。

5.3.1 板、悬挑、斜撑族类型

Revit 中有 3 种类型的族:系统族、可载入族、内建族。

系统族:可以创建要在建筑现场装配的基本图元,能够影响项目环境且包含标高、轴网、图纸的系统设置也是系统族。系统族是 Revit 中预定义的,不能将其从外部文件中载入到项目中,也不能将其保存到项目之外的位置。

可载入族:用于创建如建筑和结构中能购买、提供并安装在建筑内和建筑周围的建筑构件。例如门、窗、家具和植物等。

内建族:内建图元是需要创建当前项目专有的独特构件时所创建的独特图元,可以创建几何图形,以便它可参照其他项目几何图形,使其在所参照的几何图形发生变化时进行相应大小调整和其他调整。

以下以系统族为例介绍。

1. 板的族类型

板的族类型包括:建筑楼板、结构楼板、面楼板、楼板边缘,如图5-46所示。

2. 悬挑族类型

悬挑族类型包括:雨篷、阳台、挑廊等。

3. 斜撑族类型

斜撑族类型包括:钢、轻型钢、混凝土、木材等。

5.3.2 楼梯族类型

(1)现场浇注楼梯族类型:整体式楼梯、整体式楼梯-带踏板踢面、整体式楼梯-无踏板踢面。

图5-46 楼板的族类型

(2)组合楼梯:梯段-梯段楼梯、工业装配楼梯等。如图5-47所示。

(3)预浇注楼梯:预浇注楼梯。

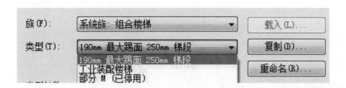

图 5-47　组合楼梯族类型

5.3.3　楼梯族命名及信息录入规则

为了方便项目的协同、文件的快速查找和保存,企业宜根据自身工作习惯,制定统一的命名规则。命名可采用分类编码的方式,定制多个关键字段,以便后续的查询和统计。

系统(可选):在各专业下细分的子系统类型。

描述(可选):描述性字段,用于说明文件中的内容。避免与其他字段重复。此信息可用于解释前面的字段,或进一步说明所包含数据的其他方面。

族命名的一般规则如下:

①文件命名以扼要描述文件内容,简短、明了为原则;

②命名方式应有一定的规律;

③可用中文、英文、数字等计算机操作系统允许的字符;

④不要使用空格;

⑤可使用字母大小写方式、中划线"-"或下划线"_"来隔开单词。

1. 楼梯命名规则

楼梯系统族命名:系统自带的楼梯族一般以楼梯的形式及做法命名。例如:"整体浇注楼梯":现场浇注整体式楼梯。如图 5-48 所示。

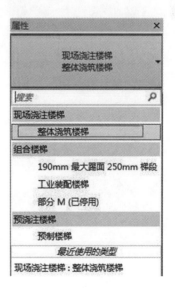

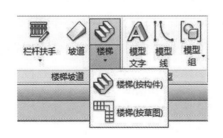

图 5-48　楼梯系统族命名

用户可以根据需要自行命名楼梯:"编辑类型"→"复制/重命名"→"名称"→输入新的楼梯名及楼梯参数。如,150mm＊300mm 梯段－带梯边梁:最大踢面宽度为150mm,最小踏板深度为300mm的带梯边梁的楼梯。如图5-49和图5-50所示。

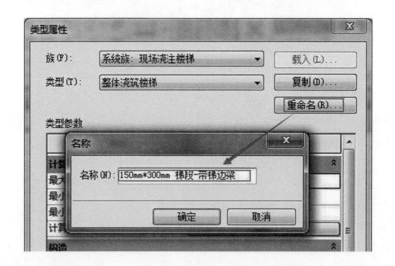

图5-49　楼梯命名修改

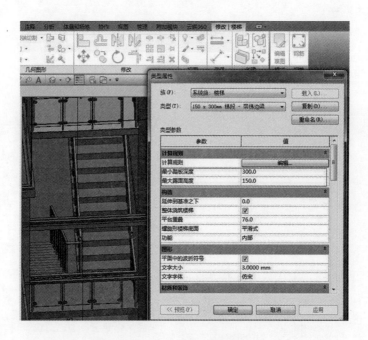

图5-50　楼梯命名实例

2. 楼梯信息参数设置

楼梯的主要参数设置规则:录入楼梯最大梯面高度、最小踏板深度和最小梯段宽度,选择梯段类型、平台类型、功能和支撑及支撑类型,如图5-51所示。

图 5 - 51　楼梯信息录入规则

3. 楼梯的连接及使用规则

（1）楼梯与其他构件之间的空间关系规则：楼梯的踢面宽度、踏步深度和梯段宽度总尺寸要满足楼梯洞口的尺寸。楼梯与层间的空间关系如图 5 - 52 和图 5 - 53 所示。

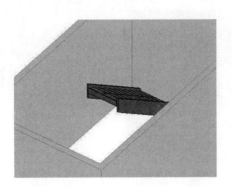

图 5 - 52　楼梯与层间的空间关系

图 5 - 53　楼梯与层间的空间关系"警告"

（2）专业间交叉设计的建模重用规则：可以有效提高模型的重用率，保证模型信息的一致性，提高设计效率，减少重复劳动。结构专业可以复用建筑专业的楼梯。

如果 BIM 建模软件中无法创建时，则为具有特殊形状的楼梯、踏板和坡道创建物件。如果有需求，则楼梯平台及阶梯平台可以板来创建。在这种情况下，定义它们对应的"类型"。

5.3.4 板、悬挑、斜撑族命名及信息录入规则

1. 板的命名规则

板的命名可包括类型名称、类型、材质、总厚度等字段，还可以包括内外层面厚度、结构层厚度、描述等字段。

楼板：以 Revit 平台为例。

格式：＜楼层＞-＜使用位置＞-＜结构材质＞-＜厚度＞。

样例"F2-阳台楼板-混凝土-200mm"代表使用于二层阳台的楼板为 200mm 厚混凝土构件，如图 5-54 所示。

2. 板的信息录入规则

编辑结构参数功能材质等。板顶高度＝结构楼面标高，如果高程、厚度、跨度方向以及材料不同，则需放置多重板。结构板的底面应显露出来。当板上有斜坡或板有特殊形状，而 BIM 建模软件没有功能来创建这样的板，则使用其他工具创建板的形状并定义"类型"为"板"。

3. 支撑的命名规则

格式：＜构件＞＜支撑＞＜材质＞。

样例："屋盖支撑热轧 H 型钢"代表用于屋盖的型钢支撑（加强屋盖的空间刚度，保证屋盖的稳定，传递风荷载），如图 5-55 所示。

图 5-54 楼板命名样例

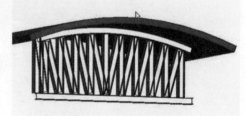

图 5-55 屋盖支撑样例

"柱间支撑焊接型钢"代表用于柱间的焊接型钢支撑（加强纵向刚度和稳定性，承受并传递纵向水平荷载至基础），如图 5-56 所示。

4. 斜撑信息录入规则

可以在平面视图或框架视图中添加支架。支架会将其自身附着到梁和柱上，并根据建筑设计中的修改进行参数化调整。

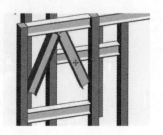

图 5-56 柱间支撑样例

5.3.5 板、悬挑、斜撑与其他构件连接规则

1. 板与墙连接规则

板与墙连接包括板与墙中心线连接、板与墙外边缘连接和板与墙内边缘连接。

(1)板与墙中心线连接:绘制板时若选用"拾取墙"时可选择"延伸到墙中(至核心层)"测量到墙的中心线,如图5-57所示。图5-58和图5-59为墙是否附着到楼板底部的对比效果。

图5-57 绘制楼板

图5-58 墙附着到此楼板的底部   图5-59 墙未附着到此楼板的底部

(2)板与墙外边缘连接:绘制楼板时选取墙外边缘为轮廓线。图5-60和图5-61分别为板与墙外边缘连接的平面视图和三维视图。

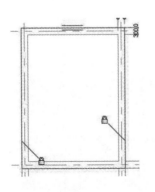

图5-60 板与墙外边缘连接平面视图   图5-61 板与墙外边缘连接三维视图

(3)板与墙内边缘连接:绘制楼板时选取墙内边缘为轮廓线。图5-62和图5-63分别

为板与墙内边缘连接平面视图和三维视图。

图 5-62　板与墙内边缘连接平面视图　　图 5-63　板与墙内边缘连接三维视图

2. 板与梁柱连接规则

默认为梁柱嵌在板内部。绘制楼板时自动剪切重合部分,避免工程量的重复计算,如图 5-64 所示。

 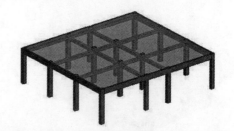

图 5-64　板与梁柱连接

3. 悬挑与其他构件连接规则

如绘制挑廊或阳台时直接将其与相邻楼板连接形成整体,保证楼板的整体稳定性,如图 5-65 所示。

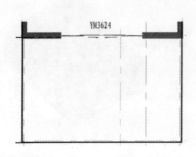 

图 5-65　悬挑阳台与楼板连接

4. 斜撑与其框架连接规则

可以在平面视图或框架立面视图中添加支架。支架会将其自身附着到梁和柱,并根据建筑设计中的修改进行参数化调整。设置之后如要更改梁和柱的位置,则附着在其上的支撑也会随之变动(如图 5 - 66 至图 5 - 69 所示)。

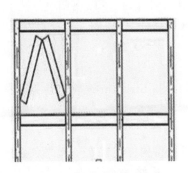

图 5 - 66 框架斜撑平面试图

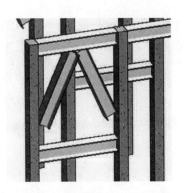

图 5 - 67 框架斜撑三维视图

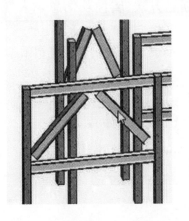

图 5 - 68 斜撑随柱位置的改变而改变

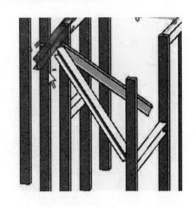

图 5 - 69 斜撑随梁位置的改变而改变

5.4 钢结构、节点

钢结构是主要由钢制材料组成的结构,是主要的建筑结构类型之一。结构主要由型钢和钢板等制成的钢梁、钢柱、钢桁架等构件组成,各构件或部件之间通常采用焊缝、螺栓或铆钉连接。因其自重较轻,且施工简便,广泛应用于大型厂房、场馆、超高层等领域。

本书中钢结构部分我们采用 Tekla 软件进行讲解。

5.4.1 钢结构零件、焊缝、螺栓、构件

1. 零件

Tekla 中钢结构零件的类型包括:①柱;②梁;③折梁;④曲梁;⑤多边形板;⑥正交梁;⑦双截面。

2. 焊缝

在零件间创建焊接命令用于组成构件。构件始终由一个主零件和一个或多个次零件构成。焊接顺序决定了构件的哪个零件将成为主零件。在创建焊缝时，需要先选取主零件，然后选取次零件。

3. 螺栓

可以创建单个螺栓组或应用自动创建螺栓组的组件，也可以在图纸中为孔和螺栓创建不同的零件标记。创建孔时，不能使用螺栓零件(如螺杆、垫圈以及螺母)，因为 Tekla Structures 将使用同一命令创建螺栓和孔。

4. 构件

使用工厂焊缝或螺栓将零件连接在一起时，Tekla Structures 将创建钢结构零件的基本构件。在下列情况下将自动定义构件及其主零件：创建单个工厂焊缝或螺栓；应用创建工厂焊缝或螺栓的自动节点。

也可以通过向现有的构件中添加子构件或通过将构件连接在一起来创建嵌套构件。钢构件中的主零件上可以有通过焊接或螺栓连接与其连接的其他零件。默认情况下，主零件不与其他任何零件焊接或螺栓连接。可以更改构件中的主零件。

5.4.2 钢结构零件、焊缝、螺栓、构件创建方式、属性及信息录入规则

1. 创建钢结构零件

可以通过使用钢工具栏中的图标或从建模菜单中选择命令来创建钢结构零件，如图5-70所示。钢结构工具栏各项图标说明如表5-1所示。

图 5-70 钢工具栏

表 5-1 钢结构零件

图标	命令	说明
	柱	在选取的位置创建一根钢柱
	梁	在两个选取点间创建一根钢梁
	折梁	创建由直线段与曲线段构成的钢梁
	曲梁	创建一根钢梁，其半径由选取的三点定义
	多边形板	根据选取位置所形成的轮廓来创建一个多边形板
	正交梁	在选取的位置创建一根与工作平面正交的钢梁
	双截面	在两个选取的点之间创建一个双截面，一个双截面由两根梁构成

(1)创建方式。

①创建钢柱。单机创建柱 █ 图标,选取要创建柱的点。

②创建钢梁。使用创建梁命令可以创建钢梁、压缩筋、抗风支撑、板和管子。要创建钢梁,请执行以下操作:单击创建梁 ▆ 图标;选取起点;选取终点。即会创建梁。

③创建钢折梁。折梁是通过多个点的零件。要创建钢折梁,请执行以下操作:单击创建折形梁 ◤ 图标;选取要让梁通过的点;双击端点,或单击鼠标中键完成选取。即会创建折梁。

④创建钢曲梁。曲梁是通过三点的梁。曲梁的半径自动根据选取的点进行计算。要创建钢曲梁,请执行以下操作:单击创建曲梁 ◢ 图标;选取起点;选取弧上的一点;选取终点。即会创建钢曲梁。

⑤创建多边形钢板。多边形板是任意形状的板。要创建多边形钢板,请执行以下操作:单击创建多边形板 ◗ 图标;选取起点;选取多边形板上的点;再次选取起点创建多边形板。如图5-71所示。

设置多边形板方向时可以将多边形板的主轴设置成沿着由选取的第一个点和第二个点形成的线,这样可以在图纸和报告中手工定义板方向。

要设置多边形板方向,请执行以下操作:

a.创建多边形板。选取的第一个点和第二个点定义板的主轴,如图5-72所示。

b.双击板打开多边形板属性对话框。

c.单击"用户定义属性…"按钮,然后转到方向选项卡。

d.从主轴方向列表中选择从1向2创建点,如图5-73所示。

图5-71 多边形板(1)

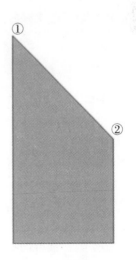

图5-72 多边形板(2)

图 5-73 选择主轴方向

e.单击"修改",然后单击"确认"按钮关闭对话框。

f.单击"确认"按钮关闭属性对话框。

g.单击"图纸和报告"→"编号"→ 对修改的零件编号以更新编号。

h.创建多边形板的零件图以查看板的方向,如图 5-74 所示。

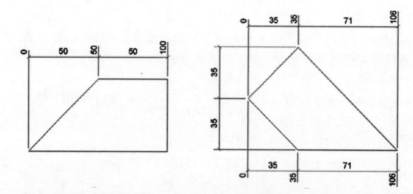

（a）用户定义的属性主轴方向为自动   （b）用户定义的属性主轴方向为从1向2创建点

图 5-74 多边形板的零件图

⑥创建正交钢梁。正交梁与工作平面成正交放置。要创建正交钢梁,请执行以下操作:单击"建模"→创建钢结构零件→正交梁;选取梁的位置。

⑦创建双截面钢型材。一个双截面由两个相同的梁构成。通过选择双截面类型并设定梁在两个方向间的净距来定义两个梁的位置。

要创建双截面钢型材,请执行以下操作:单击"建模"→创建钢结构零件→双截面;选取起点;选取终点。即会创建双截面型材。

(2)零件属性及信息录入规则。

①"属性"选项卡。"属性"选项卡包含用于输入零件名称和定义零件材质等的选项,如表 5-2 和图 5-75 所示。

表 5-2 "属性"选项卡说明

选项	说明
名称	零件名称可由用户定义。Tekla Structures 在报告和图纸列表中使用零件名称,并用以识别同一类型的零件,例如梁或柱
截面/形状	输入零件的截面,单击文本框旁边的按钮可从目录中选择截面
材质	输入零件的材质,单击文本框旁边的按钮可从目录中选择材质
抛光	抛光可由用户定义,它用于说明零件表面的处理方式,例如涂耐火涂层
等级	使用等级可用不同颜色为零件分组
用户定义属性	用户定义属性提供了零件的附加信息,属性可以包含数字、文本以及列表,单击用户"定义属性…"可输入用户定义属性

图 5-75 梁的属性

②"位置"选项卡。"位置"选项卡包含用于定义零件布置方式的选项,可用选项随零件不同而变化,如表 5-3 和图 5-76 所示。

表5-3 "位置"选项卡说明

选项	说明
位置	位置区域包含用于定义零件相对于其参考点或工作平面的位置的选项
高度	对于仅通过选取一个点而创建的零件(如柱),可以输入零件末端在全局 z 方向相对于选取点的位置。使用底面可定义第一末端的位置,使用顶面可定义第二末端的位置。例如,可使用输入的值定义柱的高度
末端偏移	使用末端偏移可相对于零件的参考线移动零件的末端,可以输入正值或负值
曲梁	可以通过输入曲率半径和平面来定义零件的曲率
构件的相互位置	双截面型材属性对话框中的位置选项卡包含构件的相互位置区域。从双截面类型列表中选择一个选项可定义截面的组合方式。要定义截面间的净距,请在水平和垂直框中输入值

图5-76 梁的属性位置

③可以在创建零件之前修改零件的属性,也可以修改已创建零件的属性。

A. 创建零件之前修改属性:

a. 通过以下方法之一打开零件属性对话框:双击"零件"图标;按住 Shift 键并单击"零件"图标;单击"建模"→"属性",并选择一个选项。

b. 根据需要修改属性。

c.单击应用或确认。

B.在创建同一类型的零件时,将会使用已修改的属性。修改已创建零件的属性,步骤如下:

a.双击一个零件,即会打开零件属性对话框。

b.根据需要修改属性。

c.单击"修改",将修改后的属性应用于零件。

d.单击"取消关闭"对话框。

2. 在零件间创建焊缝

(1)双击"在零件间创建焊接" ![图标] 图标。

(2)输入或修改焊接属性。

(3)单击应用或确认,将这些设置定义为当前属性。

(4)选择要焊接到的零件(工厂焊缝中的主零件)。

(5)选择要被焊接的零件(工厂焊缝中的次零件)。

3. 螺栓

(1)创建螺栓。可以创建单个螺栓组或应用自动创建螺栓组的组件,也可以在图纸中为孔和螺栓创建不同的零件标记。创建孔时,不能使用螺栓零件(如螺杆、垫圈以及螺母),因为 Tekla Structures 将使用同一命令创建螺栓和孔。

(2)螺栓属性。通过双击"创建螺栓" ![图标] 图标,可以打开螺栓属性对话框。螺栓属性如表 5-4 和图 5-77 所示。

表 5-4 螺栓属性

选项	说明
螺栓尺寸	螺栓直径,可用直径取决于选择的螺栓标准
螺栓标准	在螺栓目录中定义的螺栓构件标准
螺栓类型	指示螺栓是在工地固定还是在工厂固定,默认设置为工地
连接零件/构件	指示要栓接的是次零件还是子构件
剪切面中有螺纹	指示材料内部是否可以出现螺纹
切割长度	指示螺栓连接的零件。Tekla Structures 将使用切割长度值的一半在螺栓组平面的两侧方向搜索零件。如果要将螺栓长度强制设为某一特定值,请输入一个负长度值
附加长度	螺栓附加长度
形状	螺栓组的形状,选项有阵列、圆和 xy 阵列
螺栓 X 向间距	螺栓间距、数量或者坐标,由螺栓组的形状确定
螺栓 Y 向间距	螺栓间距、螺栓组直径或坐标,由螺栓组的形状确定
容许误差	螺栓和孔之间的净距
孔类型	扩大孔或长孔,在选中部件所有长孔复选框后将激活该字段

选项	说明
X 方向的长孔	长孔的 X 容许误差,圆孔为零
Y 方向的长孔	长孔的 Y 容许误差,圆孔为零
旋转槽	槽孔的旋转,选项有奇数、偶数和平行
在平面上	工作平面上螺栓组相对于螺栓组 X 轴的位置
旋转	螺栓组围绕其 X 轴旋转的角度
在深度	螺栓组相对于工作平面的位置
Dx、Dy、Dz	通过移动螺栓组 X 轴来移动螺栓组的偏移量

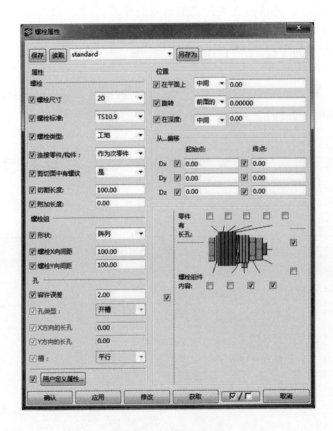

图 5 - 77　螺栓的属性

(3)孔。Tekla Structures 使用相同命令创建螺栓和孔。创建孔之前,需要更改螺栓属性对话框中的某些属性。如果只想创建不带螺栓的孔,请清除所有螺栓组件内容复选框,如图 5 - 78 所示。

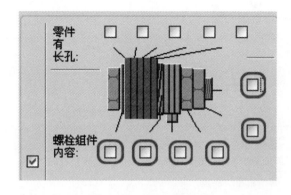

图 5-78　螺栓组件内容

4. 构件

(1)创建构件。

①确保选择构件选择开关 ![icon] 已激活。

②选择要连接在一起的零件或构件。

③右键单击并从弹出菜单中选择构件→做成构件。

(2)创建子构件。可以创建模型中已存在的零件的子构件。

①确保选择构件中的对象选择开关 ![icon] 已激活。

②选择要包括在子构件中的零件。

③右键单击并从弹出菜单中选择构件并添加为子构件。

(3)向构件中添加对象。向构件添加对象可以使用以下方法,如表5-5所示。

表 5-5　向构件中添加对象

要执行的操作	具体操作步骤
创建基本构件	执行以下操作之一: ・将零件添加到已有的构件作为次零件 ・将零件栓接或焊接到已有的构件作为次零件
创建嵌套构件	执行以下操作之一: ・将零件添加到已有的构件作为次零件 ・将构件栓接或焊接到已有的构件作为子构件 ・将构件添加到已有的构件作为子构件 ・连接已有的构件,而不添加任何松散零件

(4)从构件上删除对象。从构件上删除对象可以使用以下方法:选择要删除的零件或子构件;用鼠标右键单击并从弹出菜单中选择构件,然后从构件中删除。

5.4.3 节点创建方式

1. 节点

在创建链接过程中那些以一种或多种材料组合并通过某种造型所形成的连接点,常称

BIM结构模型创建与设计

作节点。它是交待连接的重要环节,同时也是体现设计细部的重要因素。在图纸中常以局部剖面的形式体现,重点交待尺寸、构造、材质等具体细节。在本书中用 Tekla 创建节点。

2. 节点类型

Tekla 常用的节点类型如表 5-6 所示。

表 5-6　Tekla 常用节点分类汇总

类别	代号	名称	类别	代号	名称
柱底节点	71	美国底板节点/带角钢支撑	加劲肋	1003	加劲肋
	1014	加劲肋底板		1017	水平加劲肋
	1016	腹板带加劲肋底板		1030	翼板处加劲肋
	1042	底板		1034	加劲肋
	1047	美国底板		1041	加劲肋
	1048	美国支座细部		1058	穿透膜板
	1052	圆形底板		1059	内膜板
	1066	箱形柱底板		1060	腹板加劲板
	1068	楔形柱底板		1064	多重加劲
梁梁连接	14	节点板	常用细部	23	圆管相贯线
	17	带加劲肋的垂直连接板		1002	端板细部
	25	两侧角钢夹板		1010	可做栓钉
	27	带加劲肋端板		1029	管道孔套管
	30	支座		1031	吊耳
	33	接头板		1032	开孔柱
	34	垂直连接板		1033	开孔梁
	35	简支剪切板		1065	标准节点板
	44	焊接预加工	次构件连接	1	抗风支撑/冷弯卷边搭接
	49	新的槽口		10	焊接的节点板/支柱
	64	水平及竖直剪切板		11	螺栓连接的节点板
	77	美国拼接节点		20	管状节点板
	103	垂直连接板		22	交叉管
	106	顶腋		57	角部螺栓节点
	123	焊接梁到梁		60	交叉外包节点
	129	有加劲肋的梁		62	交差连接
	135	梁与梁短柱连接		70	带角钢支撑
	141	角钢夹板		105	连接支撑
	144	端板		110	挡风支撑节点
	146	单剪板		196	螺栓连接的节点板

类别	代号	名称	类别	代号	名称
梁梁连接	147	焊接到上翼缘	次构件连接	1046	双截面连接板
	149	特殊焊接到上翼缘		3/126	螺丝套筒
	181/183	弯矩连接/梁予加工		S46	点内压扁的钢管
	184	全深度		S47	点内节点板的钢管
	185	特殊的全深度		S48	螺栓内压扁的钢管
	200	楔形梁与梁对接		S49	螺栓内节点板的钢管
柱梁连接	2	支座帽板接头		S50	双角钢节点
	29	端头板/不等间距复制		S67	三根角钢的退位
	37	支座帽/全高剪切板	楼梯	35	爬梯
	39	支座/特殊全高剪切板		59	螺栓爬梯
	40	腋/平行剪切板		89	扶手梁到平面
	41	曲柄梁		90	扶手平面到平面
	47	连接管柱的剪切板		1023	楼梯斜梁切割
	51	接合腋/简支中心支撑		1024	楼梯扶手
	128	有加劲肋的焊接柱		1038	楼梯细部
	131	有抗剪板的柱		1039	楼梯细部
	133	短柱		1043	楼梯细部
	182/186	有加劲肋的柱		60/68	爬梯
	187/188	特殊有加劲肋的柱	生成构件	S13	箱形梁
	189	带抗剪板钢管柱		S32/33	十字柱
	197/199	楔形柱接楔形梁		S44	契形柱
柱柱连接	31	焊接柱		S45	契形梁
	65	管柱连接/局部加劲的端板		S98	契形梁
	68	柱连接		S99	契形柱
	124	圆形节点板	增补	21	管柱和梁板区域
	136	锥形柱		43	剪切及翼缘板
	137	柱现场焊接		S69	空腹柱墩
	42/132	柱接合		119	短钉节点

3. 节点的创建方式

样例:

(1)在已创建梁的基础上,创建梁梁节点,选用角钢夹板节点。

(2)创建梁如图 5-79 和图 5-80 所示。

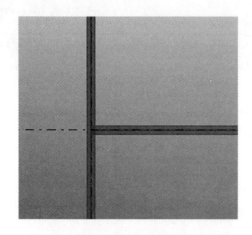
图 5-79　3D 平面图

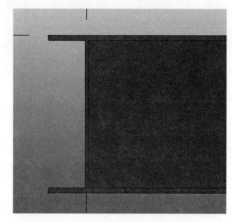
图 5-80　E 轴平面图

（3）从命令行找出节点将其打开，如图 5-81 和图 5-82 所示。

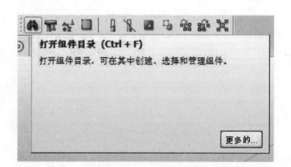
图 5-81　组建目录

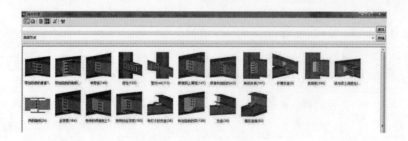
图 5-82　节点类型

若对其编号熟悉，也可在查找里面输入编号，例如角钢夹板节点（141），如图 5-83 所示。

（4）在此基础上选取主零件工字钢，再选取副零件，即可创建梁梁节点，如图 5-84 所示。

图 5-83　节点查找　　　　　　　图 5-84　　创建节点

本章小结

　　结构由不同的结构构件组成,Revit 依据各结构构件的特点将其划分成不同的类型,其中墙、柱、梁、板及楼梯、悬挑、斜撑等主要结构构件的参数选取与布置位置对结构抗震分析影响显著,因此,掌握主要构件的创建是结构模型创建的重点内容。钢结构作为主要的建筑结构类型之一,主要由钢梁、钢柱、钢桁架等构件组成,各构件或部件之间通常采用焊缝、螺栓或铆钉连接。本章在 5.4 节同时介绍了 Tekla 软件钢构件的创建及连接规则,以满足读者对 BIM 建模过程中不同软件应用的理解。

第6章 结构分析 BIM 模型与数据转换

教学导入

结构工程领域 Revit 只是作为一个结构内容承载、管理平台，它并不能直接进行专业化的结构分析计算，需要借助第三方软件如 PKPM、盈建科、Autodesk Robot Structural Analysis 等进行力学分析计算。本章承上启下，介绍了从 Revit 结构专业模型到 PKPM 结构设计模型的过程。

学习要点

- 掌握 Revit 中荷载信息录入方式
- 掌握 Revit 结构模型转换到 PKPM 结构设计模型

6.1 Revit 荷载信息录入方式

6.1.1 结构 BIM 模型特征

BIM 技术应用成功与否，在一定程度上取决于其在不同阶段、不同专业所产生的模型信息能否顺利地在工程的整个生命周期中实现有效交换与共享。比如，设计阶段的建筑和结构模型之间可否实现数据信息的有效集成就是一个衡量标准。结构 BIM 模型与建筑 BIM 模型、施工 BIM 模型之间数据信息的传递关系如图 6-1 所示。

6.1.2 荷载信息录入

在 Autodesk Revit 2016 界面中单击"管理"选项卡→"设置"面板→"结构设置"。在打开的如图 6-2 所示的"结构设置"对话框中进行符号表示法设置、荷载工况、荷载组合、分析模型设置、边界条件设置等荷载信息录入。

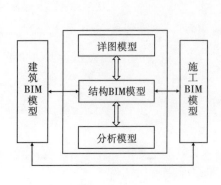

图 6-1 BIM 模型间的数据传递

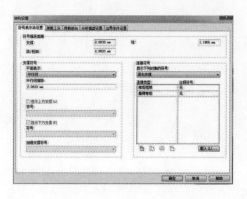

图 6-2 "结构设置"对话框

156

1. 荷载

（1）添加荷载工况：结构承受的荷载分为点荷载、线荷载以及面荷载，添加荷载首先需要进行荷载工况的编辑，包括荷载的名称、编号、性质和类别。

（2）添加荷载性质：比如恒载、活载、风载、雪载等。

（3）创建荷载组合：添加荷载组合类型及相关系数和公式。

（4）设置荷载组合类型：荷载组合类型有"组合"和"包络"，其中组合以提供单个荷载组合的结果（反作用力和构件力），而"包络"为荷载组合提供了最大和最小结果。

（5）设置荷载组合状态：荷载组合状态有"正常使用极限状态"以及"承载能力极限状态"，将荷载组合状态设置为"正常使用极限状态"，以反映结构在正常或预期荷载下的执行方式（偏移、振动等），但是在正常或预期荷载下，"承载能力极限状态"以结构的总容量为基础，这样才能安全承受极限或"计算"荷载而不会出现问题（弯曲、断裂等）。

（6）设置荷载组合用途：荷载组合用途参数为用户定义参数（重力、侧向力或复合）。

"重力"荷载组合中包含了垂直荷载，有永久性或恒荷载（楼板、梁、柱等的自重）以及基于占用空间的活荷载（办公楼层的人员、存储室中的箱子、屋顶上的雪等）。

"侧向力"荷载组合中包含了水平荷载，有永久性或恒荷载（支撑基础墙的土层）和活荷载（结构面上的风压力或由于地震给结构带来的震动）。

"复合"荷载组合包含了不同程度的重力和侧向力荷载，以便处理结构被占用且遇上风荷载和地震荷载的情况。

2. 荷载建模

荷载建模取决于坐标系的类型，荷载的坐标系又分为项目坐标系、当前工作平面、主体工作平面。工作平面是放置对象的当前平面。使用当前工作平面设置荷载方向时，将以垂直于当前工作平面的方向放置荷载。主体工作平面是指在其中选择图元作为所驻留荷载的主体平面。

（1）点荷载：荷载面板中选中荷载点击点荷载控件，在属性面板选择荷载工况然后选中合适的位置放置。

（2）构件点荷载：类似于点荷载添加方式。

（3）绘制线荷载：荷载面板中选中荷载点击线荷载控件，在属性面板选择荷载工况然后选中合适的位置绘制。

（4）构件线荷载：类似于线荷载添加方法。

（5）在倾斜的框架上放置线荷载：首先创建参照工作平面，然后在参照工作平面上选择坡度基面处构件的端点以及坡度顶部处的端点绘制线荷载，如图 6-3 所示。

（6）面荷载和构件面荷载：在荷载面板中点击面荷载，利用工具绘制面荷载以及构件荷载。使用参照点工具可以创建倾斜面荷载和倾斜构件荷载。

3. 边界条件

边界条件是指根据其周围环境定义结构图元的支撑情况的分析模型图元。例如，土层支撑着结构的基础。这些图元用于将有关支撑情况的工程设想传递给分析软件包。在某些分析软件包中，边界条件也称为支撑或约束。

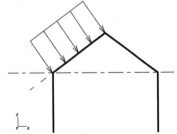

图 6-3　在倾斜的框架上放置线荷载

(1)默认点边界条件:如图6-4所示。

锁定	
转换轴	状态
X 轴转换	固定
Y 轴转换	固定
Z 轴转换	固定
旋转轴	状态
X 轴旋转	固定
Y 轴旋转	固定
Z 轴旋转	固定

铰支	
转换轴	状态
X 轴转换	固定
Y 轴转换	固定
Z 轴转换	固定
旋转轴	状态
X 轴旋转	已释放
Y 轴旋转	已释放
Z 轴旋转	已释放

滑动	
转换轴	状态
X 轴转换	已释放
Y 轴转换	已释放
Z 轴转换	固定
旋转轴	状态
X 轴旋转	已释放
Y 轴旋转	已释放
Z 轴旋转	已释放

图 6-4 默认点边界条件

(2)默认线边界条件:如图6-5所示。

固定	
转换轴	状态
X 轴转换	固定
Y 轴转换	固定
Z 轴转换	固定
旋转轴	状态
X 轴旋转	固定

铰支	
转换轴	状态
X 轴转换	固定
Y 轴转换	固定
Z 轴转换	固定
旋转轴	状态
X 轴旋转	已释放

图 6-5 默认线边界条件

(3)默认面边界条件:如图 6 - 6 所示。

转换轴	状态
X 轴转换	固定
Y 轴转换	固定
Z 轴转换	固定

图 6 - 6　默认面边界条件

单击"管理"选项卡→"设置"面板→"结构设置"。使用"边界条件设置"选项卡选择族符号,并调整各个边界条件表示的间距。对于"固定""铰支""滑动""用户定义"边界条件状态,有四个符号已预载入到结构样板中。

4. 验证分析模型

在物理模型中,每个结构构件(柱、梁等)都必须具有点支撑(支撑构件与被支撑构件有一个点相交)。

柱必须至少有一个点支撑。有效支撑包括:其他柱、独立基础或连续基础、梁、墙、楼板或坡道。

墙必须至少有两个点支撑或一个线支撑。有效支撑包括:柱、连续基础或独立基础、梁、楼板或坡道。

梁必须具备下列支撑条件之一:至少两个点支撑;一个必须位于释放条件设置为固定一端的点支撑;或者一个面支撑。有效支撑包括:柱、连续基础或独立基础、梁或墙。

支撑必须只有两个点支撑。有效支撑包括:柱、连续基础或独立基础、梁、楼板、墙或坡道。

楼板必须具备下列支撑条件之一:至少三个点支撑;一个线支撑和一个不位于该线上的点支撑;两个不共线的线支撑;或者一个面支撑。有效支撑包括:柱、连续基础或独立基础、梁或墙。

构件支座:选择此框可检查支撑功能。Revit 将对所有不受支撑的结构图元(不受其他结构图元支撑的结构图元)发出警告。

分析/物理模型一致性:选择此框可启用分析模型一致性。Revit 将检查分析模型中或者分析模型和物理模型之间所有存在的不一致。

Revit 通过应用程序编程接口(API)链接到分析和设计软件。

在 API 中,可以修改模型的尺寸和几何图形。这些修改包括删除构件、重新定位构件或添加构件。在分析软件中确认这些修改后,可以将这些修改导回到 Revit。包括结构平面、立面、剖面和详图图纸在内的所有视图都会根据导入到 Revit 的修改进行更新。另外,还会将某些内部分析软件参数导入到 Revit 中。

Revit 中柱分为结构柱与建筑柱,建筑柱主要展示柱子的装饰外形与非核心层类型,而结构柱是主要的结构构件,可在其属性中输入相关的结构信息,也可以绘制三维钢筋。Revit 中建筑柱可以直接套在结构柱上,而结构柱只服务于结构分析与施工。

6.2 Revit 结构模型转换到 PKPM 结构设计模型

下面以中国建筑科学研究院自主研发的 PKPM BIM 系统为例,简要介绍一下 Revit 建筑模型向结构专业转换生成结构模型的原理过程,具体如下:

(1)在 PKPM BIM 系统中,除系统本身具有建模功能外,还可导入其他建筑软件,诸如 ArchiCAD、Revit、天正等常见的建筑模型。因此,对已有的 Revit 模型(如图 6-7 所示),可通过安装在 Revit 中的插件进行转换操作。

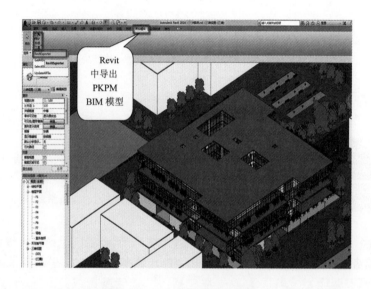

图 6-7 Revit 中的建筑模型

(2)转换时程序内首先将建筑轴网、楼层标高作对应转换,即建立起结构模型的坐标体系。这里考虑了建筑楼层标高与结构楼层标高的差别。

(3)进行建筑楼层表与结构楼层表的对应确认。除楼层对应关系外,还应校核楼层的标高。此处还要注意建筑模型中屋顶往往是作为一个独立的楼层来处理的,转换到结构模型时,屋顶一般是作为最上面楼层的顶板来处理,结构中取消了屋顶的单独楼层。

(4)设定需要进行转换的建筑构件类型,包括结构中常见的墙、柱、梁、楼板、支撑等构件。不需转换的构件将在结构模型中滤掉。

在建筑模型中,为了真实地显示效果,往往添加输入了一些碎小的装饰性物体,尽管类型也属于墙、柱或梁等构件类型,但由于尺寸过小,转换时也一并过滤。

(5)对建筑模型中常见的幕墙,由于它是属于单独设计的结构体系,作结构主体设计时也不作转换。

对各种转换为结构模型的构件进行截面匹配。这里有两层含义:首先是截面形状的匹配,建筑构件的截面形状不一定就是结构构件的截面形状,需要结构工程师确认,如果结构选择与建筑相同的截面形状时,可直接将 Revit 中的族匹配成 PKPM 的截面类型。截面匹配的另一层含义是截面尺寸的匹配,结构的截面尺寸一般是要小于建筑构件的尺寸的,最多相等,也就是说建筑截面要包住结构断面,这也需要结构工程师来确定结构构件截面尺寸。如果在 Revit

建筑模型中已设定好结构柱等构件信息时,相应构件可直接匹配转换。

(6)对过滤掉的建筑构件,转换时可选择生成为荷载加到结构模型上。程序自动通过其容重计算出荷载大小,按构件原有位置布置到结构模型中。

(7)建筑模型中往往设定了各种指定用途的功能区,对结构来说同一功能区形成的面荷载是相同的,因此通过设定各功能区对应的荷载,可形成结构模型中的楼面活荷载。

(8)程序对转换得到的结构模型作水平连接调整。建筑模型建立时从做法上考虑,一般是在墙与柱、梁与柱、梁与墙等相交时作打断处理。而结构中从受力关系考虑它们是作用在同一节点的,因此转换时程序内部自动将这些墙、梁作了延伸相交处理。

(9)程序对转换得到的结构构件作定位点调整。当建筑模型建立时,一般从效果出发或定位方便出发选择构件的定位点。而结构模型则不同,结构模型需要明确的传力体系,这一般通过模型中的节点与网格来描述确定,构件受力的联系点也就是对应的节点;因此需要从结构传力角度出发,形成全楼的节点体系,特别是要考虑节点的上下层之间竖向传力的连续性。有了这套节点、网格体系后,再对所有构件的定位点在构件几何位置不变的情况下,将定位关系调整到相应的节点上,也就是体现在重新定义构件定位点与偏心值。

(10)为形成一个完整的结构体系,结构建模中再补充输入必要的结构构件,主要是一些建筑中不关注的水平构件。对所补充的构件,作为专业间协同的内容要反馈到建筑模型的设计中。

通过以上步骤,即可得到完成结构专业设计所需的结构 BIM 模型,如图 6-8 所示。软件的具体操作,将在第 7 章详述。

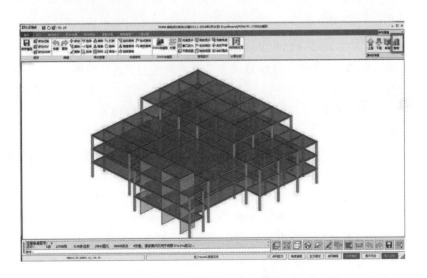

图 6-8　生成的结构模型

本章小结

结构设计是一个复杂的动态过程,需要对结构或构件在不同荷载作用下的力学性能进行计算和分析。结构模型作为 BIM 模型的重要组成部分,在整个设计中占有重要地位。本章介绍了从 Revit 结构专业模型到 PKPM 结构设计模型的过程,为第 7 章结构设计模型分析计算奠定基础。

第7章　结构分析计算

教学导入

本章主要介绍前面章节生成的结构专业 BIM 模型,是如何转化为结构设计模型,并在此基础上完成结构分析计算的。通过举例结构设计参数、结构分析计算内容及计算结果的表达,使读者对结构的分析计算过程建立起初步的概念。

学习要点

- 掌握结构模型整体分析计算
- 掌握结构内力配筋设计与验算
- 掌握结构计算书生成

7.1　结构设计模型准备

结构设计过程的前期工作主要涉及模型、荷载、参数等部分,本节主要从这三部分的形成介绍结构分析计算的准备工作。

7.1.1　结构物理模型转换为设计模型

从前面章节我们知道,结构专业 BIM 模型可从建筑模型的转换得到,或以建筑模型为参照重新补充建模得到,此时它是一个更接近于土建工程的物理模型。物理模型主要包含实际结构构件尺寸、位置、材料等设计信息,建好的结构专业物理模型应具有:清晰的三维坐标体系、可参数化描述的构件截面定义、构件上明确的业务用途(以用于计算外部荷载作用)。结构专业 BIM 物理模型我们常称为用户模型,它侧重于表达工程属性,用于建模的程序应以符合结构专业设计习惯、操作方便且便于与其他各专业的协同为基本原则。

在生成结构专业 BIM 物理模型的基础上,为了结构的设计及分析计算,结构 BIM 模型首先要深化出设计模型,它与结构计算简图相对应。在设计阶段,结构专业对 BIM 模型的处理与其他专业有较大的不同,它更注重模型的深化、细分,而较少是横向补充、扩展。结构设计模型主要为适应对结构进行基于规范的设计需求,是对用户模型进行专业转换和补充,能完整体现目标结构规范设计属性的模型。设计模型侧重于表达设计属性,选用程序时应考虑以紧密贴合规范为基本原则,并提供尽量丰富的高于规范的个性化功能,以满足高端用户的需求。保证设计模型与物理模型之间实现信息的一致性是对 BIM 软件的一个基本要求。

在结构设计软件中,都要与力学分析计算软件相对接,因此在结构分析计算软件内部,都会自动对设计模型进行有限元划分,形成计算分析模型,即将结构设计模型转换为分析模型,它是屏蔽了设计属性,补充力学属性,用于纯力学计算和有限元分析的模型。有些高端的结构设计软件,形成分析模型后还可以对分析模型进行干预,调整有限元划分形态、单元类型等,对后续的有限元求解器还可以进行选择,以求得到更高的效率与精度。总之,分析模型侧重于表达力学属性,选用程序时应以纯粹、高效、通用为基本原则。

常见的各种结构分析软件一般要求输入的模型可以是用户模型,也可能是设计模型;最明显的判别方法是看模型中对墙体的输入是开洞墙体,还是墙梁、墙柱。目前在各结构专业软件间流行的接口软件,本质上就是与各结构设计软件匹配的设计模型的转换生成工具。

7.1.2 分析与设计参数的定义

在生成设计模型数据的基础上,补充结构分析计算所必需的部分参数,并对一些特殊结构(如多塔等)、特殊构件(如转换构件、弹性楼板等)、特殊荷载(如温度荷载等)、构件施工次序、活荷载折减等进行补充定义,最后综合上述所有信息,自动转换成结构有限元分析及设计所需的数据,供后续的结构分析、计算调用。

由于结构设计计算的复杂性,且牵连的设计规范众多,所以结构计算需要设定的设计参数是相当多的。各结构分析软件的视角、处理对象的范围等有一定的区别,以下仅以 PKPM 软件的 SATWE 模块为例作说明。

1. 总信息

"总信息"(见图 7-1)中包含的是结构分析所必需的最基本的参数,各部分参数如下:①水平力与整体坐标夹角;②混凝土、钢材容重(单位 kN/m³);③裙房层数;④转换层所在层号;⑤地下室层数号;⑥嵌固端所在层号;⑦墙元、弹性板细分最大控制长度(单位 m);⑧转换层指定为薄弱层;⑨全楼强制采用刚性楼板假定;⑩整体指标计算采用强刚,其他指标采用非强刚;⑪地下室强制采用刚性楼板假定;⑫墙梁跨中节点作为刚性楼板从节点;⑬计算墙倾覆力矩时只考虑腹板和有效翼缘;⑭考虑梁板顶面对齐;⑮结构材料信息;⑯结构体系;⑰恒活荷载计算信息;⑱施工次序;⑲自定义构件施工次序;⑳风荷载计算信息;㉑地震作用计算信息;㉒结构所在地区;㉓"规定水平力"的确定方式;㉔墙梁转框架梁的控制跨高比;㉕框架连梁按壳元计算控制跨高比;㉖楼梯计算;㉗多塔结构自动进行包络设计。

图 7-1　总信息界面

2. 计算控制信息

"计算控制信息"(见图7-2)中包含的是影响程序运行流程的一些参数,各参数如下:①线性方程组解法;②地震作用分析方法;③位移输出方式;④吊车荷载;⑤传基础刚度;⑥自定义风荷载信息。

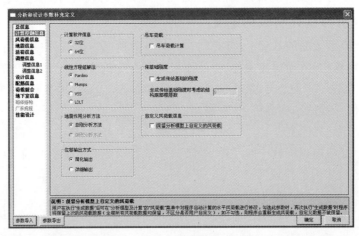

图7-2 计算控制信息界面

3. 风荷载信息

SATWE依据《建筑结构荷载规范(GB 50009—2012)》(以下简称《荷载规范》)的公式8.1.1-1计算风荷载。计算相关的参数在此界面填写(见图7-3),包括水平风荷载和特殊风荷载相关的参数。若在总信息参数中选择了不计算风荷载,可不必考虑本界面参数的取值。相关参数如下:①地面粗糙度类别;②修正后的基本风压;③X、Y向结构基本周期;④风荷载作用下结构的阻尼比;⑤承载力设计时风荷载效应放大系数;⑥结构底层底部距离室外地面高度;⑦水平风体型分段数、各段体型系数;⑧设缝多塔背风面体型系数;⑨特殊风体型系数;⑩用于舒适度验算的风压、阻尼比;⑪导入风洞实验数据;⑫顺风向风振;⑬横风向风振与扭转风振。

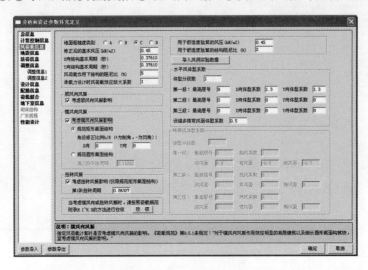

图7-3 风荷载信息界面

4. 地震信息

本部分是有关地震作用的信息(见图 7-4)。当抗震设防烈度为 6 度时,某些房屋虽然可不进行地震作用计算,但仍应采取抗震构造措施。因此,若在总信息参数中选择了不计算地震作用,本界面中各项抗震等级仍应按实际情况填写,其他参数会全部变灰。相关参数如下:①结构规则性信息;②设防地震分组;③设防烈度;④场地类别;⑤混凝土框架、剪力墙、钢框架抗震等级;⑥抗震构造措施的抗震等级;⑦考虑偶然偏心(X、Y 向相对偶然偏心)、用户指定偶然偏心;⑧考虑双向地震作用;⑨特征值分析方法;⑩计算振型个数;⑪程序自动确定振型数;⑫重力荷载代表值的活荷组合系数;⑬周期折减系数;⑭结构的阻尼比(%);⑮特征周期、地震影响系数最大值、用于 12 层以下规则混凝土框架薄弱层验算的地震影响系数最大值;⑯竖向地震作用系数底线值;⑰竖向地震影响系数最大值;⑱自定义地震影响系数曲线;⑲按主振型确定地震内力符号;⑳悬挑梁默认取框梁抗震等级;㉑按《建筑抗震设计规范(GB 50011—2010)》第 6.1.3-3 条降低嵌固端以下抗震构造措施的抗震等级;㉒部分框支剪力墙结构底部加强区剪力墙抗震等级自动提高一级;㉓程序自动考虑最不利水平地震作用;㉔斜交抗侧力构件方向附加地震数、相应角度。

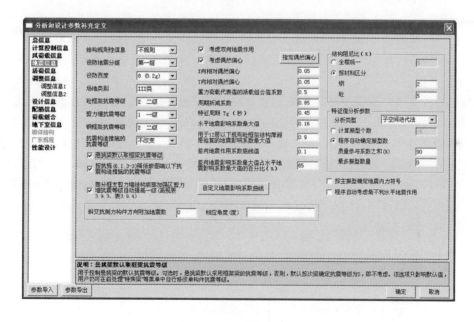

图 7-4 地震信息界面

5. 活荷信息

本部分指定设计时是否折减柱、梁、墙上的活荷载,如图 7-5 所示,其参数如下:①柱、墙、基础设计时活荷载是否折减;②柱、墙、基础活荷载折减系数;③梁楼面活荷载折减设置;④梁活荷不利布置最高层号;⑤考虑结构使用年限的活荷载调整系数。

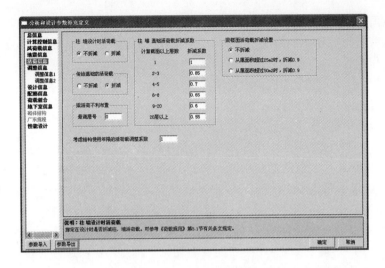

图7-5　活荷信息界面

6. 调整信息

"调整信息"界面(见图7-6)参数如下:①梁端负弯矩调幅系数;②梁活荷载内力放大系数;③梁扭矩折减系数;④托墙梁刚度放大系数;⑤地震作用连梁刚度折减系数;⑥风荷载连梁刚度折减系数;⑦装配式结构中的现浇部分地震内力放大;⑧支撑临界角(度);⑨柱、墙实配钢筋超配系数;⑩中梁刚度放大系数;⑪梁刚度系数按2010规范取值;⑫砼矩形梁转T形(自动附加楼板翼缘);⑬梁刚度放大系数按主梁计算;⑭调整与框支柱相连的梁内力;⑮指定的加强层个数及相应的各加强层层号;⑯按《建筑抗震设计规范(GB 50011—2010)》第5.2.5条调整各楼层地震内力、自定义调整系数;⑰弱/强轴方向动位移比例;⑱按刚度比判断薄弱层的方式;⑲上海地区采用的楼层刚度算法;⑳受剪承载力突变形成的薄弱层自动进行调整;㉑指定薄弱层个数及相应的各薄弱层层号;㉒薄弱层地震内力放大系数、自定义调整系数;㉓全楼地震作用放大系数;㉔分层地震力调整系数;㉕$0.2V_0$分段调整;㉖考虑弹塑性内力重分布计算调整系数;㉗$0.2V_0$框支柱调整系数上限。

(a)调整信息1

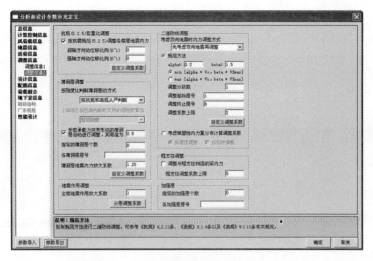

(b)调整信息 2

图 7 - 6 调整信息界面

7. 设计信息

"设计信息"界面(见图 7 - 7)参数如下:①结构重要性系数;②钢构件截面净毛面积比;③梁按压弯计算的最小轴压比;④考虑 P - DELTA 效应;⑤按高规或者高钢规进行构件设计;⑥框架梁端配筋考虑受压钢筋;⑦结构中的框架部分轴压比限值按照纯框架结构的规定采用;⑧保留用户自定义的边缘构件信息;⑨剪力墙边缘构件的类型;⑩构造边缘构件尺寸;⑪剪力墙构造边缘构件的设计执行《高层建筑混凝土结构技术规程(JGJ 3—2010)》第 7.2.16 - 4 条;⑫当边缘构件轴压比小于《建筑抗震设计规范(GB 50011—2010)》第 6.4.5 条规定限值时一律设置构造边缘构件;⑬按混凝土规范 B.0.4 条考虑柱二阶效应;⑭梁按《高层建筑混凝土结构技术规程(JGJ 3—2010)》第 5.2.3 - 4 条进行简支梁控制;⑮梁、柱保护层厚度(单位 mm);⑯梁柱重叠部分简化为刚域;⑰指定的过渡层个数及相应的各过渡层层号;⑱柱配筋计算原则;⑲柱双偏压配筋时进行迭代优化;⑳柱剪跨比计算原则。

图 7 - 7 设计信息界面

8. 配筋信息

"配筋信息"界面(见图7-8)参数如下：①钢筋级别；②梁、柱箍筋间距(单位 mm)；③墙水平分布筋间距(单位 mm)；④墙竖向分布筋配筋率、最小水平分布筋配筋率(%)；⑤梁抗剪配筋采用交叉斜筋方式时，箍筋与对角斜筋的配筋强度比；⑥钢筋级别和配筋率按层指定。

图7-8 配筋信息界面

9. 荷载组合

在此处修改的荷载分项系数和组合值系数将影响配筋设计时的荷载组合，"荷载组合"界面如图7-9所示。

图7-9 荷载组合界面

程序在缺省组合中自动判断用户是否定义了人防、温度、吊车和特殊风荷载，其中温度和吊车荷载分项系数与活荷载相同,特殊风荷载的组合方式参见"风荷载信息"部分内容。

10. 地下室信息

只有总信息中地下室层数为非零时,"地下室信息"界面(见图7-10)才可输入。有关地下室的参数如下:①土层水平抗力系数的比例系数(M值);②扣除地面以下几层的回填土约束;③外墙分布筋保护层厚度(单位mm);④回填土容重和回填土侧压力系数;⑤室外地坪标高(单位m),地下水位标高(单位m);⑥室外地面附加荷载(单位kN/m^2)。

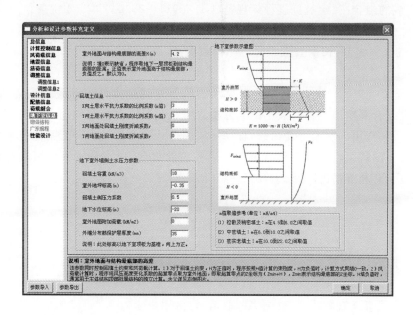

图7-10 地下室信息

7.1.3 荷载布置与荷载组合

1. 荷载布置

由于结构设计中需要进行不同类型荷载的组合,因此在荷载输入布置时要区分好不同类型的荷载,进行分类输入。荷载输入一般都按标准值输入,常见的荷载分类类型有:恒/活荷载、温度荷载、吊车荷载、风荷载、施工次序活荷载、人防荷载等。荷载输入的形式本质上为:点荷载、线荷载、面荷载等,体现在工程软件中可为:节点荷载、梁间荷载、次梁荷载、墙间荷载、柱间荷载、楼面荷载等。SATWE中的"荷载布置"菜单弹出其所属各子功能菜单,如图7-11所示。

图7-11 荷载布置各子功能菜单

2. 荷载效应组合基本规定

(1)承载能力极限状态设计荷载效应组合。《荷载规范》第 3.2.3 条规定了荷载基本组合公式,其中可变荷载控制的组合,按《荷载规范》第 3.2.3-1 条。

恒载的分项系数当不利时取 1.2,有利时取 1.0;活荷载和风荷载的分项系数取 1.4;活荷载和风荷载的组合系数分别取 0.7 和 0.6。

恒载控制的组合,按《荷载规范》第 3.2.3-2 条。

地震荷载的组合按《建筑抗震设计规范(GB 50011—2010)》第 5.4.1 条。

(2)正常使用极限状态设计荷载效应组合。标准组合(短期效应组合)按《荷载规范》第 3.2.8 条。准永久组合(长期效应组合)按《荷载规范》第 3.2.10 条。

3. PKPM 的荷载组合

PKPM-SATWE 程序中,每个输出显示的组合号就是构件控制设计内力所对应的组合号,每一种组合都输出了各荷载工况的分项系数。对于恒载参与的组合,程序分别考虑恒载的有利与不利作用。对于可变荷载,程序输出的是分项系数与组合值系数相乘后的结果。

(1)恒载+活载组合。对于仅有恒活荷载参与的组合,程序分别考虑恒载起控制作用、不起控制作用、有利等情况,考虑下面三种组合方式:

$$1.35\ 恒载\ +\ \psi_L\gamma_L\ 活载$$

$$\gamma_G\ 恒载\ +\ \gamma_L\ 活载$$

$$1.0\ 恒载\ +\ \gamma_L\ 活载$$

其中:γ_G、γ_L 为恒、活荷载分项系数乘以设计使用年限的调整系数,隐含为规范取值,可由用户输入;

ψ_L 为活荷载组合值系数,隐含为规范取值,可由用户输入。

这 3 种组合是程序所必须考虑的组合。

(2)考虑风荷载的组合。这里的风荷载指的是普通风荷载。对于风荷载,程序分别考虑下述组合:

$$\gamma_G\ 恒载\ \pm\gamma_W\ 风力$$

$$1.0\ 恒载\ \pm\gamma_W\ 风力$$

$$\gamma_G\ 恒载\ +\ \gamma_L\ 活载\ \pm\ \psi_W\gamma_W\ 风力$$

$$1.0\ 恒载\ +\ \gamma_L\ 活载\ \pm\ \psi_W\gamma_W\ 风力$$

$$\gamma_G\ 恒载\ +\ \psi_L\gamma_L\ 活载\ \pm\ \gamma_W\ 风力$$

$$1.0\ 恒载\ +\ \psi_L\gamma_L\ 活载\ \pm\ \gamma_W\ 风力$$

其中:γ_W 为风荷载的分项系数,隐含为规范取值,可由用户输入;

ψ_W 为风荷载的组合值系数,隐含为规范取值,可由用户输入。

程序分别对 X、Y 向风荷载考虑上述组合,并考虑恒载的有利与不利作用。

(3)考虑地震作用的组合。对于有地震作用组合,需要确定是否按高层结构进行设计(通过 SATWE 参数"按高规或高钢规进行构件设计"确定),如果按高层结构设计,则程序在内力组合时考虑风荷载作用,否则不考虑。

如果用户在计算时考虑了竖向地震作用,则荷载组合时也同时包含竖向地震作用。

①风荷载不参与组合。

不考虑竖向地震作用时：

$$1.2(恒载 + \gamma_{EG}活载) \pm \gamma_{Eh}水平地震作用$$
$$1.0(恒载 + \gamma_{EG}活载) \pm \gamma_{Eh}水平地震作用$$

考虑竖向地震作用时：

$$1.2(恒载 + \gamma_{EG}活载) \pm \gamma_{EV}竖向地震作用$$
$$1.0(恒载 + \gamma_{EG}活载) \pm \gamma_{EV}竖向地震作用$$
$$1.2(恒载 + \gamma_{EG}活载) \pm \gamma_{Eh}水平地震作用 \pm \gamma_{EV}竖向地震作用$$
$$1.0(恒载 + \gamma_{EG}活载) \pm \gamma_{Eh}水平地震作用 \pm \gamma_{EV}竖向地震作用$$

其中：γ_{EG}为可变荷载的组合值系数，隐含为规范取值，可由用户输入；

γ_{Eh}、γ_{EV}为水平地震作用分项系数和竖向地震作用分项系数，隐含为规范取值，可由用户输入。

②风荷载参与组合。

不考虑竖向地震作用时：

$$1.2(恒载 + \gamma_{EG}活载) \pm 0.2\gamma_w 风力 \pm \gamma_{Eh}水平地震作用$$
$$1.0(恒载 + \gamma_{EG}活载) \pm 0.2\gamma_w 风力 \pm \gamma_{Eh}水平地震作用$$

考虑竖向地震作用时：

$$1.2(恒载 + \gamma_{EG}活载) \pm \gamma_{EV}竖向地震作用$$
$$1.0(恒载 + \gamma_{EG}活载) \pm \gamma_{EV}竖向地震作用$$
$$1.2(恒载 + \gamma_{EG}活载) \pm 0.2\gamma_w 风力 \pm \gamma_{Eh}水平地震作用 \pm \gamma_{EV}竖向地震作用$$
$$1.0(恒载 + \gamma_{EG}活载) \pm 0.2\gamma_w 风力 \pm \gamma_{Eh}水平地震作用 \pm \gamma_{EV}竖向地震作用$$

程序分别对 X、Y 向地震考虑上述组合。

(4)其他组合。

①活荷载不利布置。

②偶然偏心。

③多方向地震。

如果用户输入了"斜交抗侧力构件附加地震数"及方向角，程序会根据用户输入的方向计算地震作用。在荷载组合时，程序再分别对多方向地震作用循环进行荷载组合，求出最不利内力组合。多方向地震作用不考虑偶然偏心影响。

7.2　结构模型整体分析计算

结构的分析计算首先指的就是结构整体的分析计算。计算从荷载的竖向作用与横向作用的角度、从结构荷载的静力与动力作用的角度，分别得到结构的力学响应，从而与规范的控制值相比对，确定结构的安全性。

7.2.1　结构设计模型生成分析计算模型

在结构设计模型的基础上，是较容易转化为结构分析模型的。其主要工作是过滤掉设计模型的工程属性，转化为纯力学计算模型，例如次梁节点等均转为了节点、楼板单元的生成直接按设计模型中的楼板参数形成相应的有限元单元等。SATWE 前处理中生成数据的过程也是将结构设计模型转化为分析模型的过程，是对建立的结构进行空间整体分析的

一个承上启下的环节,模型转化主要完成以下几项工作:

(1)根据结构模型和 SATWE 计算参数,生成每个构件上与计算相关的属性、参数以及楼板类型等信息。

(2)将各类荷载分解后加载到分析模型上。

(3)根据力学计算的要求,对模型进行合理简化和容错处理,使模型既能适应有限元计算的需求,又确保简化后的计算模型能够反映实际结构的力学特性。

(4)在空间模型上对剪力墙和弹性板进行单元剖分,为有限元计算准备数据。

7.2.2 结构分析有限元单元选取

柱、梁及支撑(包括斜柱、斜梁等)均为一维构件,可用两端带刚臂的空间杆单元来模拟其受力状态。根据约束条件不同,空间杆单元可分为两端固接、一端固接一端铰接和两端铰接三种情况,如图 7-12 所示。由于高层结构中柱、梁的截面尺寸较大,剪切变形的影响是不可忽视的,SATWE 的空间杆单元在单刚阵中考虑了剪切变形的影响。

图 7-12 空间杆单元示意图

剪力墙为高层结构的主要抗侧力构件,既承受水平荷载作用,又承受竖向荷载作用。就有限元理论目前的发展水平来看,用壳元来模拟剪力墙的受力状态是比较切合实际的。因为壳元和剪力墙一样,既具有平面内刚度,又具有平面外刚度。在程序实现中,考虑到工程中剪力墙的几何尺寸、洞口大小及其空间位置等都有较大的任意性,为了降低剪力墙的几何描述和壳元单元划分的难度,提高分析效率,SATWE 根据工程经验在四节点壳元的基础上,采用静力凝聚原理构造了一种超单元,我们称之为通用墙元,如图 7-13 所示。

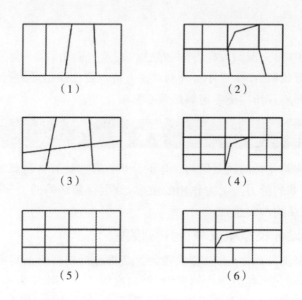

(1) (2)

(3) (4)

(5) (6)

图 7-13 通用墙元及其细分示意图

7.2.3 结构模态分析

对一个建筑结构而言,我们这样来定义振型的方向:如果沿着角度 α 作用的地震使得振型 Φ 上有最大的反应,则称该方向角 α 为振型 Φ 的方向角。SATWE 以此原则计算各振型的方向角。

振型的方向角与周期值一起输出,0 度角指的是 X 方向,90 度角指的是 Y 方向,以此类推。振型方向角的意义在于它能够使我们明确地知道结构刚度的薄弱方向。对建筑结构而言,在某种意义上,两个第一侧移振型的方向角,就代表了水平地震作用的两个近似的最不利方向。当然这个方向也是别的水平力比如风荷载作用的近似最不利方向。

主振型的概念必须针对特定的地震作用来定义。对于某个特定地震作用引起的结构反应而言,一般每一个参与振型都有一定的贡献,但是贡献大小不同,通常贡献最大的就是主振型。关键是这个贡献指标如何取的问题。对建筑结构而言,我们认为有两个指标较为合适,一个是基底剪力贡献,另一个是应变能贡献,应变能贡献具有一般性,适用范围广;基底剪力贡献则较容易为工程技术人员所接受。SATWE 程序给出了每个振型在每个地震方向的基底剪力,设计人员可以根据这个指标并结合振型图来判断每个地震作用的主振型。

7.2.4 地震反应分析

SATWE 软件提供了两种地震作用计算方法:一种是利用"规范"反应谱的振型分解反应谱方法;另一种是采用振型叠加法的弹性动力时程分析方法。

振型分解反应谱方法的基本原理是首先通过求解广义特征值问题得到结构的前几阶振型和频率;利用"规范"反应谱得到各振型所对应的地震响应;通过 CQC 组合方法得到结构的组合地震响应。SATWE 引入了多重里兹向量法,可以用较少的计算振型数即可满足有效质量系数要求,使得大型结构的计算效率得以大幅提高。因此,计算水平和反应谱方法竖向地震时,仅提供水平振型和竖向振型整体求解方式,不再提供水平振型和竖向振型独立求解方式。

弹性动力时程分析方法是利用地震波时程曲线,通过直接求解结构的二阶动力常微分方程来得到结构在确定地震波作用下的地震响应。求解结构的二阶动力常微分方程通常有振型叠加法和直接积分法两种方法,SATWE 软件采用振型叠加法来进行弹性动力时程分析。

7.3 构件内力配筋设计及验算

结构的分析计算除了前一节所述的结构整体分析计算外,还包括了本节结构中各个构件的分析计算。构件计算的前提是得到构件在结构整体计算中的构件内力,再从各种荷载工况的组合中选取最不利的一组进行配筋设计。

7.3.1 各工况下构件标准内力

对于作用在结构模型上的各类荷载,也就是各工况荷载,结构分析程序会分别计算出它们在结构中产生的结构内力,对应的这种构件中内力我们称为构件的标准内力,经各工况内力组合后,形成构件的组合内力。

SATWE 计算结果构件信息中会输出每个构件在各工况下的标准内力,如图 7-14 所示。

二、标准内力信息

* 荷载工况(01)---恒荷载(DL)
* 荷载工况(02)---活荷载(LL)
* 荷载工况(03)---X向风荷载(WX)
* 荷载工况(04)---Y向风荷载(WY)
* 荷载工况(05)---X向地震(EX)
* 荷载工况(06)---Y向地震(EY)

荷载工况	MX-Bottom	MY-Bottom	MX-Top	MY-Top	Shear-X	Shear-Y	Axial
(1)DL	156.01	-3.05	250.89	-5.26	13.68	-6.51	-1770.79
(2)LL	18.86	-0.12	25.80	-0.61	-0.39	-0.56	-226.29
(3)WX	-89.92	0.74	-39.00	0.17	21.51	1.20	175.14
(4)WY	53.51	-3.99	161.66	-4.25	25.67	-3.06	-352.22
(5)EX	-446.96	3.49	241.00	0.47	171.38	5.91	815.59
(6)EY	138.94	-8.75	426.88	-10.18	74.69	-6.62	-808.01

图 7-14　各工况下构件标准内力输出

7.3.2　柱、墙最大组合内力

对柱、墙构件的设计中一般我们首先关心的是其最大的一组组合内力值,包括有轴力最大或弯矩最大等。在 SATWE 程序中,通过菜单可以把用于基础设计的上部荷载以图形方式显示出来,如图 7-15 所示。注意:该菜单显示的传基础设计内力仅供参考,更准确的基础荷载,应由基础设计软件读取上部分析的标准内力,在基础设计时组合配筋得到。

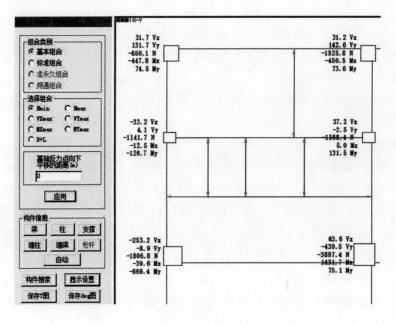

图 7-15　底层柱、墙最大组合内力简图

7.3.3 梁内力与配筋包络

对梁的设计我们一般是把计算得到的各组组合内力值,都施加一遍后得到梁各截面上的最大正弯矩与最大负弯矩,形成梁受力的内力包络图,如图 7-16 所示。再依其进行配筋得到配筋包络。在 SATWE 程序中,通过菜单可以查看梁各截面设计内力包络图。每根梁给出 9 个设计截面,梁设计内力曲线是将各设计截面上的控制内力连线而成的。

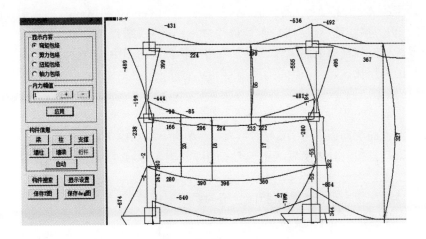

图 7-16　梁设计内力包络图

在 SATWE 程序中,通过菜单可以查看梁各截面设计配筋包络图,如图 7-17 所示。图面上负弯矩对应的配筋以负数表示,正弯矩对应的配筋以正数表示。

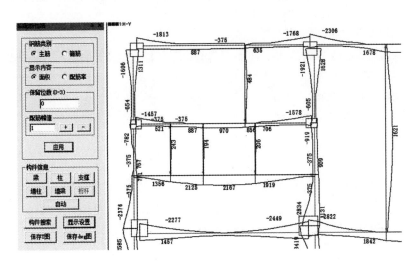

图 7-17　梁配筋包络图

7.3.4 柱配筋

柱配筋可由柱的组合内力按规范中的公式计算出。SATWE 计算结果配筋简图会给出柱的配筋,如图 7-18 所示。在左上角标注(Uc),在柱中心标柱 Asvj,在下边标注

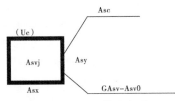

图 7-18　柱配筋示意图

Asx,在右边标注 Asy,上引出线标注 Asc,下引出线标注 Asv 和 Asv0。

其中:Asc 为柱一根角筋的面积,采用双偏压计算时,角筋面积不应小于此值,采用单偏压计算时,角筋面积可不受此值控制(cm^2)。

Asx、Asy 分别为该柱 B 边和 H 边的单边配筋,包括两根角筋(cm^2)。

Asvj、Asv、Asv0 分别为柱节点域抗剪箍筋面积、加密区斜截面抗剪箍筋面积、非加密区斜截面抗剪箍筋面积,箍筋间距均在 Sc 范围内。其中:Asvj 取计算的 Asvjx 和 Asvjy 的大值,Asv 取计算的 Asvx 和 Asvy 的大值,Asv0 取计算的 Asvx0 和 Asvy0 的大值(cm^2)。

若该柱与剪力墙相连(边框柱),而且是构造配筋控制,则程序取 Asc、Asx、Asy、Asvx、Asvy 均为零。此时该柱的配筋应该在剪力墙边缘构件配筋图中查看。

Uc 为柱的轴压比。

G 为箍筋标志。

柱配筋说明:

(1)柱全截面的配筋面积为:As=2×(Asx+Asy)−4×Asc。

(2)柱的箍筋是按设计人员输入的箍筋间距 Sc 计算的,并按加密区内最小体积配箍率的要求控制。

(3)柱的体积配箍率是按普通箍和复合箍的要求取值的。

7.3.5 框架梁柱节点设计

一、二、三级抗震等级的框架应进行节点核心区受剪承载力计算。四级抗震等级的框架节点核心区可不进行计算,但应符合抗震构造措施的要求。

1. 框架梁柱节点核心区剪力设计值

框架梁柱节点核心区考虑抗震等级的剪力设计值 V_j 应按《混凝土结构设计规范(GB 50010—2010)》第 11.6.2 条规定计算。

2. 框架梁柱节点核心区受剪承载力计算

框架梁柱节点核心区受剪的水平截面应符合《混凝土结构设计规范(GB 50010—2010)》第 11.6.3 条的要求。

当截面不满足上述要求时,给出超筋信息,此时应加大截面或提高混凝土强度等级。框架梁柱节点的受剪承载力应按《混凝土结构设计规范(GB 50010—2010)》第 11.6.4、11.6.5条规定计算。

7.3.6 边缘构件设计

《建筑抗震设计规范(GB 50011—2010)》第 6.4.5 条、《高层建筑混凝土结构技术规程(JGJ 3—2010)》第 7.2.14 条都明确提出了剪力墙端部应设置边缘构件的要求,并且列出了常见的 4 种边缘构件形式。对每种形式的边缘构件,都规定了配筋阴影区尺寸的确定方法以及主筋、箍筋的最小配筋率。

SATWE 中自动对边缘构件进行了设计。选中"边缘构件"选项点击"应用"按钮即可查看边缘构件简图(如图 7 - 19 所示)。每一个边缘构件上都沿着其主肢方向标出了其特征尺寸 Lc、Ls 和 Lt (如果有这个参数的话)以及主筋面积、箍筋面积或者配箍率。尺寸参数前面都加了识别符号 Lc、Ls 或 Lt;主筋面积前面有一个识别符号 As,其单位是平方毫米。箍筋标出配箍率,配箍率前面有识别符号 Psv。

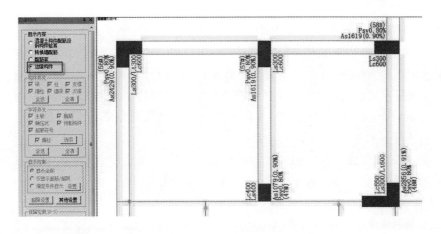

图 7-19　边缘构件简图

7.3.7　楼板内力与配筋

在"特殊板"中定义了弹性板（弹性膜）时，经过 PKPM 楼板有限元计算模块的计算，在楼板菜单中可查看楼板、桩筏等的计算结果，该菜单包括四部分内容：等位移线、等应力线、板配筋和荷载及桩反力，如图 7-20 所示。楼板是采用多边形壳元进行模拟的。

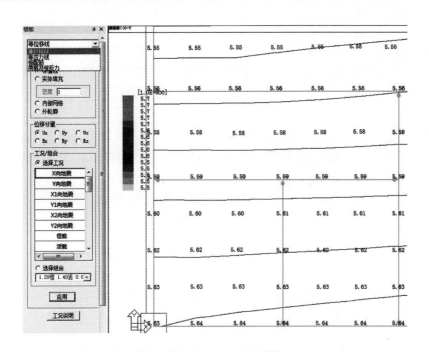

图 7-20　楼板内力与配筋结果

7.4　结构计算书生成

完成结构分析计算后，还需将计算的结果有效地表达出来，以便交付设计成果、进行设计审核等。选取表达的内容要清晰、准确，以利于审核人员进行分析设计的合理、合规性。本节主要介绍常规结构计算结果的表达内容。

7.4.1　结构位移结果

《高层建筑混凝土结构技术规程(JGJ 3—2010)》第3.4.5条规定："在考虑偶然偏心影响的规定水平地震力作用下,楼层竖向构件最大的水平位移和层间位移,A级高度高层建筑不宜大于该楼层平均值的1.2倍,不应大于该楼层平均值的1.5倍;B级高度高层建筑、超过A级高度的混合结构及本规程第10章所指的复杂高层建筑不宜大于该楼层平均值的1.2倍,不应大于该楼层平均值的1.4倍。"

《建筑抗震设计规范(GB 50011—2010)》第3.4.3-1条规定:扭转不规则,在规定的水平力作用下,楼层的最大弹性水平位移(或层间位移),大于该楼层两端弹性水平位移(或层间位移)平均值的1.2倍。

《高层建筑混凝土结构技术规程(JGJ 3—2010)》第3.7.3条规定:按弹性方法计算的风荷载或多遇地震标准值作用下的楼层层间最大水平位移与层高之比 $\Delta u/h$ 宜符合下列规定:

(1)高度不大于150m的高层建筑,其楼层层间最大位移与层高之比 $\Delta u/h$ 不宜大于表7-1的限值。

表 7-1　楼层层间最大位移与层高之比的限值

结构类型	层间位移角
钢筋混凝土框架	1/550
钢筋混凝土框架－抗震墙、板柱－抗震墙、框架－核心筒	1/800
钢筋混凝土抗震墙、筒中筒	1/1000
钢筋混凝土框支层	1/1000
多、高层钢结构	1/250

(2)高度不小于250m的高层建筑,其楼层层间最大位移与层高之比 $\Delta u/h$ 不宜大于1/500。

(3)高度在150～250m的高层建筑,其楼层层间最大位移与层高之比 $\Delta u/h$ 的限值可按上述第1款和第2款的限值线性插入取用。

SATWE计算结果文本会输出考虑偶然偏心影响的规定水平力的位移比和层间位移比,还输出了地震工况和风荷载工况下楼层的最大位移和最大层间位移角,如图7-21所示。

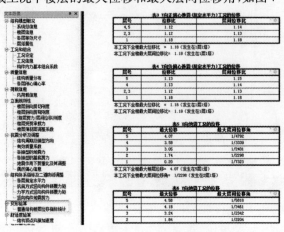

图 7-21　位移计算结果输出

7.4.2 各荷载工况下结构空间变形

图 7-22 中,可通过菜单来查看不同荷载工况作用下结构的空间变形情况。通过"位移动画"和"位移云图"选项可以清楚地显示不同荷载工况作用下结构的变形过程,在"位移标注"选项中还可以看到不同荷载工况作用下节点的位移数值。

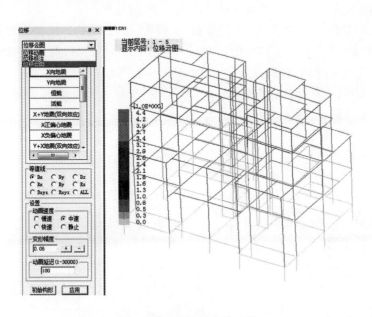

图 7-22 结构的位移云图

7.4.3 结构整体空间振动简图

图 7-23 中,可通过菜单查看结构的三维振型图及其动画。设计人员可以观察各振型下结构的变形形态,可以判断结构的薄弱方向,可以确认结构计算模型是否存在明显的错误。

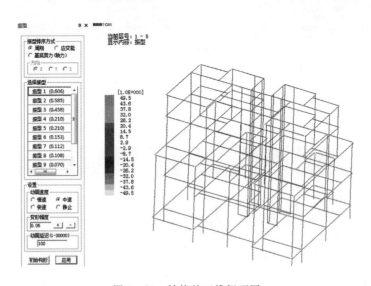

图 7-23 结构的三维振型图

7.4.4　结构计算书内容

软件在计算书中将计算结果分类组织,依次是设计依据、计算软件信息、主模型设计索引(需进行包络设计)、结构模型概况、工况和组合、质量信息、荷载信息、立面规则性、抗震分析及调整、变形验算、舒适度验算、抗倾覆和稳定验算、时程分析计算结果(需进行时程分析计算)、超筋超限信息、结构分析及设计结果简图等 16 类数据。

为了清晰地描述结果,计算书中使用表格、折线图、饼图、柱状图或者它们的组合进行表达,设计人员可以灵活勾选。在打印输出时,软件提供了彩色、黑白两种风格供设计人员选择。计算书文件类型上软件也提供了 Word 格式、PDF 格式及 txt 格式。

由于各个设计院的计算书格式不尽一致,所以软件提供了模板定制功能。每个院都可以定制自己的模板,然后导出到各台电脑上,以后需要用到该模板时,可以直接导入,不需要重复进行设置。对于需要进行特殊定制的高级设计人员,可以在"计算书设置"菜单中进行精心的设置,这样就可以输出最符合自身需求的计算书,如图 7-24 所示。

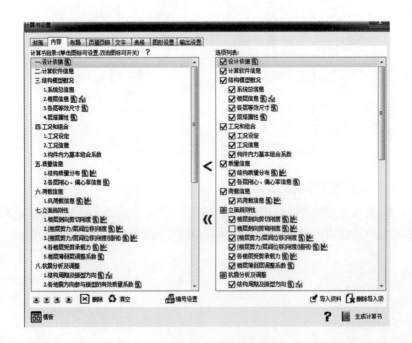

图 7-24　计算书设置

本章小结

从本章中对结构设计参数的示例可以看出结构设计需考虑的全面性、复杂性,以及结构设计规范对结构分析计算的影响。诸如:基础、地震作用、风作用、温度影响等因素都是结构设计人员必须了解的结构 BIM 模型中特有的专业信息知识。对于结构设计中不可或缺的荷载因素,文中详尽叙述了是如何通过荷载组合考虑到结构计算中的。

通过本章的学习应了解掌握结构整体分析计算以及结构构件设计计算中所包含的诸方面内容,并对一般结构分析计算所需交付的成果有初步的了解。

第8章 结构钢筋

教学导入

本章主要详细介绍如何应用 Revit 进行结构钢筋的基本操作和应用,以介绍钢筋的绘制为主,并通过操作演示的详细步骤,来深入认识 Revit 对钢筋的定义。

学习要点

- 钢筋设置
- 钢筋的限制条件和保护层
- 放置钢筋
- 编辑钢筋
- 绘制钢筋
- 钢筋属性

8.1 钢筋设置

放置钢筋图元需要有效的钢筋主体,如图8-1所示。有效的主体中包含了下列族:

①结构框架;

②结构柱;

③结构基础;

④结构连接;

⑤楼板;

⑥墙;

⑦基础底板;

⑧条形基础;

⑨楼板边。

图8-1 钢筋图元放置在
钢筋主体上

对于"常规模型"族样板创建的族图元可以作为钢筋的主体。在"族编辑器"中打开图元,在"属性"选项板上,选择"结构"部分中的"可作为钢筋主体"(在族类别和族参数对话框中的族参数列表中"可将钢筋附着到主体"),将族重新载入到项目中。

在显示混凝土柱、梁、墙、基础和结构楼板中的钢筋,可以在"结构"选项卡的"钢筋"面板上使用"钢筋"工具,如图8-2所示。

图8-2 "结构"选项卡中的"钢筋"工具

也可以在适当地选定（选定适当的）主体（如混凝土梁、柱、结构楼板或基础）时，在"修改"选项卡的"钢筋"面板上使用"钢筋"工具，如图8-3所示。

图8-3 "修改"选项卡中的"钢筋"工具

8.2 钢筋限制条件和保护层

钢筋限制条件用于设置和锁定各个钢筋实例相对于混凝土主体图元的几何图形。钢筋保护层是钢筋参数化延伸到混凝土主体的内部偏移，见图8-4。

钢筋图元具有以下特殊性：

①由完全灵活的几何图形组成；

②受制于其钢筋形状的定义；

③尺寸和位置完全由其他图元确定。

8.2.1 钢筋限制条件

钢筋限制条件将钢筋操纵柄平面锁定到平面参照。

平面参照如图8-5所示，有混凝土图元表面和镫（箍）筋操纵柄平面（仅限标准样式钢筋）。

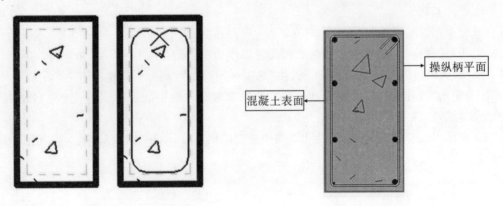

图8-4 钢筋保护层示意图　　　图8-5 钢筋的平面参照

在大多数情况下,钢筋操纵柄平面和参照平面必须平行。但是,钢筋端点操纵柄可以限制到角度最大为 60 度的平面。如图 8 - 6 所示。

我们可以指定以下类型的限制条件:钢筋保护层;其他钢筋(镫筋操纵柄平面);到主体表面;在图 8 - 7 中,镫筋和四个简单的直筋应用了不同的限制条件类型。

①钢筋 A:限制到梁顶面的钢筋保护层。

②钢筋 B:限制到其他钢筋的镫筋。

③钢筋 C:限制到最近的平行主体表面。

④钢筋 D:特殊的限制条件情况。在镫筋/箍筋中,放置在弯头旁边的纵向直筋可以沿着这些镫筋/箍筋中的弯头限制到不同位置。例如,围绕着各个弯头、以 45 度为增量的点,例如 0°、45°、90°、135° 等。系统会对限制条件应用一定量的偏移,从而将纵向钢筋以所需的角度位置依靠在镫筋/箍筋弯头的内侧。

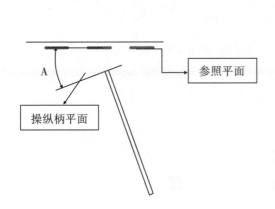
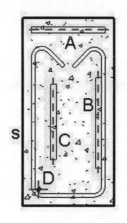

图 8 - 6　钢筋操纵柄平面和参照平面　　图 8 - 7　不同的限制条件类型

用于放置的钢筋的默认限制条件逻辑顺序如下:

①(仅限直筋)钢筋寻找镫筋弯头参照点来限制其边缘以及平面位置操纵柄。

②钢筋寻找最近的主体图元保护层面。标准样式钢筋还查找镫筋控制柄,忽略任何已被镫筋占据的主体保护层。

③如果在要求的允差内找不到保护层面或镫筋,则钢筋寻找最近的主体表面(无论带或不带保护层),从而形成到该表面的恒定距离锁定限制条件。

在模型中选择一个钢筋图元,单击"修改|结构钢筋"选项卡→"主体"面板→ ▣（编辑限制条件）。如图 8 - 8 所示。

图 8 - 8　钢筋的限制条件

在"钢筋限制条件"对话框中,选择"钢筋平面"、"钢筋起点"、"钢筋终点"或"钢筋段"。将在绘图区域中高亮显示表示限制条件目标的主体面,如图8-9所示。

要更改钢筋的限制条件目标,请从"限制条件目标"下拉列表中选择一个替代目标,如图8-10所示。

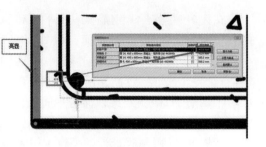

图8-9 限制条件目标的主体面

图8-10 更改钢筋的限制条件目标

在"恒定偏移"列中输入一个特定的偏移。负值将限制条件向主体中心移动;正值将限制条件向主体外部移动。如图8-11所示。

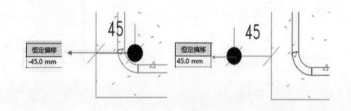

图8-11 恒定偏移

选择"保护层"以强制将限制条件应用于主体的钢筋保护层,如图8-12所示。

钢筋操纵柄	限制条件目标	到保护层	恒定偏移	
钢筋平面	钢筋段 2, 8 HPB300 形状 33 (ld: 444605)			显示当前
钢筋 1	面 22, 400 x 800mm 混凝土 - 矩形梁 (ld: 443440)	☑		设置为首选
钢筋起点	面 14, 400 x 800mm 混凝土 - 矩形梁 (ld: 443440)		299.7 mm	
钢筋终点	面 9, 400 x 800mm 混凝土 - 矩形梁 (ld: 443440)		299.8 mm	查找默认
	确定	取消		帮助 (H)

图8-12 将限制条件应用于主体的钢筋保护层

单击"显示当前"以将选定行恢复为当前限制条件。

单击"设置为首选"以替换选定行的当前限制条件。替换将标有星号,并且在后续更新钢筋图元时将作为首选限制条件目标。

单击"查找默认值"以清除选定行的用户限制条件替换。

8.2.2 钢筋保护层的设置

为整个图元设置保护层,如图 8 – 13 所示。

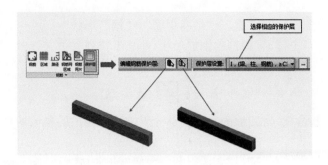

图 8 – 13 为整个图元设置保护层

如果没有需要的保护层,那么点击后面的"编辑保护层设置" ⌷⌷⌷ 按钮,可以添加或者修改保护层设置,然后在保护层设置里面重新选择。如图 8 – 14 所示。

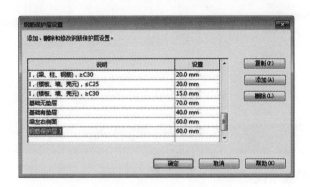

图 8 – 14 添加或者修改保护层设置

修改主体保护层外观:"管理"选项卡→"设置"面板→"对象样式",如图 8 – 15 所示。

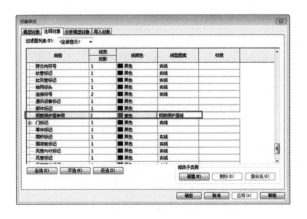

图 8 – 15 修改主体保护层外观

8.2.3　允许镫筋和箍筋捕捉到钢筋保护层外部

实际工程项目中,往往有钢筋深入到保护外部,在 Revit 中是允许钢筋深入到保护层中的。

(1)在项目浏览器中,展开"族"→"结构钢筋"→"钢筋形状"。

(2)用鼠标右键单击镫筋/箍筋的钢筋形状,并从下拉列表中选择"编辑",则族编辑器即会打开。

(3)单击"修改"选项卡→"属性"面板→(族类型)。

(4)在"钢筋形状参数"对话框的"构造"部分下,选择"保护层参照的外部面"作为"镫筋/箍筋附件"。

(5)单击"确定"按钮,然后保存并关闭族。如图 8-16 所示。

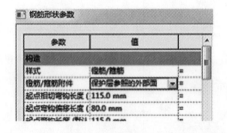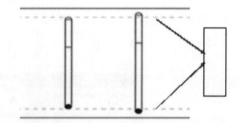

图 8-16　镫筋和箍筋捕捉钢筋保护层外部

8.3　放置钢筋

8.3.1　放置单根钢筋

(1)确定钢筋形状是否匹配参照弯钩。在将任何钢筋放置到项目中之前,请务必指定此选项,因为在以后的设计过程中将无法更改。见图 8-17。

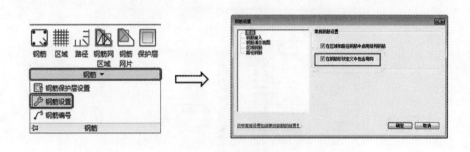

图 8-17　确定钢筋形状是否匹配参照弯钩

(2)一般在剖面图中添加钢筋。

(3)单击"结构"选项卡→"钢筋"面板(钢筋)。选中有效钢筋主体图元时,在其"上下文选项卡"中也可以找到该工具。

(4)在"属性"选项板上方的"类型选择器"中,选择所需的钢筋类型。

(5)在选项栏上的"钢筋形状选择器"或"钢筋形状浏览器"中,选择所需的钢筋形状。

如有必要,请单击"修改|放置钢筋"选项卡→"族"面板→▢(载入形状)以载入其他钢筋形状,如图8-18所示。

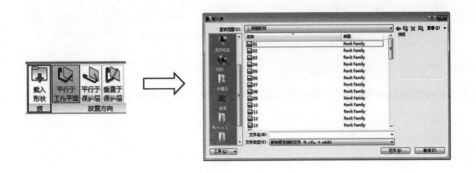

图8-18　在剖面图中添加钢筋

1. 平面钢筋

在"修改|放置钢筋"选项卡"放置方向"面板中,单击以下放置方向之一:

(1)平行于工作平面(将平面钢筋平行于当前工作平面放置),如图8-19所示。

(2)平行于保护层(将平面钢筋垂直于工作平面并平行于最近的保护层参照放置),如图8-20所示。

(3)垂直于保护层(将平面钢筋垂直于工作平面并垂直于最近的保护层参照放置),如图8-21所示。

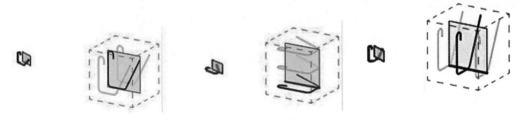

图8-19　平行于工作平面　　　　图8-20　平行于保护层　　　　图8-21　垂直于保护层

其中方向定义了在放置到主体中时的钢筋对齐方向。

2. 多平面钢筋

在"修改|放置钢筋"选项卡下"放置透视"面板中,单击以下放置透视之一,如图8-22所示。

透视定义了多平面钢筋族的哪一侧平行于工作平面(如果没有多平面钢筋形状,可以绘制一个多平面钢筋)。

如果将标准样式钢筋放在与镫筋/箍筋样式钢筋相邻的位置,则标准钢筋将沿着镫筋/箍筋钢筋的边缘进行捕捉。这包括镫筋/箍筋钢筋的直边及圆角和弯钩,如图8-23所示。

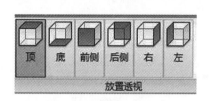

图8-22　放置透视

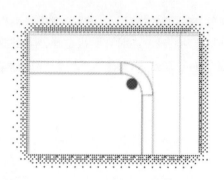

图8-23　标准钢筋沿着镫筋/
箍筋钢筋的边缘进行捕捉

在放置时按空格键,以便在保护层参照中旋转钢筋形状的方向。放置后,可以通过选择钢筋,然后类似地使用空格键来切换方向。

要更改钢筋形状的主体,请选择钢筋形状,然后单击"修改|结构钢筋"选项卡→"主体"面板→,然后选择新的钢筋主体。如图8-24所示。

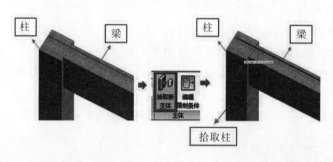

（a）钢筋主体为梁　　　　　　　（b）钢筋主体为柱

图8-24　更改钢筋形状的主体

8.3.2　放置钢筋集

(1)固定数量:钢筋之间的间距是可调整的,但钢筋数量是固定的,以您的输入为基础。

(2)最大间距:指定钢筋之间的最大距离,但钢筋数量会根据第一条和最后一条钢筋之间的距离发生变化。

(3)间距数量:指定数量和间距的常量值。

(4)最小净间距:指定钢筋之间的最小距离,但钢筋数量会根据第一条和最后一条钢筋之间的距离发生变化。即使钢筋大小发生变化,该间距仍会保持不变,如图8-25所示。

图8-25　放置钢筋集

也可在钢筋的实例属性中定义钢筋集的布局规则,如8-26所示。

(1)选择要修改的钢筋集。根据布局规则修改钢筋集的属性,或者通过使用钢筋集端点处的造型操纵柄修改其属性。如图8-27所示。

图8-26　在实例属性中
定义布局规则

图8-27　造型操纵柄修改钢筋集属性

(2)固定数量:拖拽造型操纵柄可以修改钢筋集中钢筋实例之间的距离。

(3)最大间距:拖拽造型操纵柄可修改钢筋集中钢筋实例的数量,同时保持一个不大于您定义的最大间距的距离。

(4)最小净间距:拖拽造型操纵柄可修改钢筋集中钢筋实例的数量,同时保持一个不小于您定义的最小净间距的距离。

(5)隐藏钢筋集的第一根和最后一根钢筋,如图8-28所示。

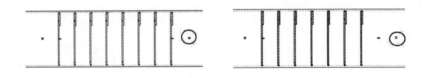

图8-28　隐藏钢筋

取消选中某个复选框将隐藏相应的钢筋。该钢筋将隐藏起来,但不会从钢筋集内删除。它将对钢筋保护层和钢筋集造型操纵柄进行响应。

8.4　编辑钢筋

在实际工程中,有钢筋加密区和一些对钢筋布置的施工工艺要求,这就需要在Revit中对钢筋进行编辑,下面我们以钢筋集和螺旋钢筋为例,讲述对钢筋的编辑。

8.4.1　钢筋集的钢筋演示

1. 默认钢筋演示

对于视图中的钢筋集和剖面中的钢筋集,在钢筋设置中指定以下其中一种演示样式,见

图 8 - 29。

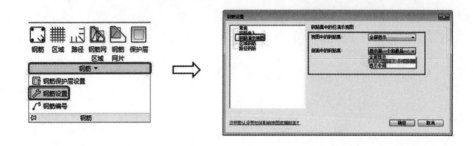

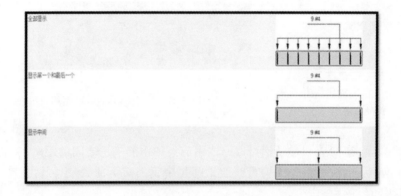

图 8 - 29　默认钢筋演示

2. 修改钢筋集中钢筋演示

(1)选择钢筋集,从"修改|结构钢筋"选项卡"演示"面板中,单击下面的某一个钢筋演示方案,见图 8 - 30。

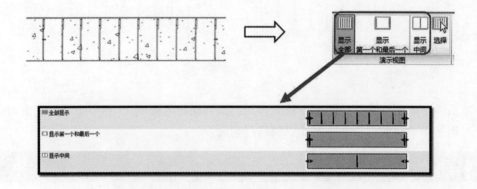

图 8 - 30　修改钢筋集中钢筋的演示方法

(2)(可选)单击"修改|结构钢筋"选项卡→"演示"面板→ "选择",以指定用于代表钢筋集的各个钢筋,见图 8 - 31。

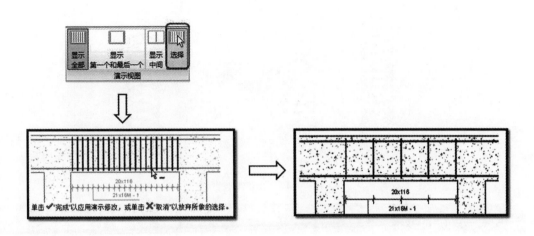

图 8 - 31　选择想要改变演示方法的钢筋

8.4.2　修改螺旋钢筋

与其他钢筋族不同,螺旋钢筋是多平面钢筋且无法在族标高中编辑。

1. 调整螺旋钢筋高度

要修改螺旋的长度,请使用钢筋螺旋顶部和底部的三角形控制柄。相应拖拽箭头,以延长或缩短螺旋,见图 8 - 32。

这些控制柄并不会拉伸螺旋,而是在使螺旋钢筋保持指定高度的前提下成比例地增加线圈数。

2. 缩放螺旋钢筋直径

要缩放螺旋钢筋线圈的宽度,拖拽钢筋线圈端点处的旋转控制柄以调整螺旋钢筋的直径,见图 8 - 33。

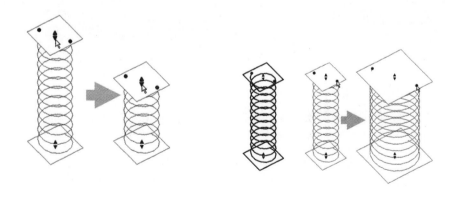

图 8 - 32　调整螺旋钢筋高度　　　　　图 8 - 33　缩放螺旋钢筋直径

3. 旋转螺旋钢筋

如有需要,可以通过旋转螺旋钢筋的定位来对齐钢筋的端点。拖拽位于顶部钢筋线圈端点处的旋转控制柄,可以旋转钢筋端点的位置,见图 8 - 34。

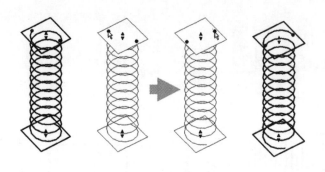

图 8 - 34　旋转螺旋钢筋

8.5　绘制钢筋

和钢筋相关的元素都是系统族文件,如钢筋直径、钢筋形状和钢筋弯钩,但钢筋形状可以通过外部族文件加载到项目中,同时,在钢筋形状族文件中添加钢筋类型和弯钩会被夹在项目中,下面来讲述如⌐创建各种类型的钢筋。

8.5.1　绘制平面钢筋

先选择剖面视图→绘制钢筋🖉→拾取钢筋主体→绘制钢筋。然后添加钢筋弯钩:在"属性"面板中选择钢筋的起点/终点弯钩,如图 8 - 35 所示。

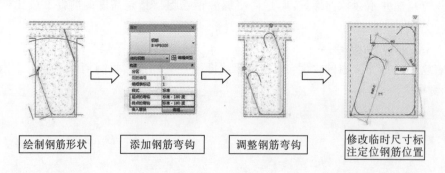

图 8 - 35　绘制平面钢筋

8.5.2　绘制多平面钢筋

绘制多平面钢筋的方式与绘制单平面钢筋一样。使用钢筋绘制工具中的"多平面"钢筋工具,绘制钢筋形状。如图 8 - 36 所示。

图 8 - 36　绘制多平面钢筋

切换到三维视图,有三个复选框可供进一步编辑多平面钢筋形状,如图 8-37 所示。

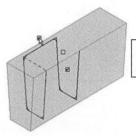

禁用/启用第一个连接件线段:切换连接线段的位置。启用时,将使用第一个线段。禁用时,则使用第二个线段。

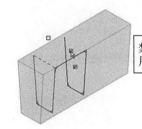

禁用/启用第二个连接件线段:切换连接线段的位置。启用时,将使用第二个线段。禁用时,则使用第一个线段。

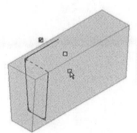

禁用形状线段的副本:删除复制的形状,但在该位置留下连接件线段。

图 8-37　在三维视图中编辑多平面钢筋形状

8.5.3　绘制区域钢筋

　　使用"结构区域钢筋"工具在楼板、墙、基础底板和其他混凝土主体中放置数量较大且均匀放置的钢筋,如图 8-38 所示。

　　区域钢筋可在主体中创建多达四个钢筋层,可以为各个层定义钢筋的大小和间距。如图 8-39 所示。

图 8-38　使用"结构区域钢筋"
工具放置钢筋

图 8-39　多个钢筋层

主体的实例属性控制着各个区域钢筋实例的钢筋保护层设置(从主体边缘/面到钢筋的偏移距离),见图8-40。

图8-40 钢筋保护层设置

在三维视图中,可以放置跨越主体图元全部范围的钢筋。

(1)打开楼板、墙或基础底板的三维视图。

(2)单击"结构"选项卡→"钢筋"面板→▦"区域"。

(3)选择接收钢筋的主体(例如楼板、墙或基础底板)。

(4)单击"修改|创建钢筋边界"选项卡→"绘制"面板→▥(主筋方向)。

(5)使用草图库中的工具,沿着主体图元的一条边绘制一条线,以确定钢筋的方向。

(6)单击"修改|创建钢筋边界"选项卡→"模式"面板→✔(完成编辑模式)。

具体操作如图8-41所示。

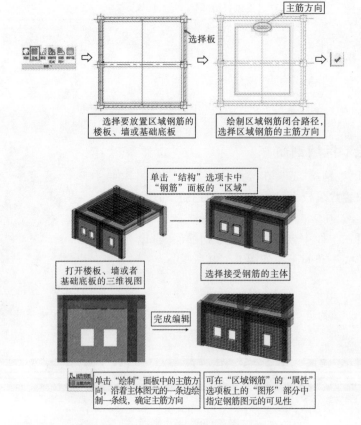

图8-41 在三维视图中放置钢筋

8.5.4 绘制路径钢筋

单击"结构"选项卡→"钢筋"面板 → ▦ (路径)。

注：选中有效钢筋主体图元时，在其"上下文选项卡"中也可以找到该工具。

绘制混凝土主体上的钢筋路径，以确保不会形成闭合环。

单击"修改|创建钢筋路径"选项卡→"模式"面板→✔（完成编辑模式）。如图8-42所示。

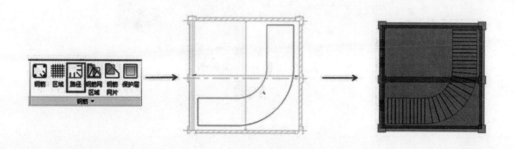

图8-42 绘制路径钢筋

如有必要，请单击选项栏上的 ▹ ，然后单击 ⇕（翻转控制），以使钢筋延伸到路径的对侧。如图8-43所示。

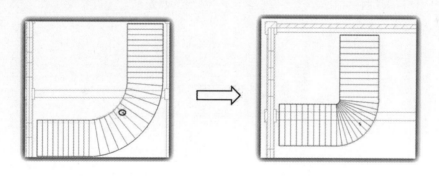

图8-43 钢筋延伸到路径的对侧

Revit 将"路径钢筋"符号和"路径钢筋"标记放置在路径最长分段中心处的已完成草图上。

默认情况下，路径钢筋的边界处于打开状态。要将其关闭，请单击"视图"选项卡→"图形"面板→"可见性图形"，然后清除"结构路径钢筋"下的"边界可见性"参数。如图8-44所示。

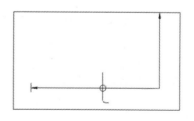

图8-44 关闭路径钢筋的边界

8.5.5　绘制钢筋网

将搭接的钢筋网片放置在楼板、墙和基础底板上。

钢筋网图元由钢筋网线和钢筋网片 2 个图元类型组成,如图 8-45 所示。

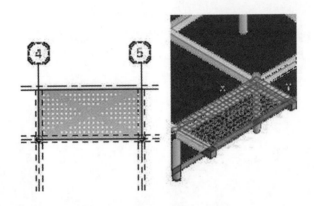

图 8-45　钢筋网线和钢筋网片

放置后,钢筋将应用于楼板或基础底板的顶部或底部,或墙的内部或外部。主体的实例属性控制着各个钢筋网实例的钢筋保护层设置(从主体边缘/面到钢筋的偏移距离)。

①单击"结构"选项卡→"钢筋"面板→[图标](结构钢筋网区域)。

②选择楼板、墙或基础底板以接收钢筋网区域。

③单击"修改|创建钢筋网边界"选项卡→"绘制"面板→[图标](边界线)。

④绘制一条闭合的回路,如图 8-46 所示。

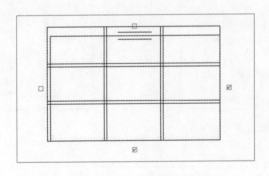

图 8-46　绘制钢筋网

注:平行线符号表示钢筋网区域的主筋方向边缘。在草图模式中,可以更改此区域的主筋方向。钢筋网区域的主筋方向非常重要,因为它确定钢筋网片的旋转。钢筋网片中的主要钢筋平行于主筋方向。每个钢筋网区域都有一个具有边缘控件的矩形包络(虚线)。

⑤选择控件以确定钢筋网片布局的开始/结束边缘。

使用这些控件,可以指示钢筋网片对齐和搭接值。应该至少选择两个相邻控件来创建正确的钢筋网片布局。钢筋网片布局会将钢筋网片调整到钢筋网边界。钢筋网片将被绘制的边界和主体中的洞口剪切,如图 8-47 所示。

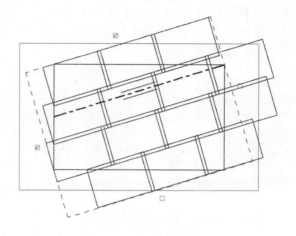

图 8-47　钢筋网片被剪切

注:要更改钢筋网的图形参数,请单击"视图"选项卡→"图形"面板→"可见性/图形",并修改"结构钢筋网区域"或"结构钢筋网"下的参数。

⑥在"钢筋网区域"的"属性"选项板的"构造"部分中选择搭接位置。

⑦单击"修改|创建钢筋网边界"选项卡→"模式"面板→"完成编辑模式"。

⑧要在完成的草图上自动放置符号和标记,请在"钢筋网区域"的"属性"选项板的"标识数据"下的"在视图中标记新构件"参数中选择正确的视图。

如图 8-48 所示,Revit 可以单独为每个钢筋网片放置钢筋网符号和标记。

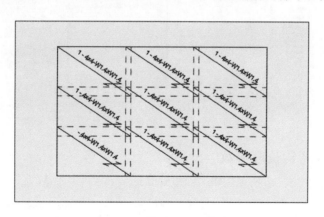

图 8-48　钢筋网的符号和标记

8.6　钢筋弯钩

钢筋弯钩有四种类型,分别是 45°、90°、135°和 180°,根据规范要求,弯钩的长度也有所不同。在 Revit 中,不仅定义了钢筋弯钩的类型,而且还可以根据规范要求对弯钩进行编辑,让用户更方便地定义钢筋。

8.6.1 定义钢筋弯钩类型

在主体中放置钢筋后,可以修改钢筋属性来指定弯钩,如8-49所示。

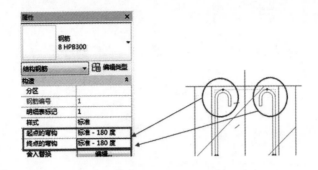

图8-49 修改钢筋属性来指定弯钩

(1)在项目浏览器中,定位到"族"→"结构钢筋"→"钢筋弯钩"。

(2)在弯钩上单击鼠标右键,然后选择"复制"。

(3)用鼠标右键单击新副本进行重命名,双击新副本。

(4)在"钢筋弯钩长度"对话框中定义样式、弯钩角度和延伸乘数。

(5)单击"确定"。如图8-50所示。

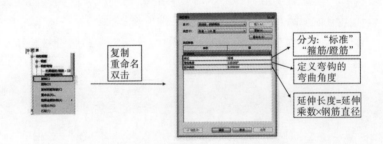

图8-50 定义样式、弯钩角度和延伸乘数

8.6.2 钢筋弯钩长度参数

钢筋类型属性中的弯钩长度编辑,见图8-51。

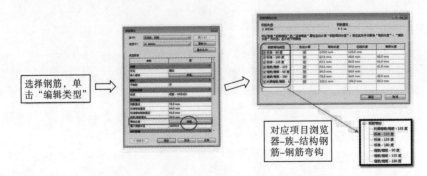

图8-51 钢筋类型属性中的弯钩长度编辑

钢筋弯钩长度各参数的说明如图 8-52 所示。

名称	说明
钢筋弯钩类型	这是该钢筋类型的有效钢筋弯钩的自填充列表。选中该复选框表示弯钩类型在钢筋的起点的弯钩"或"终点的弯钩"参数中可见。
自动计算	清除该复选框可替换"弯钩长度"和"偏移长度"的自动计算。
弯钩长度	显示弯钩类型的长度。
切线长度	显示弯钩类型的切线长度。
偏移长度	显示弯钩类型的偏移长度。主要将该可选参数用于创建明细表。

图 8-52   钢筋弯钩长度各参数的说明

各角度弯钩的钢筋弯钩参数如图 8-53 所描述。

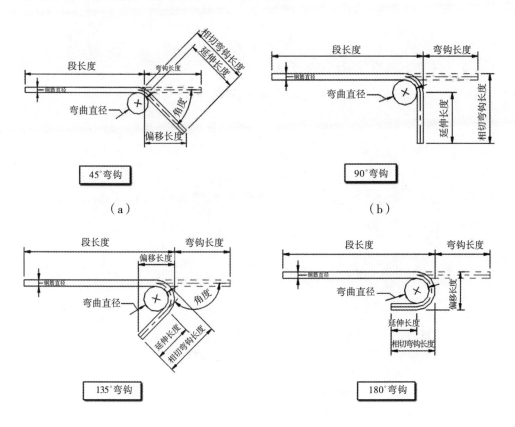

图 8-53   各角度弯钩的钢筋弯钩参数

8.6.3 修改钢筋弯钩

按空格键可移动箍筋和镫筋的弯钩,如图 8-54 所示。

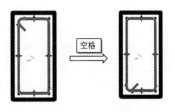

图 8-54   移动箍筋和镫筋的弯钩

通过草图模式可以访问这些控制柄来切换弯钩方向,如图8-55所示。

交换弯钩,如图8-56所示。

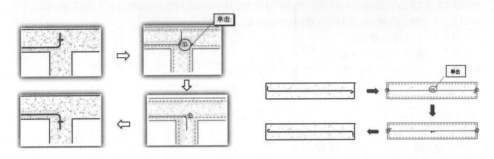

图8-55 在草图模式下切换弯钩方向　　　　图8-56 交换弯钩

8.6.4 调整钢筋在视图中的可见性

选择钢筋,单击实例属性中视图可见性(建议加上"状态")后的"编辑"按钮。具体如图8-57所示。

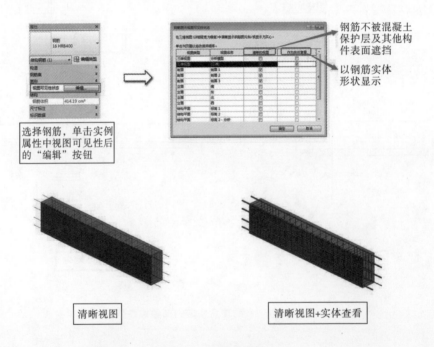

清晰视图　　　　　　　　　　　清晰视图+实体查看

图8-57 选择钢筋

8.7 指定钢筋明细表标记

钢筋明细表就是下料后全部钢筋汇总表,里面包括钢筋的构件部位、钢筋等级、形状、尺寸、计算公式、个数等。钢筋详图就是钢筋构件的详细尺寸,并画图表示,在图上注明每边的尺寸。在Revit中指定钢筋明细表标记,更方便用户统计钢筋。

8.7.1　输入明细表标记

选择要标记的所有钢筋实例和钢筋集。要选择多个实例,在按住 Ctrl 键的同时进行选择。

在"属性"选项板中,找到"构造"部分中的"明细表标记"参数。输入新的明细表标记或从下拉菜单中选择一个标记。如图 8-58 所示。

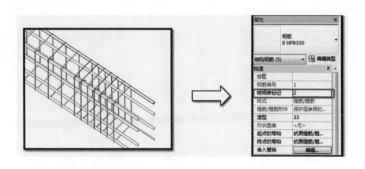

图 8-58　输入明细表标记

8.7.2　按明细表标记选择钢筋

用鼠标右键单击一个钢筋实例,单击下拉列表中的"按照明细表标记选择钢筋",如图 8-59所示。

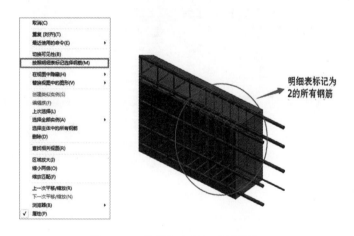

图 8-59　按明细表标记选择钢筋

8.8　钢筋属性

在 Revit 中定义了钢筋属性,主要内容有钢筋类型、钢筋的编号、钢筋样式、布置规则和钢筋的可见性。其又针对不同的属性内容分为实例属性和类型属性。

8.8.1　钢筋实例属性

(1)样式:指定弯曲半径控件为"标准"或"镫筋/箍筋"。

(2)钢筋编号:指定选定钢筋的编号,如果指定给分区,则具有相同类型、大小、形状和材质的钢筋会共享编号。

（3）顶部/底部面层匝数：仅用于螺旋钢筋，指定用来闭合螺旋钢筋底部的完整线圈匝数。

（4）图形：钢筋的查看状态。

（5）钢筋体积（只读）。

（6）钢筋长度：单条钢筋长度（只读）。

（7）总钢筋长度：钢筋集中所有钢筋总长度（只读）。

（8）A,B,C…指定其数量、参数和公式名称都是由形状内容定义的可变长度。具体如图8-60所示。

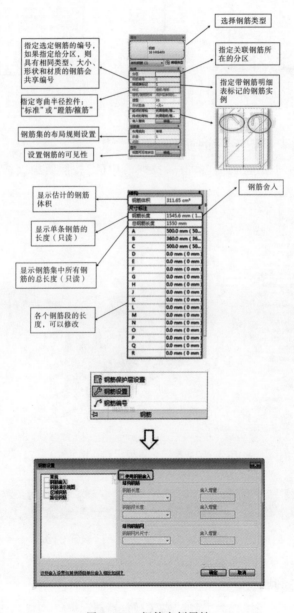

图 8-60　钢筋实例属性

(9)禁用钢筋舍入,则钢筋尺寸标注将显示精确长度值,如图 8-61 所示。

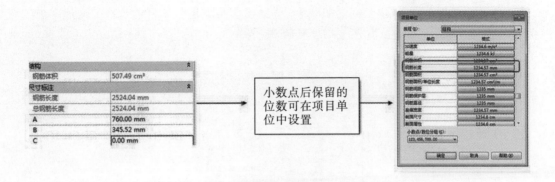

图 8-61　设置钢筋的精确长度值

(10)启用钢筋舍入,则钢筋尺寸标注将显示精确长度和括号中的舍入长度,如图 8-62 所示。

图 8-62　设置钢筋的舍入值

(11)螺旋钢筋特殊的实例参数,如图 8-63 所示。

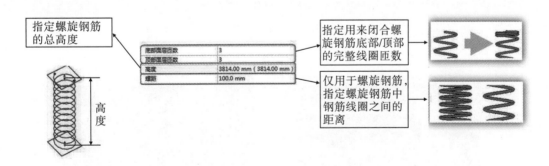

图 8-63　螺旋钢筋的实例参数

8.8.2　钢筋类型属性

(1)形变:为选定钢筋类型[变形(螺纹)或光面]指定变形参数。此参数会在分析中考虑。

(2)子类别:用于按子类别提供钢筋的图形替换。要创建新的子类别,请单击"管理"选项卡

→"设置"面板→"对象样式"。在"结构钢筋"类别中,在主类别下添加新的子类别。

(3)弯钩长度:在前面章节中已经详细讲述。

(4)最大弯曲半径:指定了钢筋明细表的"最大弯曲半径",其目的是平衡场地中由于弯曲直径较大而弯曲的钢筋。如图8-64所示。

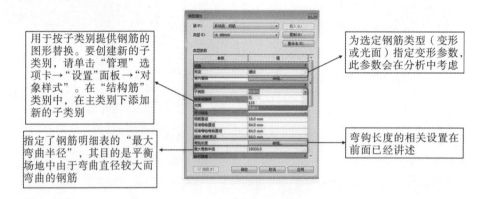

用于按子类别提供钢筋的图形替换。要创建新的子类别,请单击"管理"选项卡→"设置"面板→"对象样式"。在"结构筋"类别中,在主类别下添加新的子类别

为选定钢筋类型(变形或光面)指定变形参数,此参数会在分析中考虑

指定了钢筋明细表的"最大弯曲半径",其目的是平衡场地中由于弯曲直径较大而弯曲的钢筋

弯钩长度的相关设置在前面已经讲述

图8-64　钢筋类型属性

(5)标准弯曲直径:指定所选钢筋类型的非弯钩弯曲直径,如图8-65所示。

图8-65　标准弯曲直径

(6)标准弯钩弯曲直径:指定所选钢筋类型的弯钩弯曲直径,如图8-66所示。

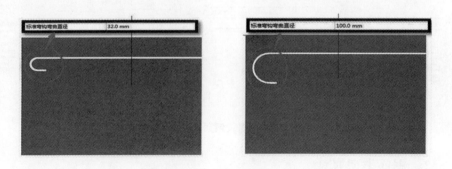

图8-66　标准弯钩弯曲直径

（7）镫筋/箍筋直径：指定可以是标准弯曲或镫筋/箍筋的钢筋弯曲直径，如图 8 - 67 所示。

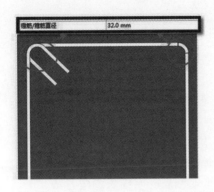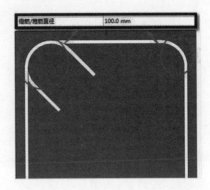

图 8 - 67　镫筋/箍筋直径

本章小结

钢筋主要起承载和构造作用，是结构深化设计中极为重要的部分，本章详细讲解了钢筋设置、钢筋放置、钢筋编辑、钢筋绘制及钢筋属性等知识点，以丰富的实例操作，展示了 Revit 在结构钢筋中的应用，意图使广大读者了解结构钢筋在 Revit 中的规范操作，使读者在建立 BIM 结构模型时，能够熟练掌握结构钢筋的操作步骤及使用方法。

第9章 统计明细表

教学导入

本章主要详细介绍如何应用 Revit 进行明细表统计基本操作与应用。

学习要点

- 了解 Revit 中创建统计明细表的种类
- 掌握明细表/数量、关键字明细表、材质提取明细表等明细表创建方法
- 掌握明细表输出方法

9.1 明细表概述

在 Revit Structure 中,明细表是项目的另一种表示或查看方式。它以表格形式显示项目相关信息,这些信息从项目中的图元属性中提取,并根据实际需要进行编辑和整理。明细表可以列出要编制的图元类型的每个实例,也可以汇总统计数量。同时还可以根据需要,在不同的设计阶段创建明细表。

明细表与项目模型关联,对项目模型的修改会影响明细表,明细表将自动更新并在列表中反映这些修改。

Revit 创建的明细表可以添加到图纸中,也可以将其导出到其他软件程序中,如 Excel 软件程序,从而实现对项目数据的共享及再处理。

Revit 2016 软件可以创建几种类型的明细表:

①明细表/数量;

②关键字明细表;

③材质提取;

④注释明细表(或注释块);

⑤图形柱明细表;

⑥视图列表;

⑦图纸列表。

9.2 创建明细表/数量

使用"明细表/数量"工具可以从图元属性中按类别提取工程信息并统计,下面以结构柱截面尺寸、定位信息等为例介绍结构明细表的编制方法。

创建明细表/数量步骤如下:

(1)单击"视图"选项卡→"创建"面板→"明细表"下拉列表→明细表/数量,如图 9-1 所示。

图 9-1 "明细表"下拉列表

弹出"新建明细表"对话框,如图 9-2 所示。在过滤器下拉菜单中,选择专业为"结构",在"类别"列表中选择需要统计的构件类别"结构柱",设置明细表的名称为"结构柱明细表",点选"建筑构件明细表",设置阶段为"新构造",单击"确定"按钮。

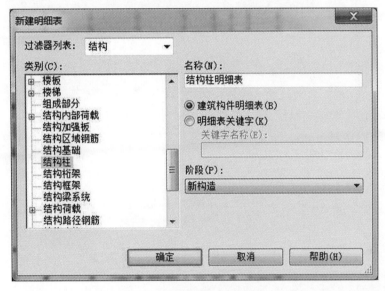

图 9-2 "新建明细表"对话框

注意:这里不要选择"明细表关键字"。如果要创建关键字明细表,详见下节关键字明细表。"阶段"的选择指该构件所处的时间阶段。

(2)如图 9-3 所示,在"明细表属性"对话框中,分别有"字段""过滤器""排序/成组""格式""外观"选项卡。可以根据需要进行相关设置。

①"字段"选项卡。"字段"选项卡中显示结构

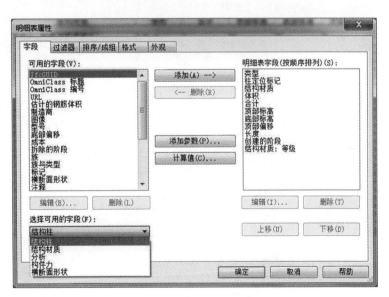

图 9-3 "明细表属性"对话框

柱对象可以在明细表中显示的实例参数和类型参数,依次选择结构柱相关的参数类型、柱定位标记、结构材质等参数,点击"添加"按钮添加到右侧"明细表字段(按顺序排列)"列表中,在该列表中,单击"上移""下移"按钮,调整字段顺序,也就是明细表中各字段从左到右的顺序。如图9-3所示。

注意:在左侧的"可用的字段"中可以选择更详细的可用字段。

②"过滤器"选项卡。该选项卡可设置过滤条件,通过设置过滤条件,实现只对需要的部分构件统计。如图9-4所示。

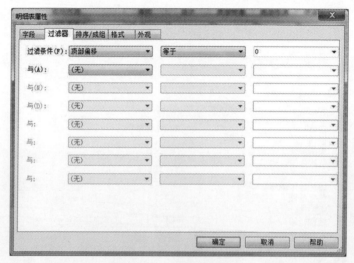

图9-4 "过滤器"选项卡

以下明细表字段不支持过滤:族、类型、族和类型、面积类型(在面积明细表中)、从房间、到房间(在门明细表中)、材质参数。

③"排序/成组"选项卡。该选项卡可设置排序方式,勾选"总计""逐项列举每个实例"按钮,将总数添加到明细表中。如图9-5所示。

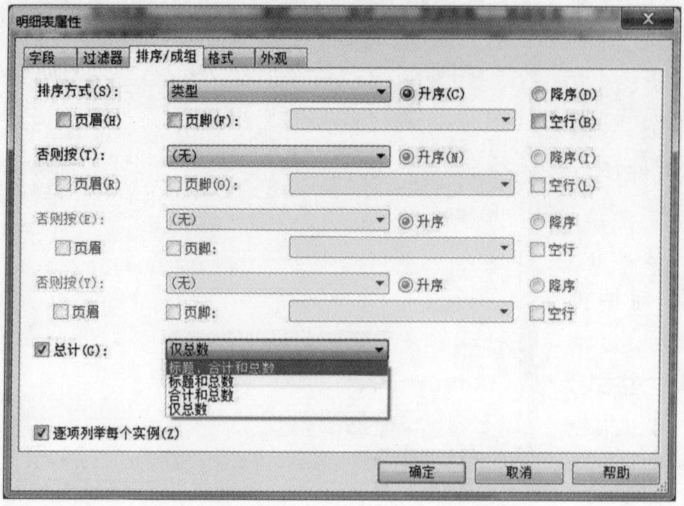

图9-5 "排序/成组"选项卡

④"格式"选项卡。该选项卡设定字段在表格中标题的名称、标题的方向、对齐方式,需要时可勾选"计算总数"复选框,如图9-6所示。勾选"计算总数"的字段,只能用于可计算总数的字段,如房间面积、成本、合计或房间周长。

图9-6 "格式"选项卡

注意:"字段格式"中,取消勾选"使用项目设置"可以设置明细表输出的单位、小数点位置等信息,如图9-7所示。

图9-7 设置明细表输出的单位

⑤"外观"选项卡。该选项卡可设置表格的线宽、标题及文字字体大小等,如图9-8
所示。

图9-8 "外观"选项卡

注意:明细表"外观"选项卡的设置在图纸中才会显示。

(3)设置好"明细表属性",单击确定即可建立名称为"结构柱明细表"的新明细表视
图并切换到该视图,同时自动切换至"修改|明细表/数量"关联选项卡,如图9-9所示。

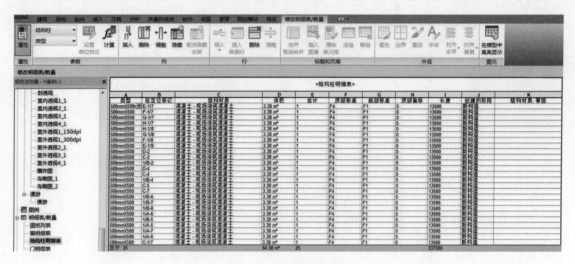

图9-9 结构柱明细表

在明细表视图中可进一步编辑明细表的外观样式。例如:同时选择顶部标高、底部标高
页眉,单击"标题和页眉"面板的成组命令,在相应单元格中输入"标高"字样,即可生成新的
名为"标高"表头单元格,如图9-10所示。

图 9-10　生成"标高"单元格

另外,可以使用"修改|明细表/数量"关联选项卡中插入/删除/隐藏/调整等按钮对明细表进行格式调整。注意在使用"删除"行按钮时,会同时删除相关行、相关的图元和几何图形。如图 9-11 所示。

图 9-11　进行格式调整

在明细表视图"属性"面板中,也可以对字段、过滤器、格式、外观等属性进行编辑,如图 9-12 所示。

(4)从明细表格中定位图元。在"修改明细表"选项卡→"图元"→"在模型中高亮显示"按钮 ,可以打开相应试图并放大显示表格中所选构件,然后根据需要对该构件进行相应的编辑和修改。

图 9-12　通过"属性"面板进行编辑

9.3 创建关键字明细表

"明细表/数量"工具可以创建关键字明细表,意思是通过"新建关键字"控制构件图元的参数值。

以下以基础类型为例讲解关键字明细表的创建。

1. 第一步,创建关键字明细表

(1)单击"视图"选项卡→"创建"面板→"明细表"下拉列表→明细表/数量。

(2)选择类别,勾选"明细表关键字",Revit Structure 会自动填写关键字名称。这个名称将出现在图元的实例属性之中。如果需要,可输入一个新名称。如图 9-13 所示。

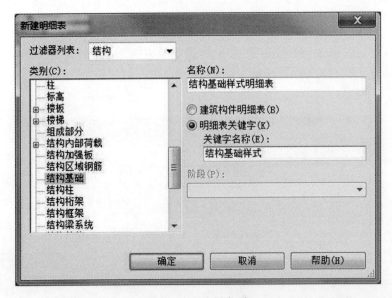

图 9-13 选择类别

(3)单击"确定"按钮。在"明细表属性"对话框中为样式添加预定义字段。点选"添加参数"按钮,添加明细表字段,如图 9-14 所示。设置参数属性,如图 9-15 所示。

(4)单击"确定"按钮,打开关键字明细表,如图 9-16 所示。

(5)单击"修改明细表/数量"选项卡→"行"面板→"插入数据行",以便在表中添加行,如图 9-17 所示。

(6)在每一行创建一个新关键字值,并填写关键值对应的相关信息值。在这里依次添加关键字 1~5,对应的

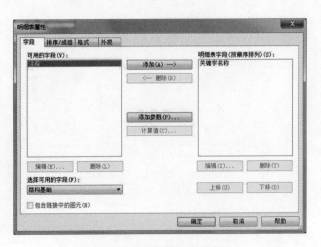

图 9-14 添加明细表字段

基础类型分别为单桩、单桩承台 1、单桩承台 2、多桩承台、条形基础等工程中存在的基础类

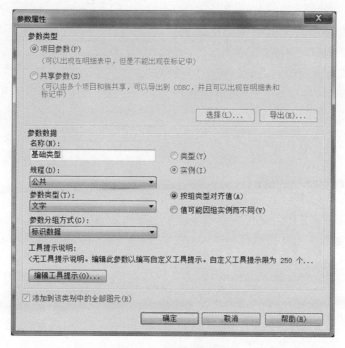

图 9 - 15　设置参数属性

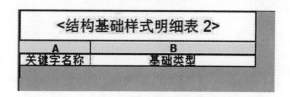

图 9 - 16　打开结构基础样式明细表

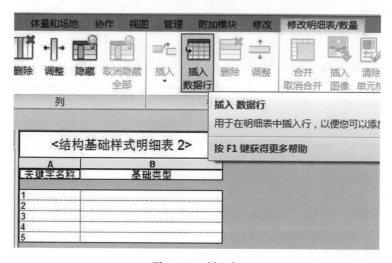

图 9 - 17　插入行

型。如图9-18所示。

2.第二步,将关键字应用到图元中

(1)选择含有预定义关键字的图元。例如,基础平面图中选择的一种基础图元。

(2)在"属性"选项板中,找到关键字名称(例如,"基础类型"),然后单击值列,从列表中选择对应关键字,如图9-19所示。

3.第三步,将关键字应用于构件明细表

(1)为相应的图元创建明细表,创建结构基础明细表。

(2)创建的关键字名称包含在明细表字段中。在明细表字段中添加"基础类型""结构基础样式"等字段,如图9-20所示。

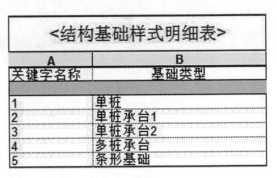

A	B
关键字名称	基础类型
1	单桩
2	单桩承台1
3	单桩承台2
4	多桩承台
5	条形基础

图9-18 为每一行创建一个新关键字值

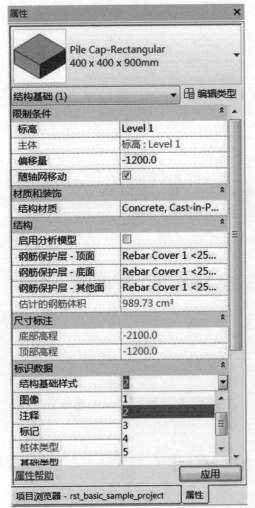

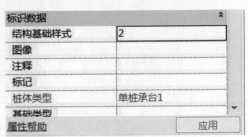

图9-19 设置属性

<结构基础明细表>

A 折长	B Diameter/Thickness	C	D 长度	E 宽度	F 基础厚度	G 底部高程	H 体积	I 标高	J 合计	K 估计的钢筋笼	L 基础类型	M 结构基础样式	N 类型
			400	400		-2100	0.14 cm²	Level 1		989.73 cm²	单桩承台1	2	400 × 400 × 900mm
			400	400		-2100	0.14 m²	Level 1		989.73 cm²	单桩承台1	2	400 × 400 × 900mm
			400	400		-2100	0.14 m²	Level 1		989.73 cm²	单桩承台1	2	400 × 400 × 900mm
			400	400		-2100	0.14 m²	Level 1		990.23 cm²	单桩承台1	2	400 × 400 × 900mm
			400	400		-2100	0.14 m²	Level 1		990.23 cm²	单桩承台1	2	400 × 400 × 900mm
			400	400		-2100	0.14 m²	Level 1		990.23 cm²	单桩承台1	2	400 × 400 × 900mm
		300	600	600		-1097	0.11 m²	Level Lower		797.56 cm²	单桩承台2	3	600 × 600 × 900mm
		300	600	600		-1097	0.11 m²	Level Lower		797.56 cm²	单桩承台2	3	600 × 600 × 900mm
		300	600	600		-1097	0.11 m²	Level Lower		797.56 cm²	单桩承台2	3	600 × 600 × 900mm
		300	600	600		-1097	0.11 m²	Level Lower		797.56 cm²	单桩承台2	3	600 × 600 × 900mm
		300	600	600		-1097	0.11 m²	Level Lower		797.56 cm²	单桩承台2	3	600 × 600 × 900mm
		303	600	600		-1097	0.11 m²	Level Lower		803.24 cm²	单桩承台2	3	600 × 600 × 900mm
		300	600	600		-1097	0.11 m²	Level Lower		797.56 cm²	单桩承台2	3	600 × 600 × 900mm
		300	600	600		-1097	0.11 m²	Level Lower		797.56 cm²	单桩承台2	3	600 × 600 × 900mm
6000	300						0.42 m²	Level 1			单桩	1	600mm Diameter
6000	300						0.42 m²	Level 1			单桩	1	600mm Diameter
6000	300						0.42 m²	Level 1			单桩	1	600mm Diameter
6000	300						0.42 m²	Level 1			单桩	1	600mm Diameter
6000	300						0.42 m²	Level 1			单桩	1	600mm Diameter
6000	300						0.42 m²	Level 1			单桩	1	600mm Diameter
6000	300						0.42 m²	Level 1			单桩	1	600mm Diameter
6000	300						0.42 m²	Level 1			单桩	1	600mm Diameter
6000	300						0.42 m²	Level 1			单桩	1	600mm Diameter
6000	300						0.42 m²	Level 1			单桩	1	600mm Diameter
6000	300						0.42 m²	Level 1			单桩	1	600mm Diameter
6000	300						0.42 m²	Level 1			单桩	1	600mm Diameter
6000	300						0.42 m²	Level 1			单桩	1	600mm Diameter

图 9-20　添加字段

（3）在明细表中，选择最新添加的关键字的值。例如，如果关键字名为"结构基础样式"，可通过从显示在关键字标题下的菜单中选择值来为其添加值。

（4）明细表字段将使用在关键字明细表中定义的信息自动进行更新。如果编辑和修改关键字明细表中的任何值，它们都将在构件明细表中自动更新。

注意：当将关键字值应用到明细表行时，不能修改在关键字明细表中已定义的任何字段。

9.4　创建图形柱明细表

Revit 提供图形柱明细表。

结构柱在柱明细表中通过相交轴线及其顶部和底部的约束和偏移来标识，结构柱根据这些标识放置到柱明细表中。

要查看项目的结构柱明细表，单击"视图"选项卡→"创建"面板→"明细表"下拉列表→"图形柱明细表"。此时会创建一个新视图，此视图将显示在项目浏览器中。如图 9-21 所示。

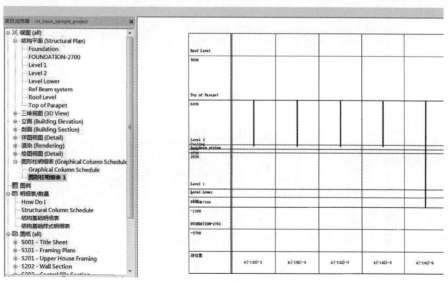

图 9-21　创建图形柱明细表

建立图形柱明细表以后,可以通过图形柱明细表属性面板,对图形柱明细表进行修改细化。具体可以查阅相关的帮助文件。

图形柱明细表可以方便对结构柱参数进行查阅、修改编辑等操作,但是这种图形柱明细表不符合国内的出图习惯,在出图环节并不常用。

9.5 材质提取明细表

(1)单击"视图"选项卡→"创建"面板→"明细表"下拉列表→"材质提取",如图9-22所示。

(2)在"新建材质提取"对话框中,单击材质提取明细表的类别,然后单击"确定"按钮,如图9-23所示。

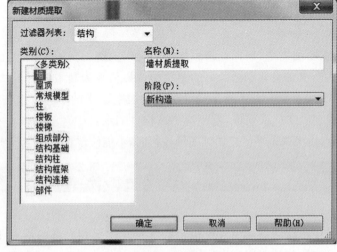

图9-22 "材质提取"　　　　　　　　图9-23 "新建材质提取"对话框

(3)在"材质提取属性"对话框中,为"可用字段"选择材质特性。该步骤同上节相关内容。依次选择相关字段对明细表进行排序、成组或格式操作。如图9-24所示。

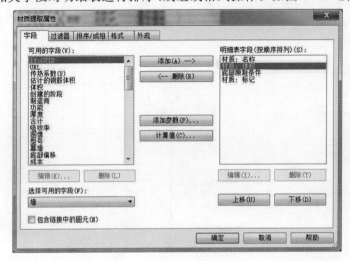

图9-24 设置材质提取属性

(4)单击"确定"按钮以创建"材质提取明细表",如图 9-25 所示。

<墙材质提取>

A 材质:名称	B 材质:体积	C 底部限制条件	D 材质:标记
混凝土-现场浇筑混凝土	20.12 m²	室外地坪	
涂层-外部-渲染-米色,织纹	5.03 m²	室外地坪	
混凝土-现场浇筑混凝土	8.26 m²	室外地坪	
涂层-外部-渲染-米色,织纹	2.07 m²	室外地坪	
混凝土-现场浇筑混凝土	11.86 m²	室外地坪	
涂层-外部-渲染-米色,织纹	2.96 m²	室外地坪	
混凝土-现场浇筑混凝土	27.06 m²	室外地坪	
涂层-外部-渲染-米色,织纹	6.77 m²	室外地坪	
混凝土-现场浇筑混凝土	6.12 m²	室外地坪	
涂层-白色	1.53 m²	室外地坪	
混凝土-现场浇筑混凝土	19.58 m²	室外地坪	
涂层-外部-渲染-米色,织纹	4.90 m²	室外地坪	
文化石	1.53 m²	室外地坪	
文化石	0.19 m²	室外地坪	
文化石	1.53 m²	室外地坪	
文化石	0.18 m²	室外地坪	
文化石	0.24 m²	室外地坪	
文化石	1.54 m²	室外地坪	
文化石	0.23 m²	室外地坪	
文化石	1.53 m²	室外地坪	
文化石	0.23 m²	室外地坪	
文化石	1.54 m²	室外地坪	
文化石	0.23 m²	室外地坪	
文化石	1.54 m²	室外地坪	
文化石	0.21 m²	室外地坪	
文化石	1.55 m²	室外地坪	
文化石	0.20 m²	室外地坪	
文化石	1.54 m²	室外地坪	

图 9-25　材质提取明细表

此时显示"材质提取明细表",并且该视图将在项目浏览器的"明细表/数量"类别下列出。

9.6　导出明细表

可将明细表导出为一个分隔符文本文件,该文件可在许多电子表格程序中打开。

如果将明细表添加到图纸中,可以将其导出为 CAD 格式。

要导出明细表,请执行下列步骤:

(1)打开明细表视图,在应用菜单中,单击→"导出"→"报告"→"明细表",如图 9-26 所示。

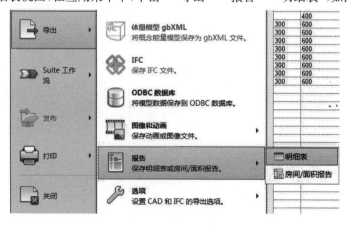

图 9-26　导出明细表

(2)在"导出明细表"对话框中,指定明细表的名称和目录,并单击"保存"。

(3)出现"导出明细表"对话框。在"明细表外观"以及"输出选项"下,选择导出选项,勾选需要选项并确认,如图9-27所示。

(4)启动 Excel 或其他电子表格程序,打开导出明细表进行编辑。

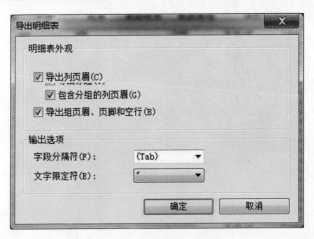

图9-27 设置"导出明细表"属性

本章小结

统计明细表以表格形式显示工程项目信息,并可根据需要统计汇总构件及材料数量,同时根据模型的调整自动调整工程数量信息,这极大简化了以往人工统计工程量的过程。本章详细讲解了 Autodesk Revit Structure 中不同种类明细表的创建过程,给出了生成工程量明细表及属性修改的基本方法。读者通过本章的学习,可根据需求汇总所需的数量信息,为工程土建算量及材料采购等提供数据支持。

第 10 章　结构模型与其他专业的协同

教学导入

当前设计流程中,各专业设计是相对独立、分团队进行的,并且还要考虑到与设计者手中已有的各种专业设计软件相衔接,本章详细介绍了结构模型与其他专业的协同关系,使读者在学习结构 BIM 模型的同时,理解各专业及软件间的协同关系。

学习要点

- 了解基于 BIM 的 IPD 交付模式
- 了解设计模型交付标准
- 掌握设计模型与结构专业模型间的信息交换的主要内容
- 掌握结构深化设计与各专业协同主要内容
- 了解结构专业内各种模型间的协同
- 了解结构模型相关软件及协同关系

10.1　基于 BIM 的 IPD 交付模式

基于 BIM 的建设项目,要求在工程项目总承包的基础上,把工程项目的主要参与方在设计阶段集合在一起,着眼于工程项目的全生命期,基于 BIM 协同工作,进行虚拟设计、建造、维护及管理。共同理解、检验和改进设计,并在设计阶段发现施工和运营维护存在的问题,预测建造成本和时间,并且共同探讨有效方法解决问题,以保证工程质量,加快施工进度,降低项目成本。因此以信任合作为执行基础的 IPD(Integrated Project Delivery,集成项目交付)模式应运而生,逐渐成为国内外建设行业新的交付模式发展方向,而 IPD 模式实现高度协同的重要技术支撑则是依托于 BIM 平台。以 BIM 技术为基础的 IPD 模式,将实现项目管理模式的重大创新与变更,实现项目信息高度共享,并且在促进项目各专业人员整合的同时达到跨专业职能团队间的高效协作模式。

10.1.1　IPD 模式含义及特征

2007 年,美国建筑师协会(AIA)对 IPD 模式给出了一种定义:在一个项目中集合人力资源、工程体系、商业结构和实践等因素,通过有效协作利用所有参与方的智慧和洞察力,从而优化各个项目阶段,减少浪费的项目交付模式。IPD 模式的特征体现在对项目参与方的集成,其核心是组建一体化的项目组织,在这个一体化组织中,各参与方通过多方的契约关系,达成风险共担、利益共享的共同体。该模式也要求参与各方在项目早期介入项目,以协同工作方式,共同确定项目的执行目标、工作流程、任务范围等,并在后续的实施过程中保持这种协同工作关系,直至项目交付。BIM 是 IPD 的必要技术方法和过程,BIM 运用贯穿 IPD 模式下的建设项目的全过程。

IPD模式至少包括业主、建筑师和承包方的多方之间的合同安排。典型性特征有：①风险和利益共享。②设计和施工连续执行。③至少三个主要参与方：业主方,建筑师,承包方。④一些施工相关决策在项目开始之后作出。⑤由整个团队合作制定整体项目规划和进度计划。⑥最终建筑师和承包商团队的选择通常是采用直接协商或者QBS或最佳价值法。IPD模式对于工程建设中设计和施工两项活动之间的关系模式具有重要的影响,使设计和施工整合且通过单一合同获得,将设计施工一体化。

10.1.2　IPD模式原则

IPD模式的实现需要各参与方的共同努力,因此为保证项目的顺利进行和参与方的切身利益,在实施过程中各参与方需遵从以下原则：

(1)相互尊重和信任原则。项目各参与方包括业主、设计方、施工方、咨询单位、供应商、分包商,需充分理解IPD模式下合作的价值,摒弃传统模式下追求自身利益最大化的做法,互尊互信,从项目整体利益的角度出发,共同致力于项目整体利益的最大化。

(2)互惠互利和奖励原则。项目团队所有成员都将从IPD模式中受益,而要想从IPD模式中受益则必须要求项目各参与方尽早地积极地参与到项目中来,包括设计单位、总承包单位、分包单位、供货商、运营商等。通过设定收益池激励项目,使各方共同分享项目收益资金,从而调动成员的积极性,实现项目整体效益的提升。

(3)协同决策。IPD模式中,各参与方通过交流与信息共享,可制订出更加合理的设计方案,在合作的过程中,由于思想的交流更容易产生创新的合理的方式方法,项目团队对整个项目共同负责,根据创新提议对项目是否能够带来价值提升而决定是否采用。重大决策通常由项目团队共同评价分析后作出。全体一致无异议后实施。这一原则对于目前的中国建筑业来说是非常有益的,但是推行起来却也是存在很大阻力的。目前我国普遍存在"领导说了算"的情况,这就导致了由于某些领导眼光的局限性或者由于个人的喜好而造成的不必要的损失。

(4)主要参与方提前介入项目。IPD模式中,主要参与方必须在项目的前期介入项目,并不是名义上的参与,必须是深入的参与。相关人员的集中可以提高项目前期的决策水平,明确项目的主要事项与节点,对于后期的执行可以起到关键性的作用。

(5)早期定义目标。项目主要参与方的主要参与人提早介入项目的关键性工作之一就是定义项目目标。项目各参与方必须深入讨论,集思广益,尽早定义项目目标,并发挥各参与方每个人的能力不断优化。

(6)强化设计。设计工作对整个工程项目具有重大影响,设计阶段投入更多的精力可大幅提高后期项目的执行效率,减小窝工和返工的可能性。IPD模式中通过初步设计、深化设计,逐步强化设计成果,可使项目后期施工成本得到有效控制。

(7)开放式沟通与责任豁免。IPD模式重视团队合作,项目各主要参与方的主要参与者要能组成一个联系密切、沟通频繁的团队,而这一团队是建立在各参与方相互信任的基础之上的,鼓励成员发挥自身价值,团队各成员在不违背企业利益的前提下,识别并解决问题,除欺诈等犯罪行为以外,协议各方均放弃提出诉讼的权利。

(8)适宜技术。信息时代,各种新技术推陈出新,更新速度、发展速度极快,面对日益复杂的工程项目,我们也必须借助前沿的新技术来服务项目,IPD项目也不例外。开放式的数据交互是对IPD模式多方合作的有力支持,能够使项目各参与方实现及时便捷的交流合作。

(9)合作的组织结构。IPD模式中,项目主要参与方共同组成项目团队,通过多方合同展开合作,各参与方又分别负责自己的专业工作,在自己擅长的领域担当领导角色,项目团队共同决策,共同执行,以项目的整体利益为共同目标进行合作。

IPD 模式的九项原则促使各参与方持久的合作关系成为现实,实现了信息在项目各参与方之间的交流,使项目各参与方从项目开始就合作直至项目结束,促进设计施工一体化。IPD 模式通过合同的形式将各参与方的风险与收益捆绑在一起,通过责任豁免机制避免了各参与方的利益冲突,项目团队以项目的整体目标为共同奋斗目标,为项目的圆满完成而共同努力。

10.1.3　BIM 与 IPD 模式的协同实施

1. BIM - IPD 技术支撑

BIM 的核心是将建筑工程项目的各项基本信息数据集成在一个模型中,利用数字信息仿真模拟这些真实信息,建立虚拟建筑场景。在同一个专业设计中,领导者可以将一个复杂的设计任务进行工作分解,分配给不同设计者,设计者们可以同步并协同完成工作,彼此检验和解决设计内容的冲突;在不同专业设计中,各专业的设计者亦可以实现多方设计人员的同步和协同工作,由此提高了工作效率,减少了错误,这改变了传统的顺序工作流程模式。这种工作模式也可以扩大到其他利益相关人中,如供货商、承包商、专业分包商等。此外,BIM 的 3D 模型形象而精确,有利于 IPD 团队各方工程人员的交流和修改,尤其可以使业主等非专业人员更直观地观察到投资成果;4D 模型综合经济性与时效性,加入项目的进度优化安排,有利于 IPD 项目实现精益化施工;5D 技术是造价控制的一个手段,能及时准确地控制项目的实施性,把握项目整个现金流动情况,控制项目成本;6D 和 nD 技术更贴近于业主的切身利益以及社会的公共利益。

BIM 的核心价值和 IPD 的核心思想相契合,两者均是以实现协同管理为目的。BIM 技术将建设项目全寿命周期所产生的基本信息储存整合至一个数据模型中并且可以实现不同专业不同人员同时分工和协同,不同专业工作人员可以从同一构件的属性列表中获取各自所需的信息,在核心模型上同步进行各自的设计工作。一项数据的更新带动模型所有关联数据的自动更新,大大提高了建筑项目的各参与方之间的协作与信息交流有效性,从而缩短设计和评审周期,减少复工与返工的次数,加强团队合作。IPD 模式可以通过合同关系保证项目参与各方稳定的组织关系,最终使信息流动从传统交付模式下各阶段的流动上升到基于 BIM 的 IPD 项目持续的全寿命周期内的流动与共享。

BIM 技术与 IPD 建设项目结合应用后可以有效提高信息流的传递与共享,如图 10-1 所示。

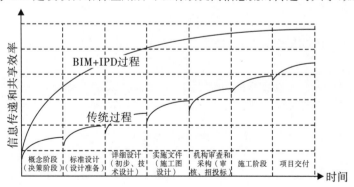

图 10-1　传统模式和 BIM 与 IPD 结合模式信息流比较

2. 建设项目IPD的生命周期划分

IPD模式下的生命周期一般划分概念阶段、标准设计阶段、详细设计阶段、实施文件设计阶段、机构审查阶段、施工阶段以及项目交付阶段。相比较于传统项目交付而言，项目在IPD模式下的生命周期划分有其特有的方式。

(1)IPD模式中利用概念阶段代替了传统模式中的决策阶段，关键参与方在概念阶段就介入，在项目的初期阶段共同确定项目的终点和产出标准，保证了各参与者后续协同合作的效率。

(2)详细设计阶段的设计成果拥有更高的完整度，在实施文件设计阶段只需要投入较少的精力，各参与方的早期共同合作，使得机构审查阶段和施工阶段的实施时间大幅度减少，比传统项目交付具有更高的主动性。

(3)增加了实施文件设计阶段。该阶段一方面继承了前面各方综合参与的优势，另一方面为后续工作确立了依据，保障了施工阶段顺利和流畅的进行，进一步促进参与方之间的协同性。IPD模式与传统模式的对比如图10-2所示。

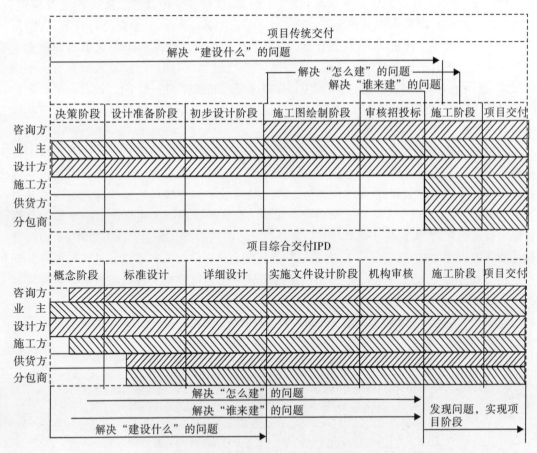

图10-2 IPD模式与传统模式的对比分析

3. 建设项目各阶段BIM在IPD中的应用

(1)IPD项目各阶段BIM技术的应用。

在IPD项目全生命周期中，不同阶段的BIM模型可以整合和提供不同阶段各专业所需

222

的信息。IPD 模式下建设项目共分为七个阶段:概念阶段、标准设计阶段、详细设计阶段、实施文件设计阶段、机购审查(采购)阶段、施工阶段和项目交付阶段。在初步设计阶段采用的 BIM 集成设计模型,包括建筑设计模型、结构设计模型以及系统专项分析模型和成本、进度计划模型。集成模型包在业主设计任务书的基础上,整合了不同专业的功能要求,分别对建筑、结构、光照、通风、采暖以及全过程造价的信息进行了处理,为建设项目的各个阶段提供相应的技术分析。在施工图设计阶段根据实际施工的需要,在集成设计模型的基础上增加不同专业的碰撞检查,实现设计变更,在项目早期完善项目设计,形成施工模型,利用该模型解决不同参与方之间的争议矛盾,协调各方工作,提高项目后期的施工效率。在项目交付时期,各参与方在上述集成设计模型的基础上或者在简化施工模型的基础上,加入后期维护运营所需要的相关详细信息,诸如各房间和功能区域的划分、构配件、机电材料和设备的厂商、联系方式、维修条款等,生成物业管理模型,用于物业公司对项目设备的管理以及对建筑物后期的装修、维修、改建以及翻新的资料存储。BIM 技术在 IPD 项目各阶段的具体应用如表 10-1 所示。

表 10-1　建设项目各阶段 BIM 在 IPD 中的应用

IPD 阶段划分		BIM 在各阶段应用		参与方
设计-投资估算阶段	概念阶段	早期信息输入获得优化的项目意图	对 3D 模型中典型构件进行编码,进行投资估算	业主、建筑师、结构师、设备等专项工程师、施工方
	标准设计	形成数据模块对比选择更优的设计方案		
	详细设计	生成建筑信息模型与具体详细设计		
进度、成本、安全、质量控制阶段	实施文件设计	完善系统、模拟施工,制定施工指导文件	确定资源成本和需求,制订管理计划	业主、建筑师、结构师、设备等专项工程师、施工方、供应商
	机构审查(采购)	机构审查施工前信息整合与准备		
	施工	高效节约且高产出的施工过程		
运营阶段	项目交付	全面整合建筑信息模型,方便项目后评价和运行管理	项目设备管理	业主(物业管理单位)

(2)BIM 在 IPD 项目各阶段的建模策略。

①第一阶段:概念阶段—标准设计—详细设计阶段。BIM 技术为各参与方的早期介入与沟通提供平台,根据 3D 模型强化设计,估算投资,提前解决施工中可能出现的争议,保证前期决策的正确性。从根本上降低投资提高质量,缩短工期。

②第二阶段:实施文件设计—机构审查(采购)—施工阶段。业主与各参与者制定项目实施文件,基于 BIM 的 3D 模型,构建 4D、5D、nD 模型,为确定详细的工期计划、成本、安全、

施工方案、质量管理提供技术支持。运用 BIM 技术加快审核速度和精度,明确各项工作所需的资源以及供应计划,实现精益化施工。

　　③第三阶段:项目交付阶段。BIM 模型可方便竣工验收、评价项目后续的经营以及维护工作。模型在项目各阶段的建模策略如图 10-3 所示。

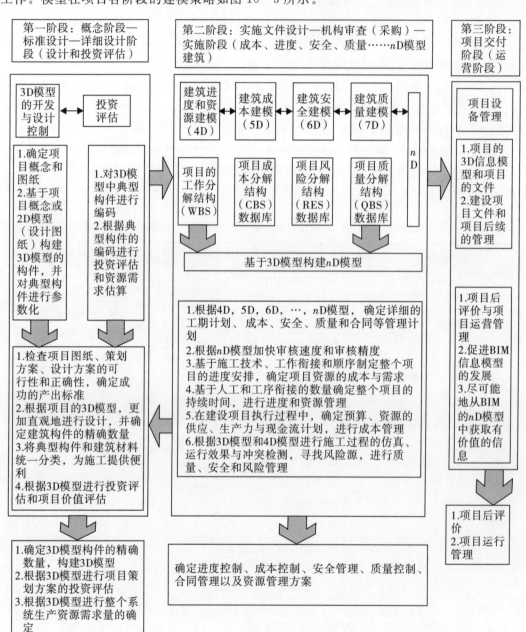

图 10-3　模型在项目各阶段的建模策略

(3)BIM 模型在 IPD 项目各阶段的应用分析。

通过对 BIM 各功能、IPD 模式以及 BIM 在 IPD 项目各阶段建模策略的分析,可知 BIM 在 IPD 建设项目的各阶段都可以发挥其自身的作用。BIM 模型在项目各阶段的应用如图 10 - 4 所示。

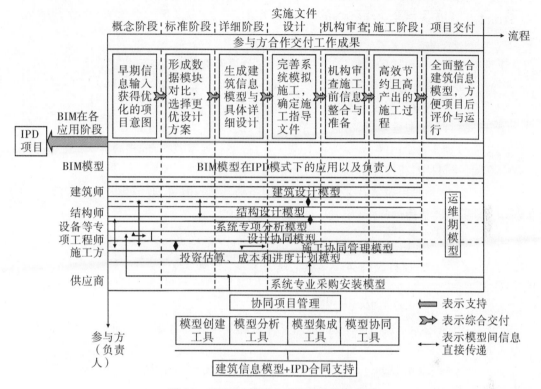

图 10 - 4 BIM 模型在项目各阶段的应用

①建筑设计模型。根据项目的设计意图,建立 3D 模型,分析项目策划方案和设计的可行性以及正确性,为建筑工程提供技术分析。

②结构设计模型。为结构工程提供技术分析。

③系统专项分析模型。为设备暖通电器和消防工程提供技术分析,完善 3D 模型。

④设计协同模型。项目建设过程中不同专业设计(建筑、暖通、电气、结构、消防等)之间极易产生冲突,此模型可整合不同平台的信息模型,支持各专业设计间的冲突检测,使项目更具可持续性和低能耗性,减少设计变更,提高可施工性。

⑤施工协同管理模型。整合进度、成本、安全、质量,直至不同平台的模型,解决施工争议,为进度控制、成本控制、安全管理、质量管理和合同管理提供支持。

⑥投资估算成本和进度计划模型。在项目前期,根据 3D 模型确定投资估算,为确定工期和成本提供技术支撑,并进行施工模拟冲突检测和施工监控评价。

⑦系统专业采购安装模型。包含材料设备图纸和技术等信息,为安装工程提供数据支持。

10.2 从BIM设计模型到结构模型

BIM项目工作的开展通常会涉及不同的专业以及不同团队之间的协作。而在项目开展之初,统一的模型交付标准能保证协同工作可以顺利有效地开展。

10.2.1 设计模型交付标准

1. 命名规则

建筑工程信息所描述的对象以及参数的命名均应符合下列规则:

(1)在建筑工程信息模型全生命周期内,同一对象和参数的命名应保持前后一致。

(2)建筑工程信息模型及其交付物文件的命名宜符合下列规定:

①文件的命名宜包含项目、分区或系统、专业、类型、标高和补充的描述信息。

②文件的命名宜使用汉字、拼音或英文字符、数字和连字符"-"的组合。

③在同一项目中,应使用统一的文件命名格式,且始终保持不变。

(3)建筑工程信息模型及其交付物文件的命名格式宜符合下列规定:

①文件的命名可由项目代码、分区或系统、专业代码、类型、标高、描述依次组成,由连字符"-"隔开,如图10-5所示。

项目代码-分区/系统-专业代码-类型-标高-描述

图10-5 文件的命名

②项目代码(Project):用于识别项目的代码,由项目管理者制定。如采用英文或拼音,宜为3个字母。

③分区/系统(Zone/System):用于识别模型文件与项目的哪个建筑、地区、阶段或分区相关(如果项目按分区进一步细分)。

④专业代码(Discipline):用于区分项目涉及的相关专业,宜符合表10-2的规定。

表10-2 专业代码

专业(中文)	专业(英文)	专业代码(中文)	专业代码(英文)
规划	Planning	规	P
建筑	Architecture	建	A
景观	Landscape Architecture	景	LA
室内装饰	Interior Design	室内	ID
结构	Structural Engineering	结	S
给排水	Plumbing Engineering	水	P
暖通	Heating, Ventilation, and Air-Conditioning Engineering	暖	HVAC
强电	Electrical Engineering	电	E
弱电	Electronics Engineering	电	E

专业(中文)	专业(英文)	专业代码(中文)	专业代码(英文)
绿色节能	Green Building	绿建	G
环境工程	Environment Engineering	环	EE
勘测	Surveying	勘	SU
市政	Civil Engineering	市政	C
经济	Construction Economics	经	CE
管理	Construction Management	管	CM
采购	Procurement	采购	PC
招投标	Bidding	招投标	B
产品	Product	产品	PD

2. 模型总体要求

(1)建筑工程信息模型的建模坐标应与真实工程坐标一致。一些分区模型、构件模型未采用真实工程坐标时,宜采用原点(0,0,0)作为特征点,并在建筑工程信息模型使用周期内不得变动。

(2)在满足项目需求的前提下,宜采用较低的建模精细度,并应符合下列规定:

①建模精细度应满足建筑工程量计算要求;

②建模精细度宜符合施工工法和措施,为施工深化预留条件;

③输入的建筑工程信息应满足现行有关工程文件编制深度规定。

(3)在满足建模精细度的前提下,可使用二维图形、文字、文档、影像补充和增强建筑工程信息。

(4)使用文档或影像文件补充和增强建筑工程信息时,应标注补充文件和被补充模型之间的链接。

(5)建筑信息模型的对象的几何信息和非几何信息应由唯一的属性进行规定。

3. 模型精细度

(1)建筑工程信息模型精细度分为五个等级,应符合表 10-3 的规定。

表 10-3　建筑工程信息模型精细度

等级	英文名	简称
100 级精细度	Level of Detail 100	LOD100
200 级精细度	Level of Detail 200	LOD200
300 级精细度	Level of Detail 300	LOD300
400 级精细度	Level of Detail 400	LOD400
500 级精细度	Level of Detail 500	LOD500

(2)一些常规的建筑工程阶段和使用需求,其对应的模型精细度建议如表 10-4 所示。

表 10 - 4　常规建筑工程阶段对应的模型精细度

阶段	英文	阶段代码	建模精细度	阶段用途
勘察/概念化设计	Servey/ Conceptual Design	SC	LOD100	项目可行性研究 项目用地许可
方案设计	Schematic Design	SD	LOD200	项目规划评审报批 建筑方案评审报批 设计概算
初步设计/施工图设计	Design Development/ Construction Documents	DD/CD	LOD300	专项评审报批 节能初步评估 建筑造价估算 建筑工程施工许可 施工准备 施工招投标计划 施工图招标控制价
虚拟建造/产品预制/采购/验收/交付	Virtual Construction/ Pre - Fabrication/ Product Bidding/ As - Built	VC	LOD400	施工预演 产品选用 集中采购 施工阶段造价控制
		AB	LOD500	施工结算

4. 模型精度的具体规定

不同等级的模型精度在不同阶段和不同构件中的要求不同。

(1)LOD100 模型精细度的建模精度宜符合表 10 - 5 的规定。

表 10 - 5　LOD100 建模精度要求

需要输入的对象信息	建模精度要求
现状场地	等高距宜为 5m
设计场地	等高距宜为 5m,应在剖切视图中观察到与现状场地的填挖关系
现状建筑	宜以体量化图元表示,建模几何精度宜为 10m
新(改)建建筑	宜以体量化图元表示,建模几何精度宜为 3m
其他	可以二维图形表达

(2)LOD200 模型精细度的建模精度宜符合表 10 - 6 的规定。

表 10 - 6 LOD200 建模精度要求

需要录入的对象信息	建模精度要求
现状场地	• 等高距宜为 1m • 若项目周边现状场地中有地铁车站、变电站、水处理厂等基础设施时,宜采用简单几何形体表达,且宜输入设施使用性质、性能、污染等级、噪声等级等对于项目设计产生的影响,以及周边的城市公共交通系统的综合利用等非几何信息 • 除非可视化需要,场地及其周边的水体、绿地等景观可以二维区域表达 • 水文地质条件等非几何信息
设计场地	• 等高距宜为 1m • 应在剖切视图中观察到与现状场地的填挖关系
道路	• 道路定位、标高、横坡、纵坡、横断面设计相关内容,可以二维区域表达
墙体	• 在"类型"属性中区分外墙和内墙 • 外墙定位基线应与墙体核心层外表面重合,如有保温层,应与保温层外表面重合 • 内墙定位基线宜与墙体核心层中心线重合 • 如外墙跨越多个自然层,宜按单个墙体建模 • 除了竖向交通围合墙体,内墙不宜穿越楼板建模 • 外墙外表皮应被赋予正确的材质
幕墙系统	• 支撑体系和安装构件可不表达,应对嵌板体系建模,并按照设计意图分划
楼板	• 除非设计要求,无坡度楼板顶面与设计标高应重合;有坡度楼板根据设计意图建模
屋面	• 平屋面建模可不考虑屋面坡度,且结构构造层顶面与屋面标高线宜重合 • 坡屋面与异形屋面应按设计形状和坡度建模,主要结构支座顶标高与屋面标高线宜重合
地面	• 当以楼板或通用形体建模替代时,应在"类型"属性中注明"地面" • 地面完成面与地面标高线宜重合
门窗	• 门窗可使用精细度较高的模型 • 如无特定需求,窗可以幕墙系统替代,但应在"类型"属性中注明"窗"
柱子	• 非承重柱子应归类于"建筑柱",承重柱子应归类于"结构柱",应该在"类型"属性中注明 • 除非有特定要求,柱子不宜按照施工工法分层建模 • 柱子截面应为柱子外廓尺寸,建模几何精度可为 100mm
楼梯	• 楼梯栏杆扶手可简化表达
垂直交通设备	• 如无可视化需求,可以二维表达,但应输入足够的非几何信息
坡道	• 宜简化表达,当以楼板或通用形体建模替代时,但应在"类型"属性中注明"坡道"
栏杆或栏板	• 可简化表达

需要录入的对象信息	建模精度要求
空间或房间	• 空间或房间的高度的设定应遵守现行法规和规范 • 空间或房间的面积宜标注为建筑面积,当确有需要标注为使用面积时,应在"类型"属性中注明"使用面积" • 空间或房间的面积,应为模型信息提取值,不得人工更改
梁	• 可以二维方式表达
家具	• 如无可视化需求,可以二维表达,但应输入足够的非几何信息
其他	• 其他建筑构配件可按照需求建模,建模几何精度可为 100mm • 建筑设备可以简单几何形体替代,但应表示出最大占位尺寸

(3)LOD300 模型精细度的建模精度宜符合表 10－7 的规定。各构造层次均应赋予材质信息,并且信息应按照《建筑工程设计信息模型分类和编码标准》进行分类和编码。

表 10－7　LOD300 建模精度要求

需要录入的对象信息	建模精度要求
现状场地	• 等高距应为 1m • 若项目周边现状场地中有铁路、地铁、变电站、水处理厂等基础设施时,宜采用简单几何形体表达,但应输入设施使用性质、性能、污染等级、噪声等级等对于项目设计产生影响的非几何信息 • 除非可视化需要,场地及其周边的水体、绿地等景观可以二维区域表达
设计场地	• 等高距应为 1m • 应在剖切视图中观察到与现状场地的填挖关系 • 项目设计的水体、绿化等景观设施应建模,建模几何精度应为 300mm
道路及市政	• 建模道路及路缘石 • 建模现状必要的市政工程管线,建模几何精度应为 100mm
墙体	• 在"类型"属性中区分外墙和内墙 • 墙体核心层和其他构造层可按独立墙体类型分别建模 • 外墙定位基线应与墙体核心层外表面重合,无核心层的外墙体,定位基线应与墙体内表面重合,有保温层的外墙体定位基线应与保温层外表面重合 • 内墙定位基线宜与墙体核心层中心线重合,无核心层的外墙体,定位基线英语墙体内表面重合 • 在属性中区分"承重墙""非承重墙""剪力墙"等功能,承重墙和剪力墙应归类于结构构件 • 属性信息应区分剪力墙、框架填充墙、管道井壁等 • 如外墙跨越多个自然层,墙体核心层应分层建模,饰面层可跨层建模 • 除剪力墙外,内墙不应穿越楼板建模,核心层应与接触的楼板、柱等构件的核心层相衔接,饰面层应与接触的楼板、柱等构件的饰面层对应衔接 • 应输入墙体各构造层的信息,构造层厚度不小于 3mm 时,应按照实际厚度建模 • 必要的非几何信息,如防火、隔声性能、面层材质做法等

续表 10-7

需要录入的对象信息	建模精度要求
幕墙系统	• 幕墙系统应按照最大轮廓建模为单一幕墙,不应在标高、房间分隔等处断开 • 幕墙系统嵌板分隔应符合设计意图 • 内嵌的门窗应明确表示,并输入相应的非几何信息 • 幕墙竖挺和横撑断面建模几何精度应为 5mm • 必要的非几何属性信息如各构造层、规格、材质、物理性能参数等
楼板	• 应输入楼板各构造层的信息,构造层厚度不小于 5mm 时,应按照实际厚度建模 • 楼板的核心层和其他构造层可按独立楼板类型分别建模 • 主要的无坡度楼板建筑完成面应与标高线重合 • 必要的非几何属性信息,如特定区域的防水、防火等性能
屋面	• 应输入屋面各构造层的信息,构造层厚度不小于 3mm 时,应按照实际厚度建模 • 楼板的核心层和其他构造层可按独立楼板类型分别建模 • 平屋面建模应考虑屋面坡度 • 坡屋面与异形屋面应按设计形状和坡度建模,主要结构支座顶标高与屋面标高线宜重合 • 必要的非几何属性信息,如防水保温性能等
地面	• 地面可用楼板或通用形体建模替代,但应在"类型"属性中注明"地面" • 地面完成面与地面标高线宜重合 • 必要的非几何属性信息,如特定区域的防水、防火等性能
门窗	• 门窗建模几何精度应为 5mm • 门窗可使用精细度较高的模型 • 应输入外门、外窗、内门、内窗、天窗、各级防火门、各级防火窗、百叶门窗等非几何信息
柱子	• 非承重柱子应归类于"建筑柱",承重柱子应归类于"结构柱",应在"类型"属性中注明 • 柱子宜按照施工工法分层建模 • 柱子截面应为柱子外廓尺寸,建模几何精度宜为 10mm • 外露钢结构柱的防火防腐等性能
楼梯或坡道	• 楼梯或坡道应建模,并应输入构造层次信息 • 平台板可用楼板替代,但应在"类型"属性中注明"楼梯平台板"
垂直交通设备	• 建模几何精度为 50mm • 可采用生产商提供的成品信息模型,但不应指定生产商 • 必要的非几何属性信息,包括梯速、扶梯角度、电梯轿厢规格、特定使用功能(消防、无障碍、客货用等)、联控方式、面板安装、设备安装方式等

需要录入的对象信息	建模精度要求
栏杆或栏板	• 应建模并输入几何信息和非几何信息,建模几何精度宜为20mm
空间或房间	• 空间或房间的高度的设定应遵守现行法规和规范 • 空间或房间的面积宜标注为建筑面积,当确有需要标注为使用面积时,应在"类型"属性中注明"使用面积" • 空间或房间的面积,应为模型信息提取值,不得人工更改
梁	• 应按照需求输入梁系统的几何信息和非几何信息,建模几何精度宜为50mm • 外露钢结构梁的防火防腐等性能
结构钢筋	• 应按照专业需求输入全部设备(如水泵、水箱等)的外形控制尺寸和安装控制间距等几何信息及非几何信息,输入给排水管道的空间占位控制尺寸和主要空间分布 • 影响结构的各种竖向管井的占位尺寸 • 影响结构的各种孔洞、集水坑位置和尺寸
其他	• 其他建筑构配件可按照需求建模,建模几何精度可为100mm • 建筑设备可以简单几何形体替代,但应表示出最大占位尺寸

10.2.2　设计模型与结构专业模型间的信息交换

一般的民用建筑设计中,都是以建筑专业为主导进行的。当建筑专业完成方案设计提交给结构专业后,结构设计人员将建筑模型参照或导入生成结构模型,即完成从建筑专业 BIM 模型生成结构专业 BIM 模型。工作的核心是在建立结构模型过程中,通过参照建筑模型,辅助建立起结构设计需要的结构用户模型。转换模型数据时重点要关注以下几个方面:

1. 结构模型坐标系的确定

在 XY 水平坐标系中,建筑模型与结构模型都是以建筑轴线为定位方式的,对次一级轴线以外的结构网格线位置选定时,应考虑竖向构件力的传递连续性再确定合理的位置。

对于竖向的 Z 坐标体系,建筑是以建筑地面标高为楼层标高,结构是以楼板顶面为结构层标高,二者相差了一个地面做法厚度,并且建筑第二层的地面是结构第一层的顶。例如:例题模型中的第二层建筑标高为 6.00m,地面做法为 50mm 厚,则对应结构的第一层顶标高应为 5.95m。标高的不同还会对墙体洞口的竖向定位有一定影响,例如墙洞口布置对本层地面高度建筑图与结构图会有 50mm 差别。

2. 转换构件选择及截面定义、偏心设定

建筑构件的定义是针对建筑构件的最外层形状给出的,结构构件的截面尺寸必然要小于等于建筑给出的尺寸。转换时可选择先等同截面转换然后在结构模型中再修改调整截面,也可在转换时就给出新的结构截面形状与尺寸。

在对柱、墙等竖向构件选择布置偏心位置时,结构与建筑模型中也可能取不同的数值,

结构中需要综合考虑竖向构件在全楼上下有明确的、连续的传力路径后再给出合理的定位信息。

3. 功能区对应下层楼面荷载选择

转换生成荷载时要注意,由建筑的功能区而确定的楼面荷载,是作用在下一层结构楼板上的。同样对于由填充墙生成的线荷载,也是作用在下一层结构的构件上的。

4. 非结构构件的处理与结构专业模型补充

对于填充墙等非结构构件,当从建筑模型生成结构模型时会转化为结构荷载,并从结构模型中删除这些非结构构件。一般为了承载这些荷载,往往需要在其下层补充布置结构构件,例如在下层布置结构梁来承载上层的填充墙荷载。结构模型中添加的结构梁,一般是建筑模型中所不具备的,设计人员需要将这部分模型数据协同到建筑模型中。

设计模型与结构专业模型间的信息交换应包括如表 10-8 所示内容。

表 10-8 设计模型与结构专业模型的信息交换

提资专业	接收专业	初设阶段	施工图阶段
建筑设计	结构	1. 与初步设计作业图一致的模型,尺寸齐全,轴线关系明确 2. 初步设计结构措施简要说明 3. 初步人防区域示意	1. 与初步设计作业图一致的模型,尺寸齐全,轴线关系明确,门窗位置、电梯、防火卷帘位置、楼梯位置、承重墙与非承重墙位置等盲足结构设计所需尺寸;对结构件尺寸有特殊要求的部位(如降板区、特殊构造位置等)提供详细尺寸 2. 建筑物各部位的构造做法,各层材料的厚度 3. 雨篷、阳台、挑檐的具体尺寸及女儿墙的高度 4. 电梯井道及机房的布置详细尺寸 5. 提供门窗表由结构专业确定过梁型号及做法 6. 特殊工艺的工艺要求 7. 二次装修设计的区域和范围 8. 总图竖向设计详细尺寸

10.3 从 BIM 结构模型到施工应用

10.3.1 结构深化设计与各专业协同

在多专业协同设计上,结构专业的设计人员利用建筑专业设计的基础模型,进行相应专业的设计。一方面对建筑设计进行一致性验证并进行深化设计,另一方面也为给排水、暖通、电气、建筑经济等提供统一协调的基础数据,各个专业所有的设计信息都包含在各专业的信息模型中,通过将不同专业的信息模型进行链接,运行碰撞检查,各专业之间的碰撞问题会快捷、准确地显示,然后协调解决专业之间的冲突。结构深化设计与各专业协同应包括表 10-9 所示内容。

表 10 - 9　结构深化设计与各专业协同

提资专业	接收专业	初设阶段	施工图阶段
结构	建筑	根据建筑专业提供的条件图,提供基础的形式、平面尺寸、剖面尺寸和埋置深度	1. 当有地下室时,提供地下室底板、顶板及墙的厚度、四周挑出长度及底板底的埋深(基底标高) 2. 建筑物的构造形式,梁、板、柱的断面尺寸,牛腿尺寸和顶标高 3. 柱间支撑的位置和断面尺寸 4. 电梯井的井壁厚度 5. 砌体结构的材料强度等级,窗间墙及转角处的最小尺寸 6. 圈梁和构造柱设置位置和断面尺寸、顶标高 7. 变形缝、沉降缝、抗震缝的位置、尺寸及其定位轴线的关系
	给水排水	1. 与初步设计作业图一致的模型,梁、柱截面大小及位置准确,结构板厚度及板顶标高准确 2. 集水坑平面位置及剖面大样 3. 预留孔洞位置及尺寸	1. 建筑物的结构形式,梁、板、柱的断面尺寸,相应的平面关系 2. 预留孔洞位置及尺寸 3. 集水坑平面位置及剖面详图
	暖通	1. 与初步设计作业图一致的模型,梁、柱截面大小及位置准确,结构板厚度及板顶标高准确 2. 预留孔洞位置及尺寸	1. 建筑物的结构形式,梁、板、柱的断面尺寸,相应的平面关系 2. 预留孔洞位置及尺寸
	电气	与初步设计作业图一致的模型,梁、柱截面大小及位置准确,结构板厚度及板顶标高准确	建筑物的结构形式,梁、板、柱的断面尺寸,相应的平面关系
	建筑经济	1. 与初步设计作业图一致的模型,梁、柱截面大小及位置准确,结构板厚度及板顶标高准确 2. 各类构件的混凝土强度等级,用钢等级	1. 建筑物的结构形式,梁、板、柱的断面尺寸,相应的平面关系 2. 梁、板、柱、墙等的钢筋配置情况 3. 各类构件的混凝土强度等级,用钢等级

10.3.2　结构专业内各种模型间的协同

本节以 PKPM 系列软件为例介绍结构专业内各种模型间的协同。

1. 结构设计计算过程中,各模型协同的关注点

结构专业内的用户模型、设计模型、分析模型、施工图模型等模型的转换生成,最核心的还是设计模型的生成。由用户模型生成设计模型重点关注构件偏心的处理,荷载作用位置正确,短柱、短梁、短墙等容易造成计算异常的小构件单元处理是否适宜等。设计模型关系到与规范的具体对接,必须予以重视。对分析模型主要关注单元划分的合理性,包括墙、板单元的疏密、形状等。施工图模型则需关注与建造相关的构件合理划分、归并结果。

2. 结构设计计算接力施工图绘制软件

结构施工图绘制模块是 PKPM 系列软件的后处理模块,结构施工图的模板数据可以直接读取 PKPM 用户模型数据生成。其中板施工图模块需要接力"结构建模"软件生成的模型和荷载导算结果来完成计算;梁、柱、墙施工图模块除了需要"结构建模"生成的模型与荷载外,还需要接力结构整体分析软件 SATWE 模块生成的内力与配筋信息才能正确运行。施工图软件的菜单界面如图 10 - 6 所示。

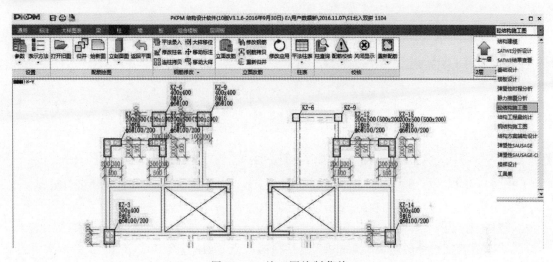

图 10 - 6 施工图绘制菜单

结构施工图绘制中,板、梁、柱、墙模块的设计思路相似,基本都是按照划分钢筋标准层、构件分组归并、自动选筋、钢筋修改、施工图绘制、施工图修改的步骤进行操作。其中必须执行的步骤包括划分钢筋标准层、构件分组归并、自动选筋、施工图绘制,这些步骤软件会自动执行,设计人员可以通过修改参数控制执行过程。如果需要进行钢筋修改和施工图修改,设计人员可以在自动生成的数据基础上进行交互修改。

结构施工图与结构模型数据是一体化的,实现了施工图与结构模型的双向互联,施工图绘制过程中对结构模型的修改可以完整传递回结构建模、分析、设计软件中。

3. 结构设计计算接力基础设计软件

基础设计是结构设计中一个不可或缺的环节。基础建模过程中,除输入基础模型本身外,还与建筑首层模型、首层柱、墙底的内力及上部建筑刚度等都密切相关。PKPM 系列软件中的基础模块 JCCAD,可在直接读取 PM 结构首层模型后,补充输入基础模型及参数,并且把结构分析计算模块 SATWE 的计算结果中柱、墙、斜撑的单工况内力经过 JCCAD 进行荷载组合后作为基础设计的外荷载,完成接力 SATWE 计算结果后,再进行基础设计计算。

通常在上部结构设计时假定基础是上部结构的嵌固支座;而在基础设计时,为了考虑上部结构对基础内力的影响,可以考虑上部结构刚度对基础的影响。SATWE 程序可以生成传给 JCCAD 程序的上部结构刚度,这仅需要在 SATWE 计算控制信息中将"生成传给基础的刚度"选项打勾即可完成,如图 10-7 所示。

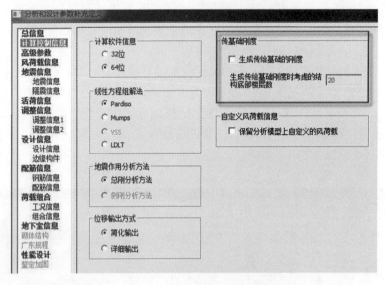

图 10-7　生成传给基础刚度

4. 与钢结构梁柱的节点分析设计软件衔接

PKPM 系列软件中钢结构 STS 模块可以接力结构分析计算 SATWE 模块的计算结果,完成钢结构的连接节点设计和施工图绘制。菜单如图 10-8 所示。

钢结构设计模块 STS 在进行全楼节点设计时,自动读取三维模型数据和 SATWE 设计结果,自动进行钢构件的连接节点设计,包括柱脚节点、梁柱连接节点、支撑连接节点、梁拼接与柱拼接、钢梁与混凝土柱、钢梁与剪力墙、主次梁节点的连接等。软件根据构件截面类型和端部铰接信息,提供多种类型的连接方式供设计人员选择。选择具体连接方式和设计参数后,自动根据设计内力进行连接板、螺栓、焊缝等的计算。根据 SATWE 地震计算参数和抗震规范相应要求,连接设计时对于有地震力参与的内力组合考虑抗震调整系数,进行连接的极限承载力计算和节点域的稳定性和屈服承载力计算。

STS 在设计完成后,可以按照结构模型自动绘制设计图、节点施工图、构件施工详图,分别满足设计院和制作加工单位的出图特点。

5. 与弹塑性静力、动力分析软件衔接

对于罕遇地震作用下的结构弹塑性变形验算的方法,《建筑抗震设计规范(GB 50011—2010)》第 5.5.3 条给出了明确规定:不超过 12 层且层刚度无突变的钢筋混凝土框架和框排架结构、单层钢筋混凝土柱厂房可采用简化计算法,除此以外的其他建筑结构,均可采用弹塑性时程分析方法或静力弹塑性分析方法。针对这样的要求,PKPM 系列软件中推出了建筑结构弹塑性动力、静力分析软件 PUSH & EPDA,与规范的要求相应。目前的 PUSH & EPDA 软件提供了两种空间模型弹塑性分析方法,一种是弹塑性动力时程分析方法 EPDA (Elastoplastic Dynamic Analysis);另一种是弹塑性静力推覆分析方法 PUSH(Elastoplastic

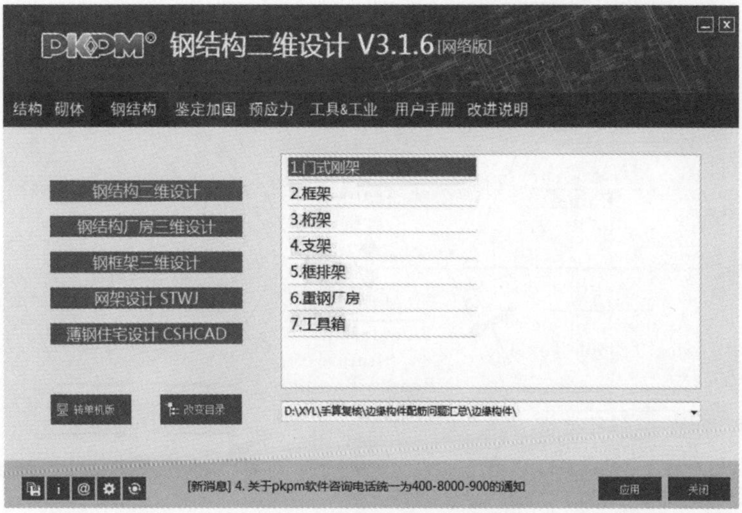

图 10 - 8　钢结构设计菜单

PushOver Analysis),就是通常所说的静力推覆分析方法(Push - Over Analysis)。

PUSH & EPDA 程序接力空间有限元弹性分析软件 SATWE 或 PMSAP 软件进行计算,省去了重新建模的麻烦并且可以读取混凝土结构的计算钢筋或实配钢筋。该软件可以沿任意给定方向对结构作弹塑性时程分析或者弹塑性静力分析,适用于各种材料的多、高层及超高层建筑结构,包括钢筋混凝土结构、钢结构和钢与混凝土混合结构。PUSH & EPDA 软件还提供了隔震单元、阻尼器单元,可以用于进行建筑结构的隔震、减震计算。

PUSH & EPDA 程序的推出,目的是为设计人员进行建筑结构弹塑性变形验算提供一个通用工具。以前 PKPM 系列软件只局限于对不超过 12 层的纯框架结构、用简化方法作弹塑性变形验算,现在借助于 PUSH & EPDA 程序,弹塑性变形验算的对象可以扩充到几乎所有的多、高层建筑结构。

10.3.3　结构模型相关软件及协同关系

从建筑设计模型到结构设计模型,还可以进一步进行碰撞检测、4D 模拟、结构分析、深化设计等。

1. 结构建模软件

结构模型建模,除了用美国 Autodesk 公司系列软件 Revit 的 Revit Structure 模块进行结构建模外,美国 Bentley 公司的 Building 模块也是非常优秀的结构建模软件。同时还可以采用 Dassault 公司的 CATIA、德国 Nemetschek 集团的 ArchiCAD、韩国 MIDAS、中国建筑研究院的 PBIMS、盈建科、鲁班等软件创建结构模型。Trimble 公司的 Tekla 软件在钢结构模型创建分析中有着巨大的优势,同时通过 Xsteel 进行钢结构深化设计,可使用 BIM 核心建模软件提交的数据,对钢结构进行面向加工、安装的详细设计,即生成钢结构施工图(加工图、深化图、详图)、材料表、数控机床加工代码等。结构模型相关软件如图 10 - 9 所示。

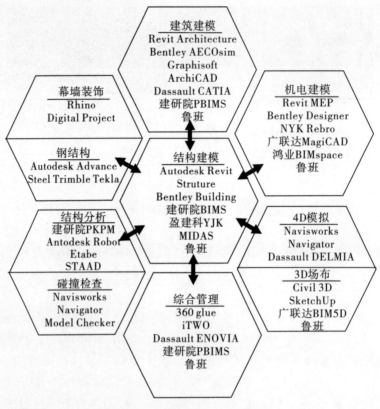

图 10-9   结构模型相关软件

2. 机电建模分析

Revit 最重要的特点是所有组件、视图和注释之间的关系模式,使得任何组件的改变会自动传播,保持模型内容的一致性。因此采用 Revit Structure 模块进行结构建模,同时可以使用 Revit MEP 模块进行 3D 管线、设备等机械、电气设施的建模工具,可应用在配电、照明、空调、给水、排水、火警、消防、监视等系统的建模。同时还可以采用 Bentley 公司的 Dsigner 模块、日本株式会社 NYK 系统研究所的 Rebro 等软件创建机电模型和进行相关分析。水暖电或电气分析软件,国内产品有鸿业 BIMspace、广联达 MagiCAD、鲁班等。

3. BIM 结构分析软件

2008 年 Autodesk 公司收购并整合开发了 Autodesk Robot Structure Analysis 作为专业的结构分析软件,在 Revit 到 Robot 的过程中,可以很好地完成模型转化,在 Robot 完成计算后只需执行一次计算模型到 Revit 模型的同步即可。虽然 Robot Structure Analysis 比较其他第三方软件有巨大的优势,但它目前包含的中国规范有限,不能完全契合我国的规范进行结构分析,因此在国内结构设计中实现结构分析计算是有条件的。

结构分析软件是目前与 BIM 核心建模软件配合度较高的产品,基本上可实现双向信息交换,即:结构分析软件可使用 BIM 核心建模软件的信息进行结构分析,分析结果对于结构的调整,又可反馈到 BIM 核心建模软件中去,自动更新 BIM 模型。除 Robot 外,国外结构分析软件有 ETABS、STAAD 等以及国内的 PKPM,均可与 BIM 核心建模软件配合使用。只是作为第三方软件,在双向转换中,大多数情况下仍然需要进行模型的再建立和修改。

4. BIM 模型综合碰撞检查软件

模型综合碰撞检查软件基本功能包括集成各种三维软件（包括 BIM 软件、三维工厂设计软件、三维机械设计软件等）创建的模型，并进行 3D 协调、4D 计划、可视化、动态模拟等，其实也属于一种项目评估、审核软件。常见模型综合碰撞检查软件有 Autodesk Navisworks、Bentley Projectwise Navigator 和 Solibri Model Checker 等。

本章小结

BIM 模型需要贯穿于建设项目的全生命周期，BIM 技术与协同设计技术将成为互相依赖、密不可分的整体。在建筑项目的设计过程中，需要包括建筑、结构、MEP（设备专业）等多个专业的相互协作。掌握本章相关内容，将不同专业的建筑信息模型链接，在设计成果方面不仅有利于建筑空间的利用，也可以优化管网的布置，对项目的施工、设备的安装乃至日后的维修带来方便，节约材料，降低造价，提高效率。

综合实训篇

第 11 章　实训案例

教学导入

　　本章将通过实训案例的教学,使学生掌握如何将一个建筑专业的 BIM 模型转换为结构 BIM 模型,并完成结构分析计算、配筋及施工图的完整流程,了解并熟悉 BIM 类软件工具在结构设计过程中的具体使用方法;并了解结构专业在设计过程中如何与建筑和机电专业协同,相互参照,避免冲突的方法。

　　本章中介绍的结构专业设计采用中国建筑科学研究院的 PKPM – BIM 设计系统,该系统采用自主 BIM 平台,支持建筑工程项目从规划、设计、施工和运维的全生命期 BIM 应用,除自带全专业设计软件外,还可外接各类设计软件的模型数据,其中建筑软件包括 Revit、ArchiCAD、ABD、APM、天正等。本书中将以导入 Revit 软件生成的建筑模型为例。

学习要点

- 掌握由建筑 BIM 模型生成结构 BIM 模型和添加荷载的方法
- 掌握上部结构和基础设计参数设置、结构分析计算、生成计算书的方法
- 掌握根据计算结果绘制结构施工图的方法
- 掌握通过 BIM 平台实现结构 BIM 模型与其他专业 BIM 模型的参照的方法

11.1　项目概况

　　(1)项目背景:本项目为北京某大学拟为所属的建筑学院兴建的建筑系馆,包括教学、行政、实验、设计研究等功能空间。它集合先进的建筑教育理念,运用数字建筑设计技术和教学技术手段,例如信息网络、多媒体互动、虚拟现实、快速成型工艺等,打造数字教育建筑。

　　(2)基地概况:本项目基地位于北京市南郊高教园区,东、南临城市主要道路,北临土木工程学院,西临建筑展览馆和校园广场,用地面积 15000 平方米。

　　(3)交通体系:基地交通方便,邻近校区主人口和图书馆。

　　(4)周边环境:基地西、南侧与工业开发区、其他学校隔路相望。东南方向是滨河森林公园。新校区内建筑整体风格简洁现代,教学楼主色调为暗灰色,图书馆为白色编织状外表皮,反映学校办学理念与建筑类学校的特点。建筑造型新颖,校园整体环境和谐。

　　(5)项目规模:本项目建筑面积在 11000 平方米。建筑高度为 18 米,地上 4 层。

　　(6)项目作者:天津大学建筑学院诸葛涌涛。

　　项目效果图和相关平面图见图 11 – 1 至图 11 – 5。

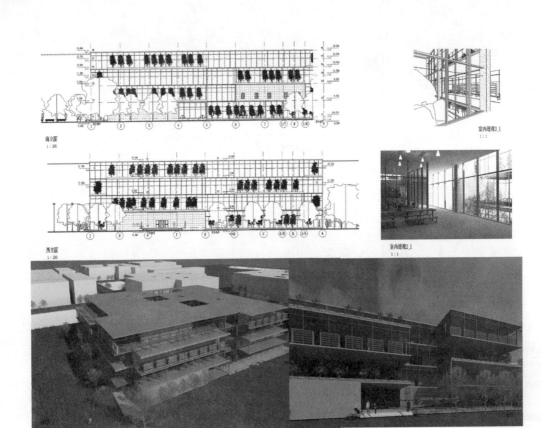

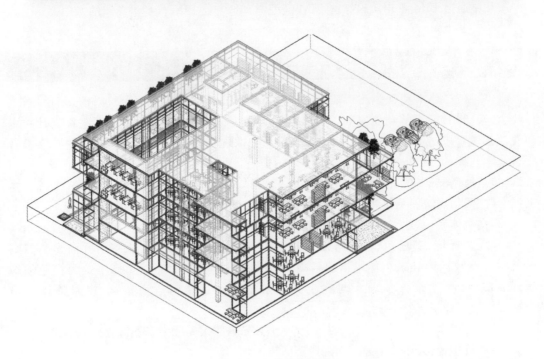

图 11-1 项目效果图

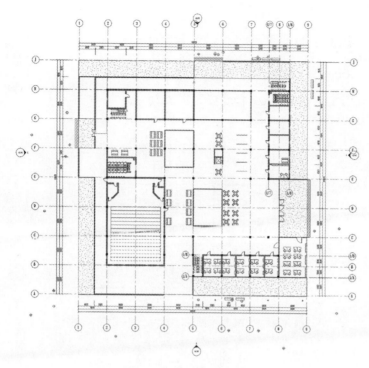

图 11-2　首层平面图

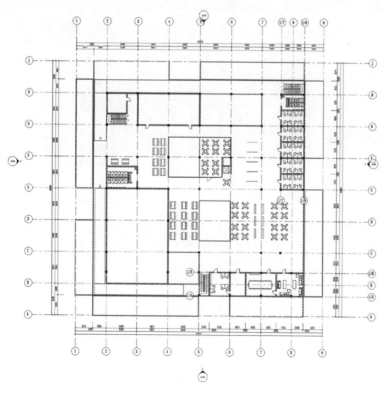

图 11-3　二层平面图

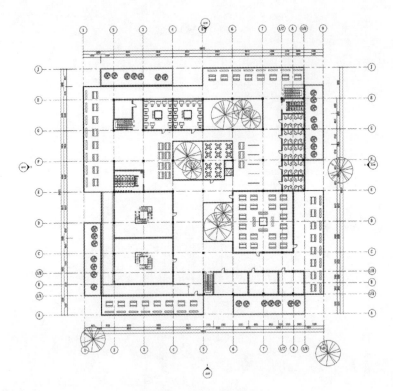

图 11-4　三层平面图

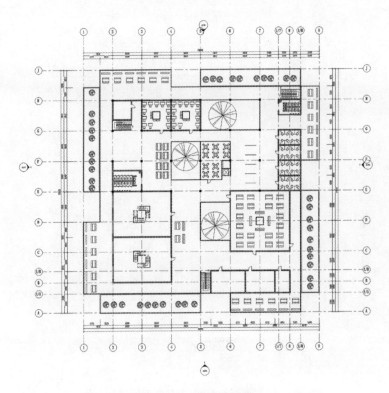

图 11-5　四层平面图

11.2 项目成果展示

通过案例实训,将使学生掌握采用 BIM 技术的结构设计流程,完成结构专业的模型建立和分析计算,生成各类结构构件的施工图,并通过 BIM 协同平台将结构 BIM 模型与其他专业的 BIM 模型融为一体,形成多专业集成的 BIM 模型,如图 11-6 至图 11-12 所示。

图 11-6 结构专业 BIM 模型

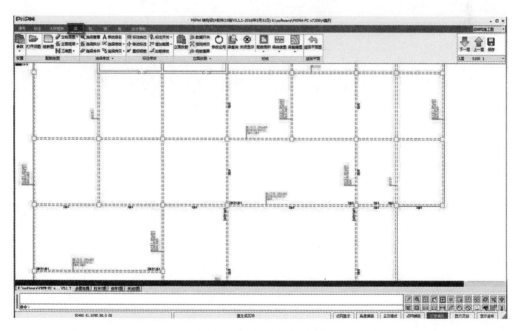

图 11-7 结构梁施工图

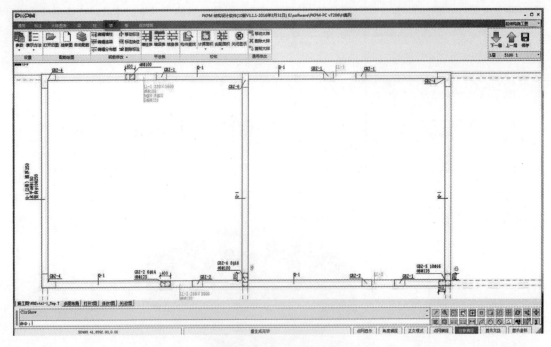

图 11-8　结构墙施工图

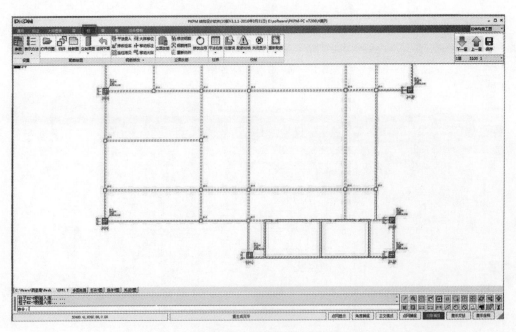

图 11-9　结构柱施工图

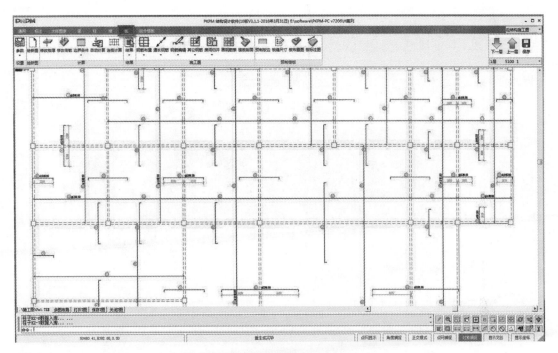

图 11-10 结构楼板施工图

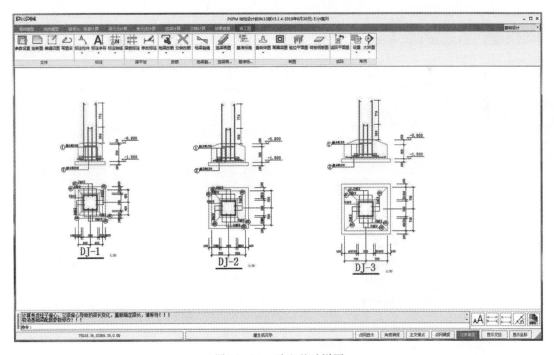

图 11-11 独立基础详图

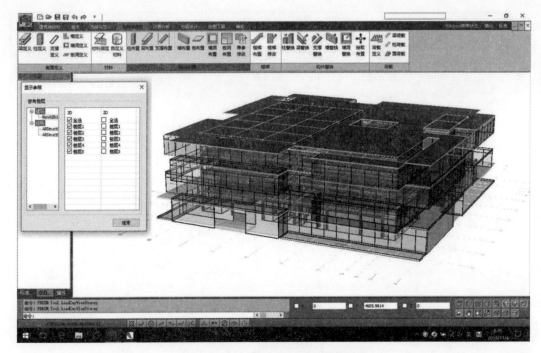

图 11-12　多专业集成的 BIM 模型

11.3　实训目标要求

通过案例实训使学生能够熟练掌握软件的基本功能与使用方法,熟悉 PKPM BIM 由外部建筑模型(Revit 建模)导入后建立结构模型的流程,掌握用 PKPM 结构分析设计软件完成结构计算和绘制结构施工图的流程,同时了解采用 PKPM BIM 平台实现结构专业与其他专业相互参照的方式,认识并理解 BIM 协同设计理念。

实训主要培养学生以下能力:

(1)巩固所学专业知识,培养综合运用所学理论知识和专业技能解决工程实践问题的能力;

(2)培养学生设计阶段应用 BIM 软件完成结构设计的能力;

(3)培养和提高学生的自学能力,运用计算机辅助解决结构设计相关问题的能力;

(4)培养和锻炼学生的沟通能力、团队协作的能力。

11.4　提交成果要求

(1)在 PKPM BIM 系统中建立结构用户模型和输入荷载;

(2)在 PKPM 结构分析设计模块中建立结构设计模型;

(3)生成结构分析内力、配筋结果图、结构计算书;

(4)各楼层结构平面施工图,包含轴线、尺寸、配筋标注,钢筋表;

(5)基础平面施工图和详图,包含轴线、尺寸、配筋标注,钢筋表;

(6)在 PKPM BIM 系统中通过导入其他专业模型,形成建筑全专业 BIM 模型,可通过控制视图开关完成不同专业模型相互参照。

11.5 实训准备

11.5.1 硬件环境

（1）CPU：i5 以上 CPU 二代以上。

（2）内存：8G 以上。

（3）显卡：一般配置的主流显卡都可以满足一般的需求。

11.5.2 软件环境

用于本实训案例技术应用层面的基础应用软件推荐采用以下软件：

（1）Autodesk Revit 建筑软件：建立建筑专业 BIM 模型，能够导出数据给 PKPM BIM 系统；

（2）PKPM BIM 系统：导入 Revit 建立的建筑 BIM 模型，生成结构 BIM 模型，接力 PKPM结构分析计算和施工图模块；存储各专业 BIM 信息和模型，实现专业间协同设计。

11.6 实训步骤和方法

11.6.1 由建筑模型生成结构模型

工程项目的建筑方案设计完成后，通过 PKPM BIM 系统可将建筑模型导入，结构专业可直接根据建筑专业的 BIM 模型建立结构模型，定义部分建筑构件为结构承重构件，添加结构专业的附加承重构件，如梁、柱等，完成构件拆分，荷载倒算，满足结构分析设计的需要，最终生成结构 BIM 模型。

1. 由建筑模型生成结构用户模型

打开 Revit 案例模型"H 案例"，点击"附加模型"中的"外部工具"，点击"RevitExporter"（见图 11 - 13），在弹出的"选择导出内容"对话框选择需要导出的楼层信息、构件信息及相关的导出设置，勾选完成后，点击"导出"按钮，如图 11 - 14 所示。

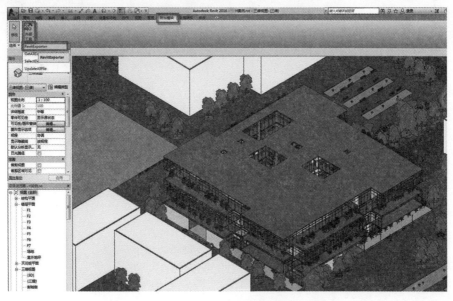

图 11 - 13 Revit 建筑模型

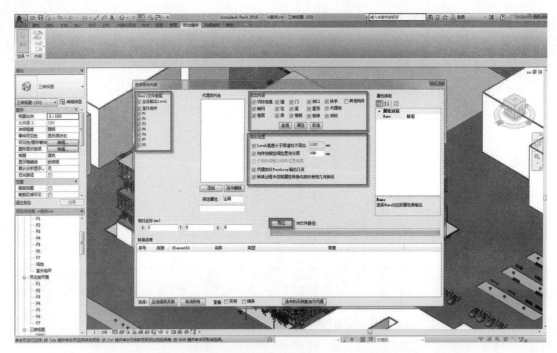

图 11 - 14　导出建筑模型到 PKPM - BIM 协同设计系统

　　打开 PKPM - BIM 系统,在启动环境选择"结构专业",点击"新建工程项目",如图 11 - 15 所示。选择文件模型路径,并赋予项目名称,完成之后点击"确定"按钮,如图 11 - 16 所示。

图 11 - 15　PKPM - BIM 协同设计系统启动界面

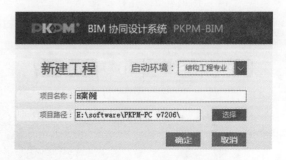

图 11 - 16　新建协同设计工程项目

　　在 PKPM - BIM 结构模块中导入模型文件,如图 11 - 17 所示。

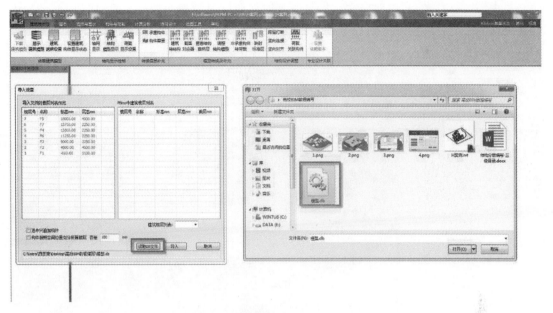

图 11-17 导入 Revit 建筑模型

点击"项目浏览器"中的"全楼",显示全楼模型状态,点击界面右下角的视图工具(顶视图、前视图、旋转、轴侧图、线框模型、消隐模式等),浏览查看导入的建筑模型,如图11-18所示,检查无误后进行建筑转结构。

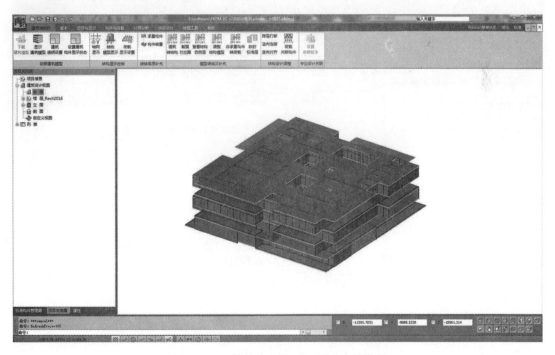

图 11-18 转换为 PKPM-BIM 建筑模型

点击"承重构件"和"构件容重",指定建筑构件的承重类型和构件容重,如图 11-19 和图 11-20 所示。

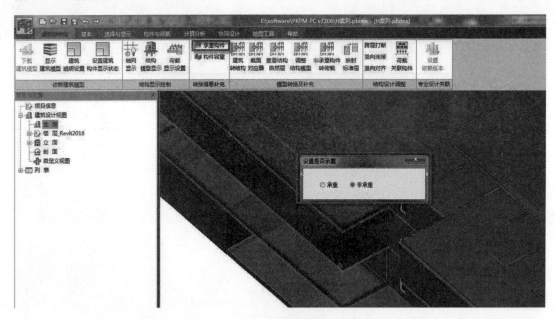

图 11-19　指定建筑构件的承重类型

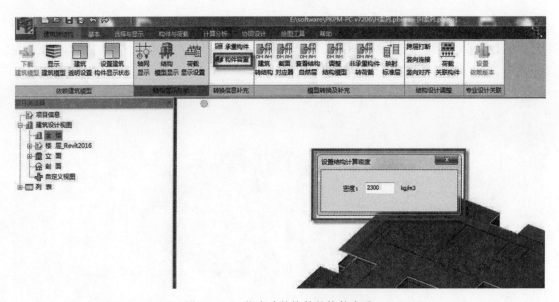

图 11-20　指定建筑构件的构件容重

模型指定完成后,点击"建筑转结构",如图 11-21 所示,勾选需转换的承重构件,点击"下一步",进行楼层信息的调整,如图 11-22 所示。

楼层信息调整完成后,点击"下一步",进行结构构件尺寸调整,点击"下一步",点击"完成",如图 11-23 所示。

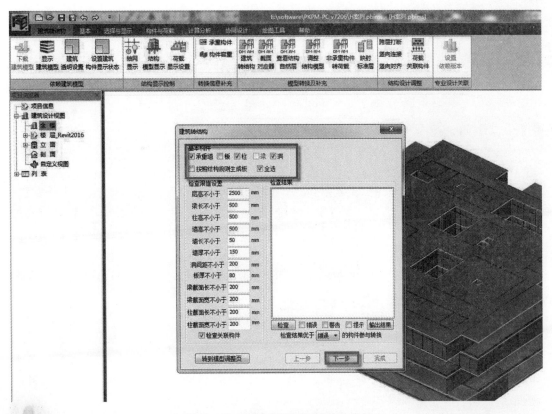

图 11 - 21　由建筑模型生成结构模型

图 11 - 22　楼层信息调整

图 11 - 23　结构构件尺寸调整

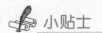

小贴士

1. 由于建筑模型楼层信息可能包含地形层、屋顶楼盖板层等,但结构模型楼层信息可能不需要地形层等,因此在建筑转结构的时候,需要进行楼层信息调整。

2. 由于建筑模型构件可能包含墙体抹灰、饰面等,因此结构构件的尺寸可能比建筑构件的尺寸小,因此在建筑转结构的时候,需要进行结构构件截面尺寸调整。

3. "建筑转结构"功能可将建筑中承重构件,根据相应的规则转换成结构构件。

转换的结构模型如图11-24所示,之后点击"非承重构件转荷载",勾选"转荷载设置"中的所有选项,点击"转换",将非承重构件根据其自重转换成相应的恒荷载,功能房间根据《建筑结构荷载规范》,转换成相应荷载,如图11-25所示,并且荷载会在结构模型上表达,如图11-26所示。

点击"映射标准层",在填充的对话框,点击"新增",在"增加标准层"对话框,输入"标准层1",点击"确定",将"备选楼层"中的自然层1、2、3选中,挪入到"关联楼层",同理使自然层4和创建的标准层2产生关联关系(由于自然层1、2、3结构相同,因此可以这3层关联同一个标准层),如图11-27所示。

标准层创建完成之后,点击"梁布置",在弹出的对话框点击"增加",选择"矩形截面",选择材质为"混凝土,C40",选择"框选布梁",如图11-28所示,同理进行结构墙和结构板的补充布置,补充完成模型如图11-29所示。

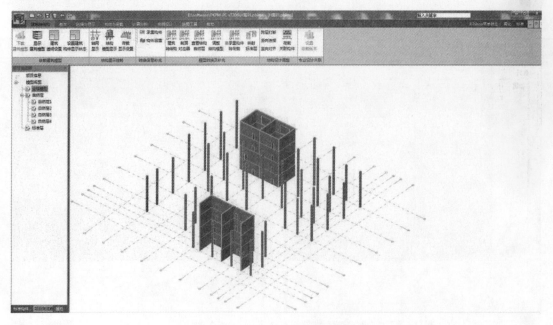

图11-24　生成结构BIM模型

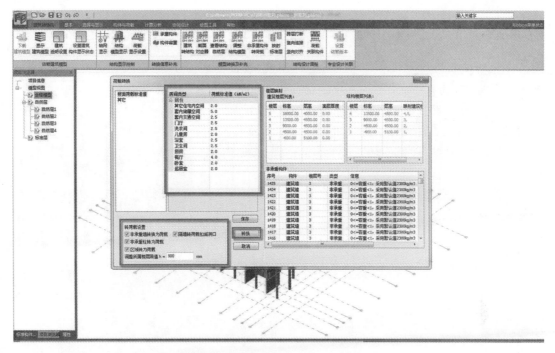

图 11-25 非承重构件转荷载对话框

图 11-26 非承重构件生成的荷载

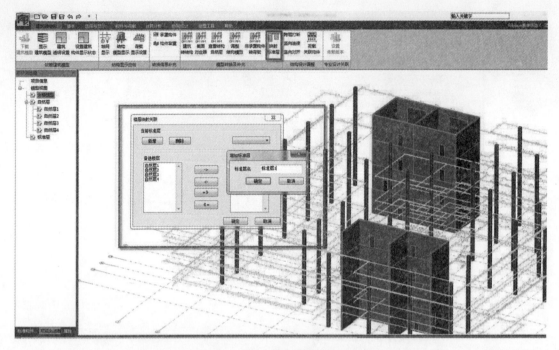

图 11 - 27　创建结构标准层

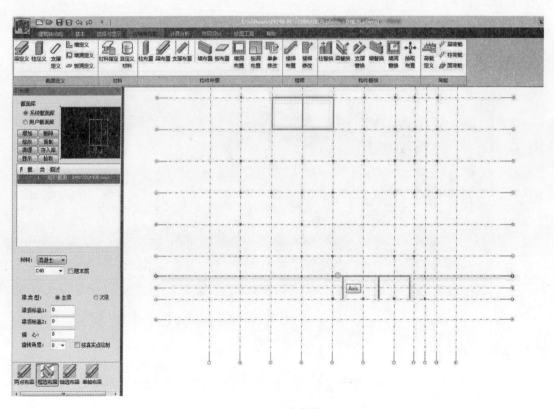

图 11 - 28　添加结构梁

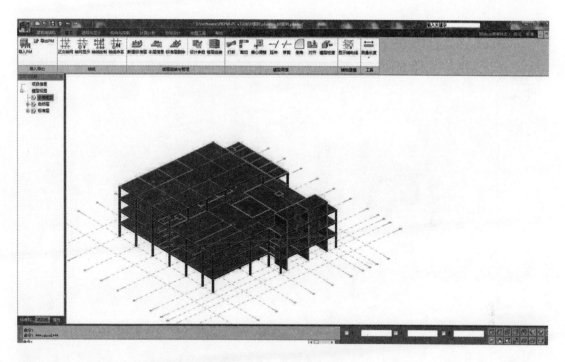

图 11-29　添加结构楼板

 小贴士

　　通过映射标准层,可以将相同或者相似的自然层关联一个标准层,之后在标准层补充构件后,关联自然层相应的位置都会布置上构件,有效缩短模型调整时间。

2. 由结构用户模型生成结构分析模型

　　点击"整体计算分析",接力 PKPM 结构计算分析模块,勾选所有需要转换的构件和荷载,点击"确定",如图 11-30 所示,转换为相应的结构分析模型,点击"整楼",完成楼层组装,如图 11-31 所示。

11.6.2　结构荷载倒算

　　由建筑模型生成的结构分析模型过程中,主要竖向承重构件会自动转换为结构构件,如剪力墙、柱等,建筑中的非承重构件在结构分析中作为荷载存在。这些荷载在结构模型中会根据情况按一定规则传导分配到相应的承重构件上,即为荷载倒算。本节中的荷载倒算是采用 PKPM 结构设计模块 PMCAD。

　　切换荷载布置菜单,见图 11-32,可查看 BIM 模型中根据建筑房间功能、构件承重情况生成的荷载值。

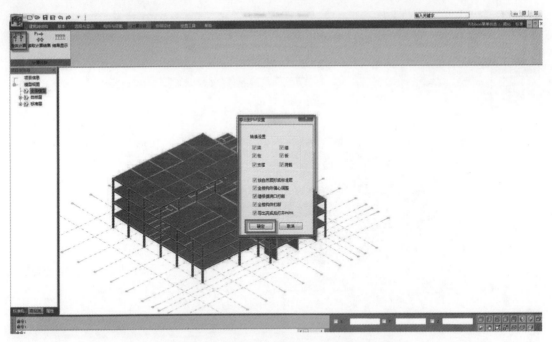

图 11 - 30　由结构 BIM 模型生成结构分析模型

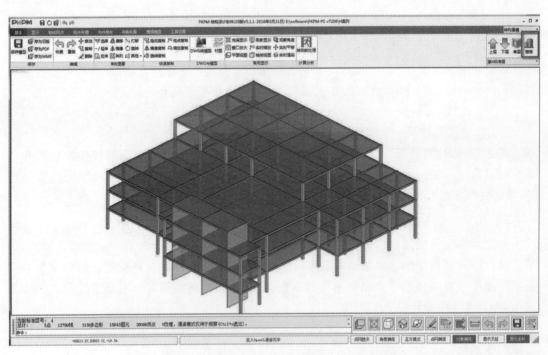

图 11 - 31　结构分析界面

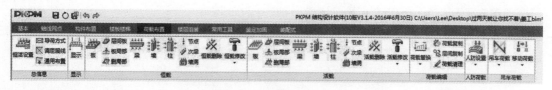

图 11 - 32　荷载布置主菜单

对于某些异性房间,可通过导荷方式进行调整,见图 11 - 33。由于本建筑房间规整,可暂时不进行调整。

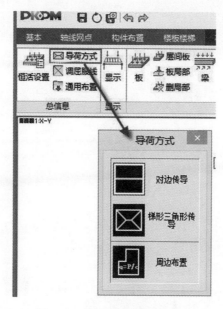

图 11 - 33　设置房间导荷方式

荷载修改完整后,可切换模块进入 SATWE 分析设计,进入平面荷载校核,见图 11 - 34。

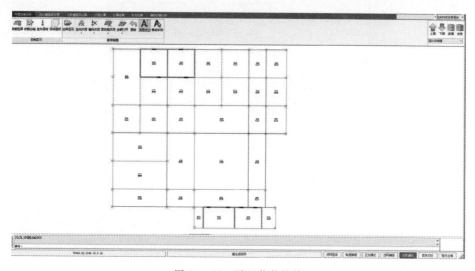

图 11 - 34　平面荷载校核

选择"荷载选择",可勾选荷载校核选项,见图11-35。

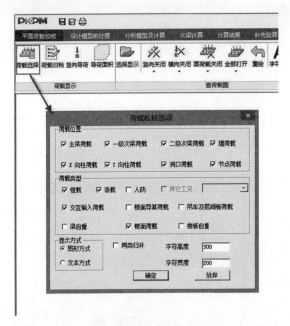

图11-35 荷载校核

选择"荷载归档",可输出平面荷载校核图纸,用于审图使用,见图11-36。荷载统计完毕后可进入 SATWE 进行计算分析。

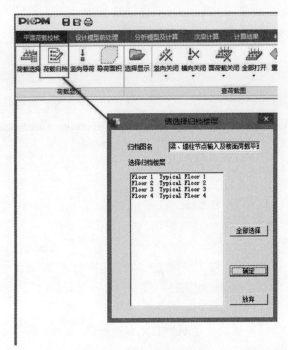

图11-36 荷载归档

11.6.3　上部结构分析计算

完成结构模型建立和荷载倒算后,即可对结构整体进行三维有限元分析计算,计算出每个结构构件的内力和变形情况,并根据结构规范计算出相应的配筋面积和实配钢筋,生成计算结果报告书,最后根据计算结果绘制各类结构施工图及算量统计表。现阶段上部结构和基础一般是分别计算的。本节中的上部结构分析计算是采用 PKPM 复杂结构分析设计软件 SATWE。

点击"SATWE 设计分析",进入结构计算分析界面,如图 11 - 37 所示。

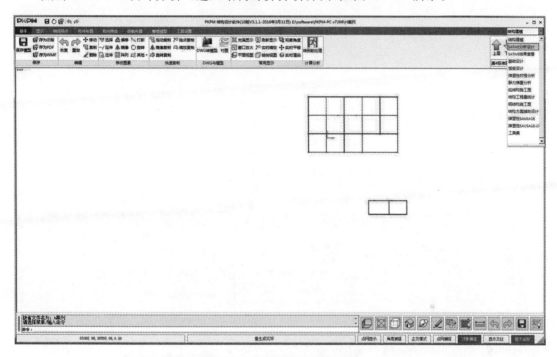

图 11 - 37　结构计算分析界面

1. 上部结构计算

在第一次启动 SATWE 主菜单时,程序自动将所有参数赋初值。其中,对于 PM 设计参数中已有的参数,程序读取 PM 信息作为初值,其他的参数则取多数工程中常用值作为初值,因此需要定义参数,点击"参数定义",如图 11 - 38 所示。

"总信息"包含结构分析所必需的最基本的参数。页面左下角的"参数导入""参数导出"功能,可以将自定义参数保存,方便再次使用时进行调用。本项目为框剪结构,点击"结构体系"进行选择,如图 11 - 39 所示。

点击"计算控制信息",新版 PKPM 增加了"计算控制信息"属性页;可选择线性方程组解法及地震作用分析方法等参数,如图 11 - 40 所示。

点击"风荷载信息",SATWE 依据《建筑结构荷载规范》的公式(8.1.1 - 1)计算风荷载。风荷载参数可通过查找相关规范及建筑所在地区进行填写。若在第一页参数中选择了不计算风荷载,可不必考虑本页参数的取值,计算控制信息界面如图 11 - 41 所示。

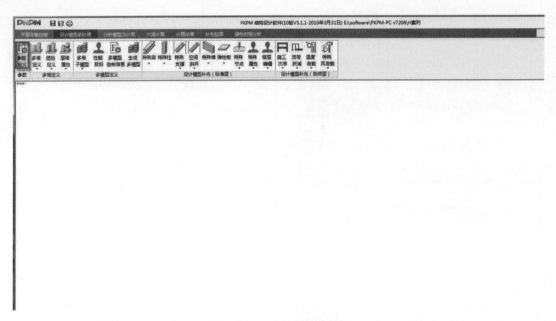

图 11 - 38 "参数定义"菜单

图 11 - 39 "总信息"对话框

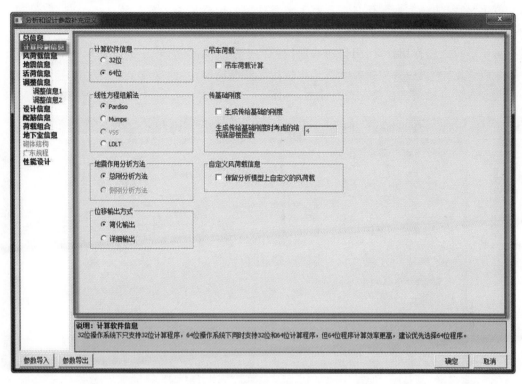

图 11-40 "计算控制信息"对话框

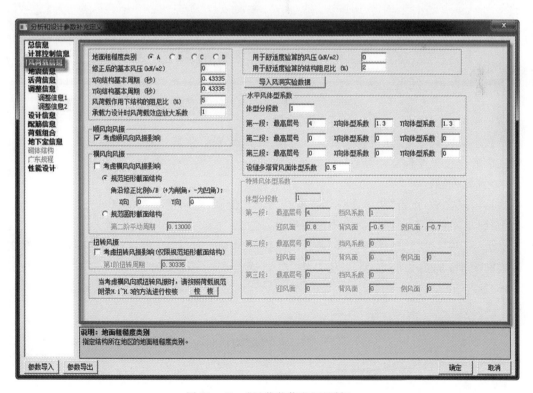

图 11-41 "风荷载信息"对话框

点击"地震信息",地震信息页是有关地震作用的信息。由于项目所在地为北京,设防地震分组选择"第一组",设防烈度选择"6(0.05g)"。注:当抗震设防烈度为 6 度时,某些房屋虽然可不进行地震作用计算,但仍应采取抗震构造措施。因此,若在第一页参数中选择了不计算地震作用,本页中各项抗震等级仍应按实际情况填写,其他参数全部变灰。

其余参数可根据工程情况进行设置,如图 11 - 42 所示。

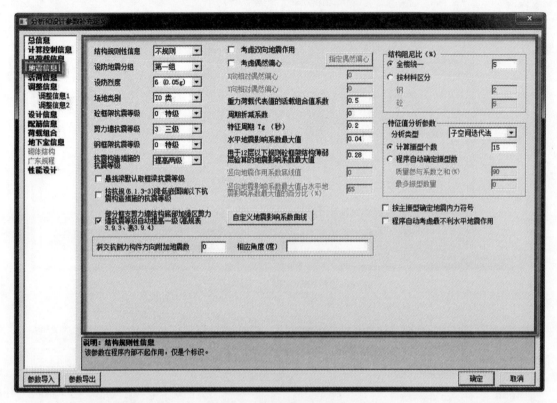

图 11 - 42 "地震信息"对话框

参数定义完成后,可进行相关计算。点击"生成数据+全部计算",如图 11 - 43 所示,可一键完成数据检查及模型计算。

2. 分析结果

计算完成之后,点击"文本文件",查看结构设计信息,对结构基本信息进行核查,如薄弱层等,不满足要求需返回结构建模中进行修改。

点击"振型",选择"选择振型"可查看不同振型的振型图,如图 11 - 44 所示;同时查看文本形式的周期、地震力与振型输出文件,根据规范要求,核查地震周期相关参数,见图 11 - 45。

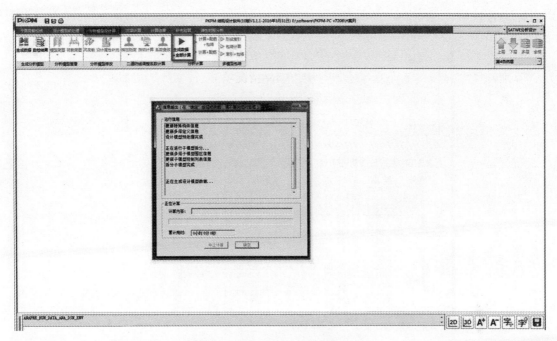

图 11-43　开始结构分析计算

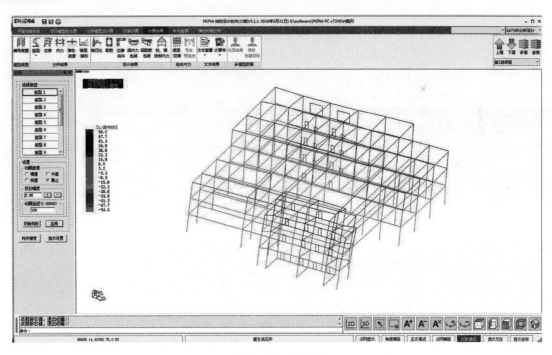

图 11-44　振型图

图 11-45　周期、地震力与振型输出文件

　　点击"位移",点击"选择工况"查看位移图和内力图,如图 11-46 和图 11-47 所示;同时查看位移输出文件 WV02Q,见图 11-48,核查位移比相关参数是否满足要求,如果不满足,在前处理参数设置中进行修改。

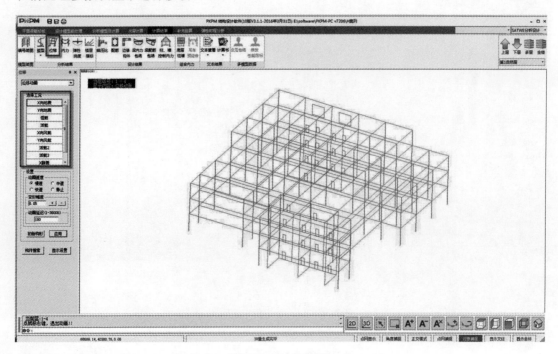

图 11-46　位移图

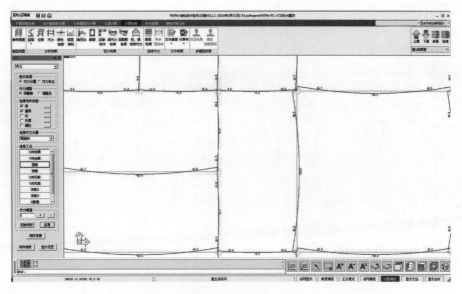

图 11-47　内力图

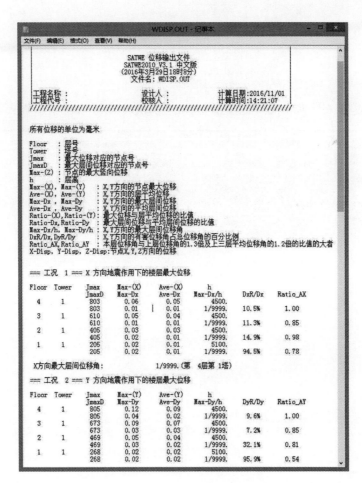

图 11-48　位移输出文件

3. 设计结果

点击"轴压比",选择"显示内容",查看每层竖向构件的轴压比、组合轴压比、长度系数、长细比、剪跨比等,如图 11-49 所示。

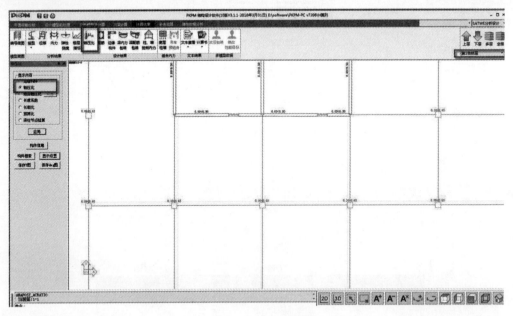

图 11-49　轴压比

点击"边缘构件",在计算结果中可以查看每层的剪力墙边缘构件配筋信息,如图 11-50 所示。

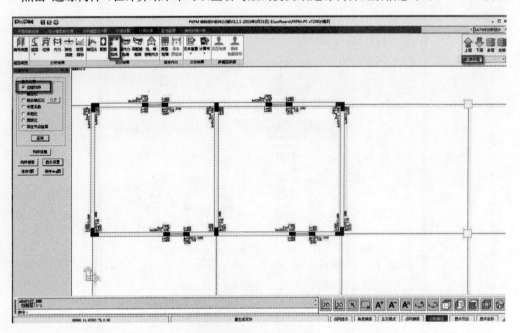

图 11-50　边缘构件

点击"配筋",在计算结果中可以查看每个构件配筋信息,点击"构件信息",查看每个构件详细的计算信息,如图 11 - 51 所示;如有构件参数显红,可返回结构建模菜单进行调整,再进行计算分析,直至调整结束。

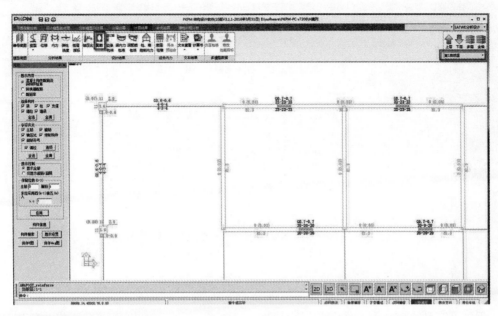

图 11 - 51 配筋面积

4. 计算书和施工图

在分析结果和设计结果满足规范要求之后,点击"计算书",可以生成相应的计算书,并且可以对计算书的格式和内容进行设置,同时也可以点击对话框左下角的"模板",导入已有模板,如图 11 - 52 所示。

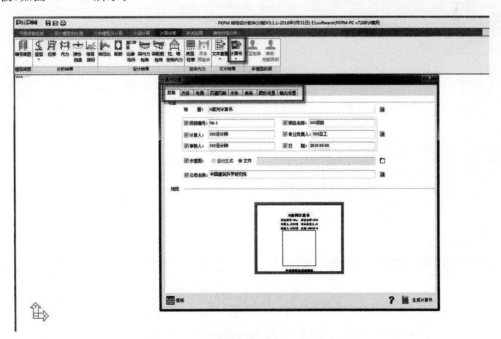

图 11 - 52 设置结构计算书的格式和内容

点击"砼结构施工图",如图 11-53 所示,进入施工图模块。

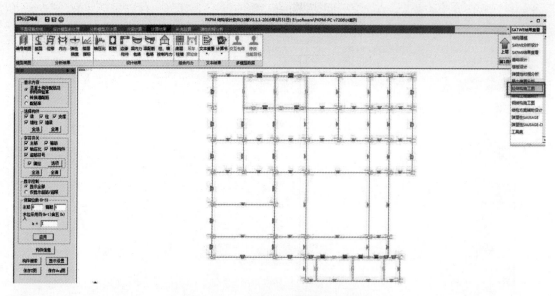

图 11-53 选择"砼结构施工图"菜单

程序可自动生成各类构件和各层相应的施工图纸,用户也可以手动交互修改施工图中内容和标注。点击"梁",可查看自动生成的梁施工图,如图 11-54 所示;点击"墙",可查看自动生成的墙施工图,如图 11-55 所示;点击"柱",可查看自动生成的柱施工图,如图 11-56 所示;点击"板",可查看自动生成的板施工图,如图 11-57 所示。

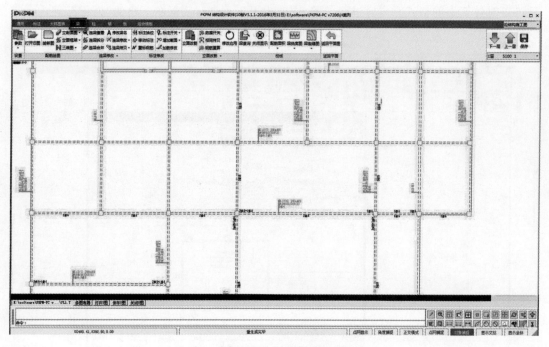

图 11-54 梁施工图

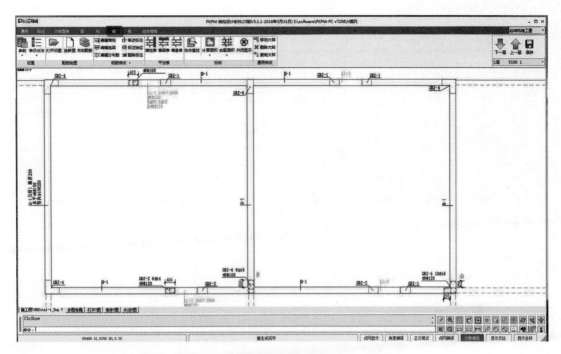

图 11-55　墙施工图

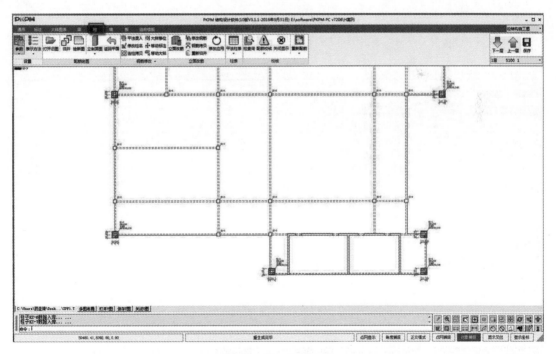

图 11-56　柱施工图

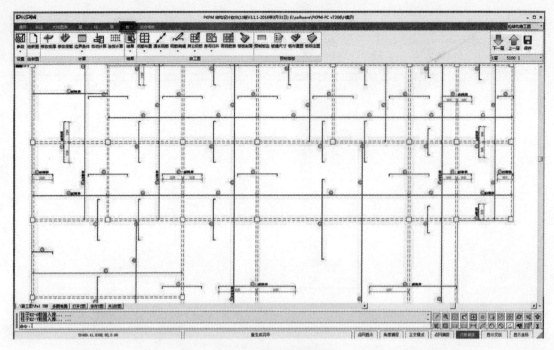

图 11-57　板施工图

5. 结构工程量统计

点击"结构工程量统计"，切换 PKPM 结构工程量统计模块，可进行相应结构的工程量统计，如图 11-58 所示。

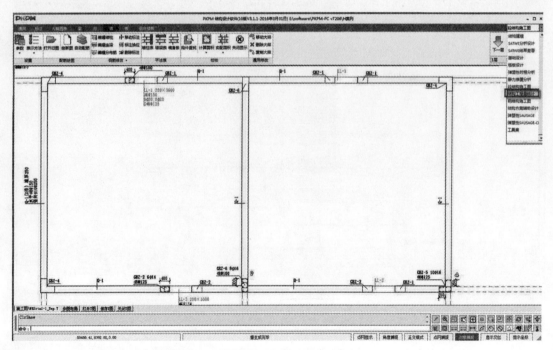

图 11-58　选择"结构工程量统计"菜单

点击"全楼砼、砌体",查看各层和全楼的混凝土量,如图 11-59 所示。

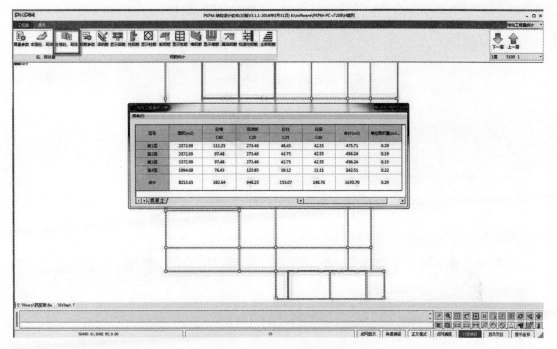

图 11-59　统计混凝土量

点击"梁钢筋"可查看梁的用钢量,如图 11-60 所示。

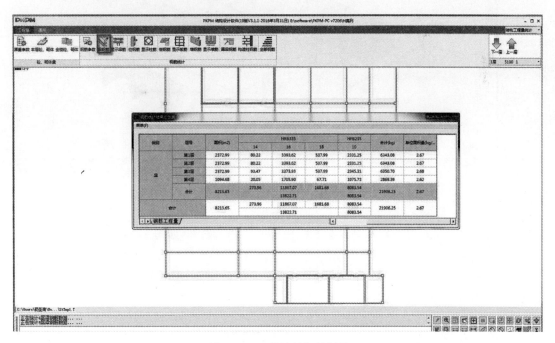

图 11-60　统计梁钢筋用量

6. PKPM – BIM 读取结构计算结果

关闭 PKPM 结构分析软件会弹出如图 11-61 所示的对话框。

图 11-61　提示结构计算结果更新对话框

点击"是"，进入 PKPM – BIM 结构模块界面，点击进入设计模型楼层的某一层，如图 11-62所示。

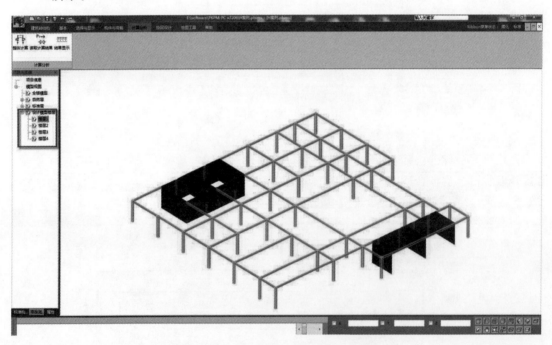

图 11-62　进入结构 BIM 模型一个楼层

点击"结果显示"，计算配筋结果会在结构模型中显示出来，如图 11-63 所示。

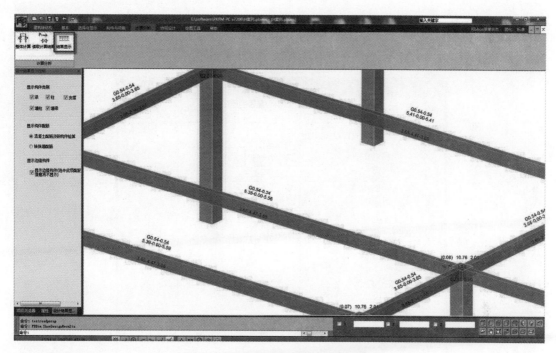

图 11-63　显示结构计算后的配筋结果

11.6.4　基础结构计算

完成上部结构分析计算后,底部构件的分项荷载可施加在基础上,结构工程师根据建筑形式和地质情况选择合适的基础类型,布置基础构件,完成基础分析设计。本节中的基础设计计算是采用 PKPM 基础设计软件,基础形式采用柱下独立基础和墙下条形基础。

切换模块菜单进入基础设计,见图 11-64。

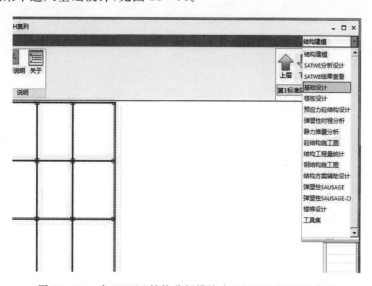

图 11-64　在 PKPM 结构分析模块中选择"基础设计"菜单

进入基础设计模块,首先读取结构荷载,见图 11 - 65,选择读取 SATWE 荷载。在选取荷载后,可根据基础形式,考虑具体荷载情况,进行荷载选择。选择后,显示具体荷载汇总表格,见图 11 - 66。

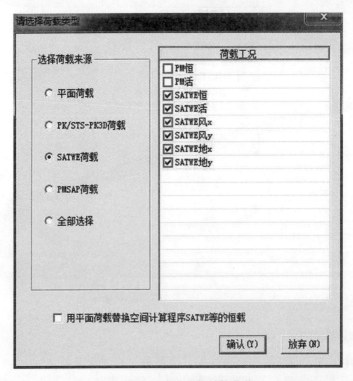

图 11 - 65　读取上部结构荷载

荷载工况	竖向力 (kN)	X向剪力 (kN)	Y向剪力 (kN)
附加恒载标准值	0.00	0.00	0.00
附加活载标准值	0.00	0.00	0.00
SATWE恒	18022.83	0.60	-9.75
SATWE活	0.00	0.00	0.00
SATWE风x	0.00	0.00	0.00
SATWE风y	0.00	0.00	0.00
SATWE地x	-18.01	253.44	-33.66
SATWE地y	5.40	20.07	235.72

图 11 - 66　荷载汇总表

读取荷载后,需要进行具体参数设置。首先进行地基承载力设置。修改地基承载力特征值为 180kPa,基础埋置深度设为 1.2m,设置参数结果见图 11 - 67。

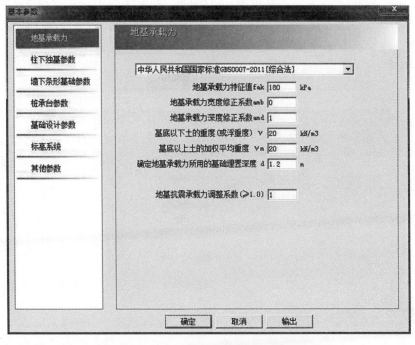

图 11-67 "基础参数"设置对话框

地基承载力设置完成后,对柱下独基参数进行设置。独基类型修改为阶形现浇,其余参数见图 11-68。

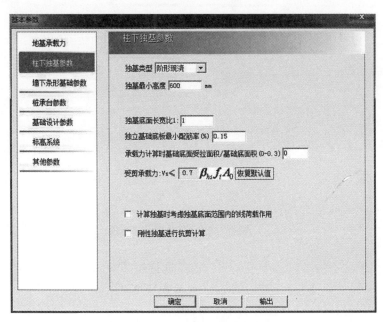

图 11-68 柱下独基参数设置

柱下独基布置及计算:选择独基布置,单柱布置,见图11-69,弹出菜单见图11-70。框选进行独基布置,布置结果见图11-71。在独基布置上之后,同时进行基础计算,直接进行计算书查看。对于不满足要求构件进行调整。

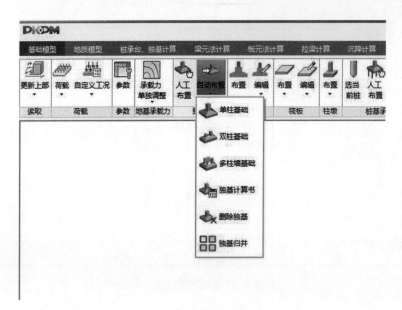

图 11-69　独基布置菜单

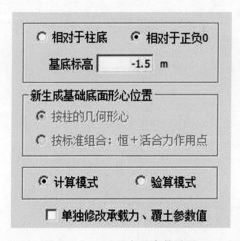

图 11-70　独基布置参数设置

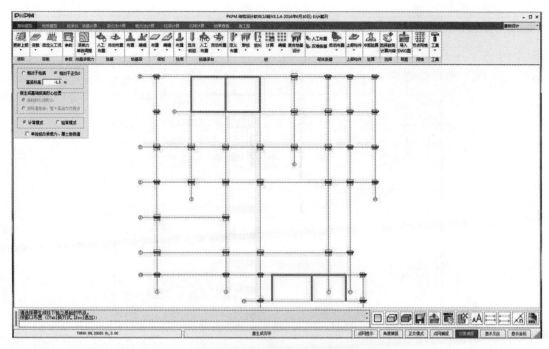

图 11-71 框选进行独基布置

墙下条基布置：点击"布置"，弹出菜单见图 11-72。新建基础，设置相关参数见图 11-73，选择对应墙体，进行地基梁布置。布置完基础见图 11-74。

图 11-72 墙下条基布置菜单

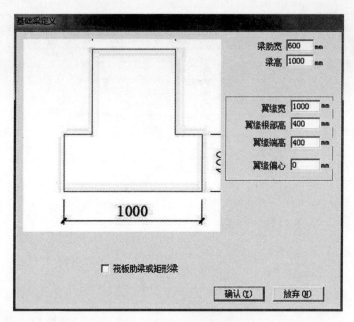

图 11-73 墙下条基参数设置

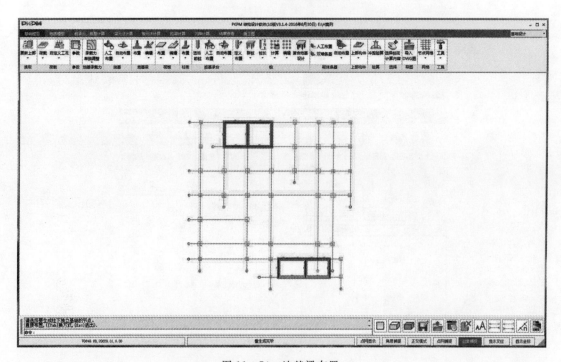

图 11-74 地基梁布置

墙下条基计算:点击梁元法进行,设置相关参数见图 11-75。点击计算即可。点击结果显示,可根据选择查看相关结果,见图 11-76。点击归并,可查看梁归并后结果,见图 11-77。

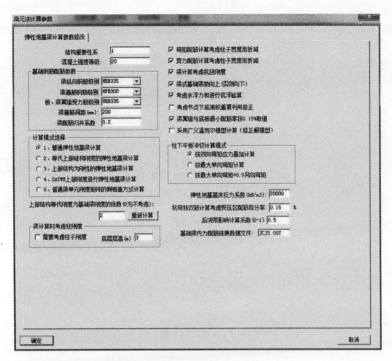

图 11-75 墙下条基计算参数设置

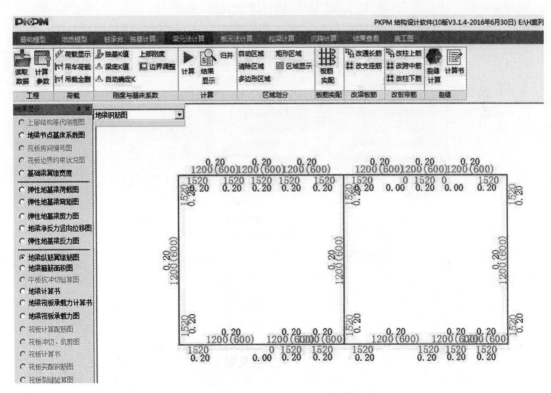

图 11-76 查看地基梁计算结果

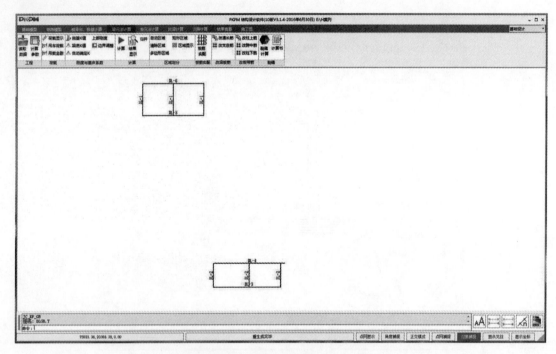

图 11-77　查看地基梁归并后的结果

地基梁施工图出图:点击"施工图"菜单,进行参数设置,见图 11-78。点击"绘新图",可显示已建模型,点击"梁筋标注",即可显示地基梁平法施工图,见图 11-79。

图 11-78　地基梁施工图出图参数设置

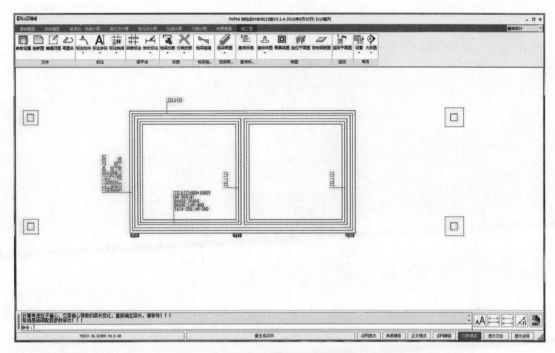

图 11-79 地基梁平法施工图

独基详图绘制:点击"施工图"→"基础详图"→"插入详图",见图 11-80。可选择在原图上添加具体独基详图,见图 11-81。

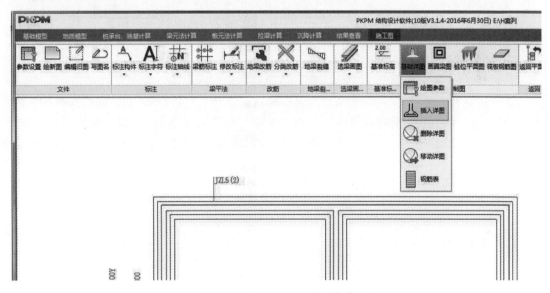

图 11-80 插入基础详图菜单

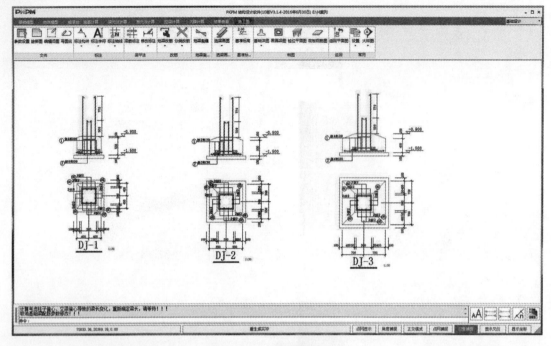

图 11 - 81　生成独基详图

11. 6. 5　结构专业与其他专业的协同

在建筑项目的设计过程中,各专业之间经常要协同工作,作为 BIM 平台,PKPM BIM 系统提供了多专业协同工作模式。各专业围绕一个工程项目各自展开设计工作,设计成果通过网络集成到中心服务器中,每个设计师都可以随时看到其他专业的模型变化,做设计参照和比对,避免错误和冲突的发生。

1. 结构专业与建筑专业的协同

在完成结构分析计算后,结构模型经常会根据计算结果进行调整,此时结构构件的尺寸会有变化。此外,建筑设计也经常会根据客户的要求调整设计方案,使部分建筑构件修改,造成专业间的模型不一致。通过 PKPM BIM 系统,可以随时打开不同专业的模型,查看版本变更情况,作出及时调整。

操作方法是:在屏幕中间点击鼠标右键,选择右键菜单中的"模型参照",在弹出的"显示参照"对话框中左侧窗口内点开"建筑"或"结构",在右侧窗口内选择需打开的建筑楼层或结构楼层,见图 11 - 82 和图 11 - 83。

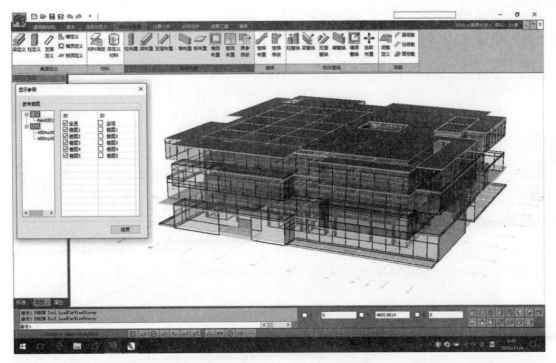

图 11-82　全楼状态下的建筑模型与结构模型的参照显示

图 11-83　室内状态下的建筑模型与结构模型的参照显示

2. 结构专业与设备机电专业的协同

同样,通过 PKPM BIM 系统,结构专业还可以通过上述方式打开设备机电专业的 BIM 模型,查看结构构件与设备管道的位置关系,检查是否有碰撞发生。当发现情况后可通过系统的消息通讯功能发给相关同事,及时处理问题。

操作方法是:在屏幕中间点击鼠标右键,选择右键菜单中的"模型参照",在弹出的"显示参照"对话框中左侧窗口内点开"建筑"或"结构",在右侧窗口内选择需打开的建筑楼层或结构楼层,见图 11-84。

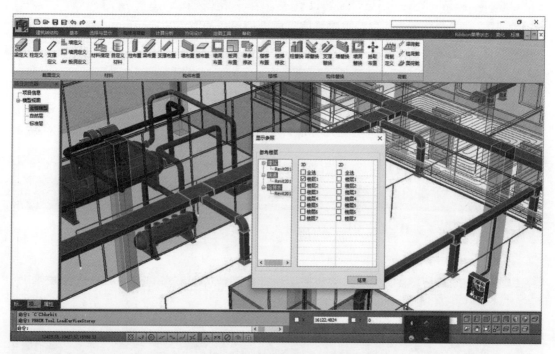

图 11-84 设备机电模型与结构模型的参照显示

11.7 实训总结

本章的学习重点是软件的操作流程,通过一个实训案例,使学生全面掌握如何将一个建筑专业的 BIM 模型转换为结构 BIM 模型,通过添加结构构件,进行荷载倒算、上部结构和基础的分析计算,完成结构内力、变形、配筋计算、施工图绘制和统计算量等结构设计的主要工作;并通过 BIM 集成模型实现结构专业与建筑和机电专业协同设计,相互提资,相互参照,避免设计冲突。在本章中,建立好结构专业模型、完成结构分析计算和绘制结构施工图是实训的目标和任务。

实训结束后,请同学根据实训目标要求撰写实训报告。

参考文献

［1］ Eastman C,Teicholz P,Sacks R,et al. BIM handbook［M］. John Wiley & Sons,2011.

［2］ Autodesk,Inc. Revit Structure 2011 用户手册［Z］. 2010.

［3］ 住房城乡建设部关于印发推进建筑信息模型应用指导意见的通知（建质函〔2015〕159号）［EB/OL］. http://www.cngjg.com/gangjiegoushejiwang/gangjiegoushejiwang/bim/2016/0818/356912.html.

［4］ 中国 BIM 发展联盟,BIM 产业技术创新战略联盟. 中国 BIM 标准体系研究［EB/OL］. http://www.bimunion.org/html/2013－06/69.html.

［5］ 国标《建筑工程施工信息模型应用标准》征求意见稿［EB/OL］. http://www.bimcn.org/hyxw/201603036490.html.

［6］ 何关培. BIM 总论［M］. 北京:中国建筑工业出版社,2011.

［7］ 清华大学 BIM 课题组. 中国建筑信息模型标准框架研究［M］. 北京:中国建筑工业出版社,2011.

［8］ 北京《民用建筑信息模型设计标准》编制组.《民用建筑信息模型设计标准》导读［M］. 北京:中国建筑工业出版社,2014.

［9］ 中国建筑科学研究院. PKPM 多高层结构计算软件应用指南［M］. 北京:中国建筑工业出版社,2010.

［10］ 廖小烽,王君峰. Revit 2013/2014 建筑设计火星课堂［M］. 北京:人民邮电出版社,2014.

［11］ Autodesk,柏慕进业. 2014 Autodesk Revit Architecture 官方标准教程［M］. 北京:电子工业出版社,2014.

［12］ 金永超,张宇凡,等. BIM 与建模［M］. 成都:西南交通大学出版社,2016.

［13］ 叶雄进,金永超,等. BIM 建模应用技术［M］. 北京:中国建筑工业出版社,2016.

［14］ 李云贵,邱奎宁. 我国建筑行业 BIM 研究与实践［J］. 建筑技术开发,2015,42(4).

［15］ 张建平,余芳强,李丁. 面向建筑全生命期的集成 BIM 建模技术研究［J］. 土木建筑工程信息技术,2012(1).

［16］ 王茹,宋楠楠,等. 基于中国建筑信息建模标准框架的建筑信息建模构件标准化研究［J］. 工业建筑,2016,46(3).

［17］ 姜立,张志远,等. BIM 技术在 PKPM 建筑工程软件系统中的应用［J］. 土木建筑工程信息技术,2012(2).

［18］ 张德海,韩进宇,等. BIM 环境下如何实现高效的建筑协同设计［J］. 土木建筑工程信息技术,2013,5(6).

附　录　BIM 相关软件获取网址

序号	名称	网址
1	AutoCAD	http：//www. Autodesk. com. cn/products/AutoCAD/free-trial
2	SketchUp	http：//www. sketchup. com/zh-CN/download
3	3ds Max	http：//www. Autodesk. com. cn/products/3ds-max/free-trial
4	Revit	http：//www. Autodesk. com. cn/products/Revit-family/free-trial
5	ArchiCAD	https：//myarchiCAD. com/
6	AutoCAD Architecture	http：//www. Autodesk. com. cn/products/AutoCAD-architecture/free-trial
7	Rhino	http：//www. Rhino3d. com/download
8	CATIA	http：//www. 3ds. com/zh/products-services/catia/
9	Tekla Structures	https：//www. tekla. com/products
10	Bentley	www. bentley. com
11	PKPM	http：//47. 92. 92. 199/pkpm/index. php？ m＝content&c＝index&a＝lists&catid＝35
12	天正软件	http：//www. tangent. com. cn/download/shiyong/
13	斯维尔	http：//www. thsware. com/
14	广联达 BIM	http：//bim. glodon. com/
15	浩辰 CAD	http：//www. gstarCAD. com/downloadall/index. html
16	鸿业科技	http：//www. hongye. com. cn/
17	博超软件	http：//www. bochao. com. cn/index. asp
18	广厦软件	http：//www. gsCAD. com. cn/Downloads. aspx？ type＝0
19	探索者	http：//www. tsz. com. cn/view/webjsp/sygm/zhichifuwu. jsp
20	鲁班软件	http：//www. lubansoft. com/
21	译筑 EBIM 软件	http：//www. ezbim. net/
22	晨曦 BIM	http：//www. Chenxisoft. com/CXBIM/Product/ProductCentre？ menuIndex＝2
23	品茗软件	www. pmddw. com